古代窯業技術の研究

清水芳裕 著

柳原出版

1）現在保存されている全景

2）良質な陶石部分を選択して採掘

口絵図版1　佐賀県泉山の陶石採掘跡

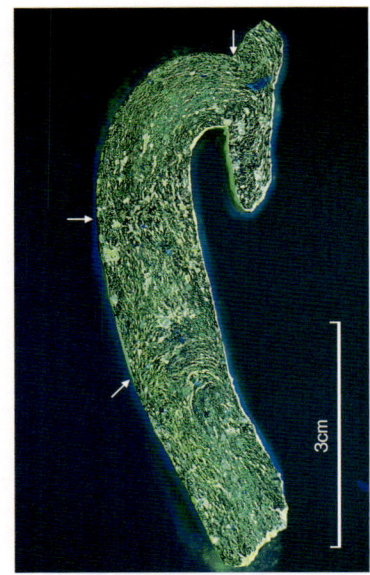

口絵図版2　陶器甕の粘土紐の単位
〈京都大学構内遺跡出土〉

口絵図版3　佐賀県唐津市中里窯

1) 保存されている連房式登窯

2) 製品の窯詰めの様子

口絵図版 4　ファイアンス製のタイル
〈エジプト第 3 王朝, ジェセル王の階段ピラミッドの附属建物の壁画 (写真／小学館, 撮影／Ｓ＆Ｔ　PHOTO)〉

口絵図版5　還元による赤褐色の
　　　　　ガラス小玉（1/1）
　　　　　和歌山市大谷古墳
　　　　　〈京都大学文学部考古学
　　　　　研究室編『大谷古墳』
　　　　　巻頭図版1より〉

口絵図版6　青色に発色する鉛ガ
　　　　　ラスの管玉
　　　　　吉野ヶ里遺跡
　　　　　〈佐賀県教育委員会・朝
　　　　　日新聞社提供〉

口絵図版7　水銀朱が塗布された注口土器　〈縄文後期　和歌山県下尾井遺跡　左の破片の横約20cm〉

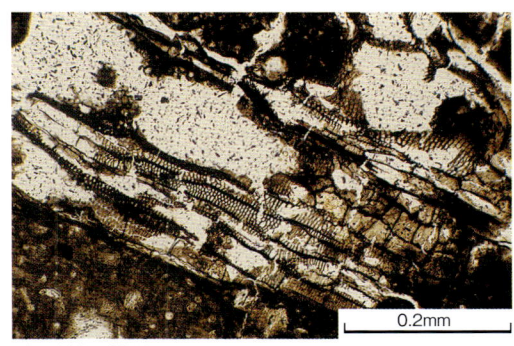

1) 繊維の横断面 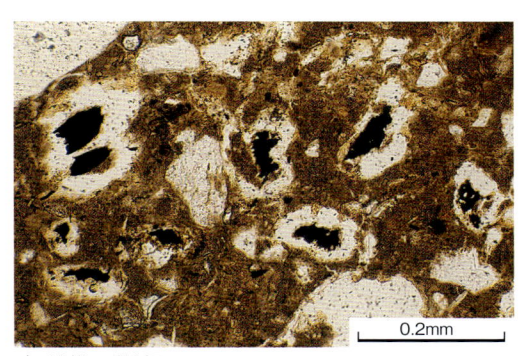　　　　　　　　　　　　　　2) 繊維の縦断面

口絵図版8　胎土中の植物繊維〈東京都吉祥寺南町3丁目遺跡の条痕文系土器〉

1) 金色に輝く風化した黒雲母の結晶 　　　　2) 胎土中の黒雲母〈長野県川原田遺跡の阿玉台式土器〉

口絵図版9　黒雲母

1) 結晶の状態 　　　　　　　　　　　　　2) 胎土中の角閃石 〈咸鏡北道間坪遺跡の櫛目文土器〉

口絵図版 10　角閃石

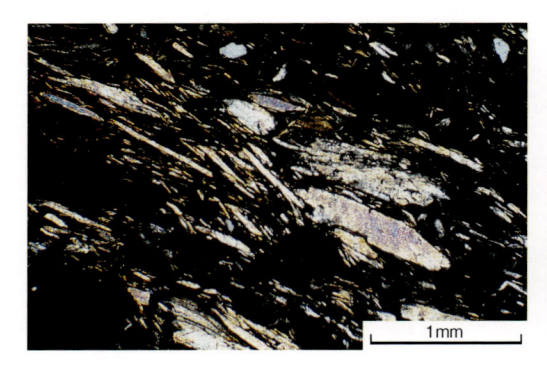

口絵図版 11　胎土中の滑石
〈長崎県江湖貝塚の曽畑式土器〉

口絵図版 12　黒鉛の結晶

1) 多量に含む特殊器台B類（上）とD類（下）　　2) 少量しか含まない特殊器台A類（上）とC類（下）

口絵図版 13　胎土中の角閃石・黒雲母の含有量の違い〈岡山県楯築遺跡〉

VIII

1) 泥土層を残す鋳型（鉾ノ浦遺跡5，約2/3）

2) 型砂と荒真土の組織（鉾ノ浦遺跡4，約4/5）

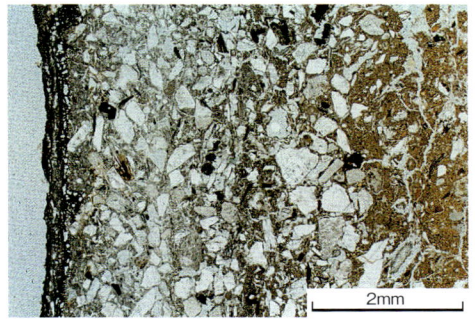

3) 泥土層（左黒色部分）と型砂の組織（鉾ノ浦遺跡1）

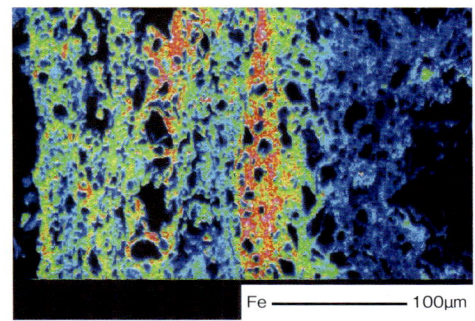

4) 写真3の泥土層の鉄元素の分布（赤色高濃度）

5) 型砂（右端）と荒真土（左）の組織（宝満山遺跡3）

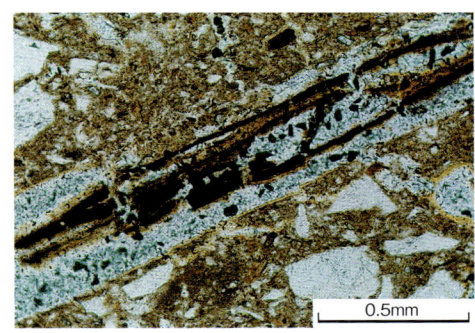

6) 荒真土中の植物炭化物（宝満山遺跡4）

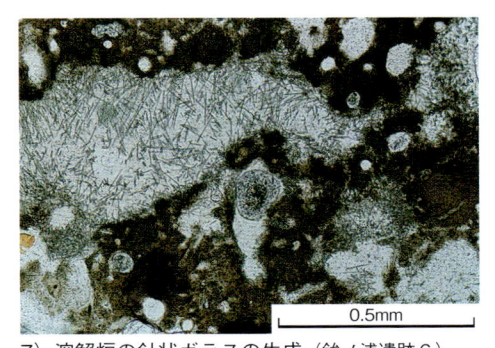

7) 溶解炉の針状ガラスの生成（鉾ノ浦遺跡6）

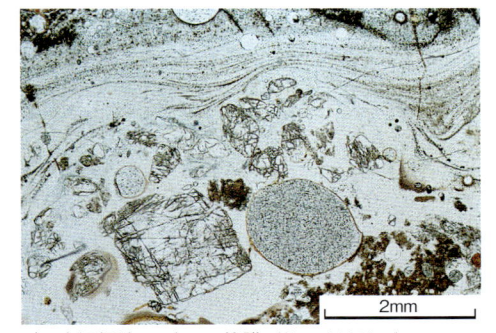

8) 溶解炉片のガラス状膜（鉾ノ浦遺跡6）

口絵図版14　梵鐘鋳型と溶解炉の材料および加熱変化

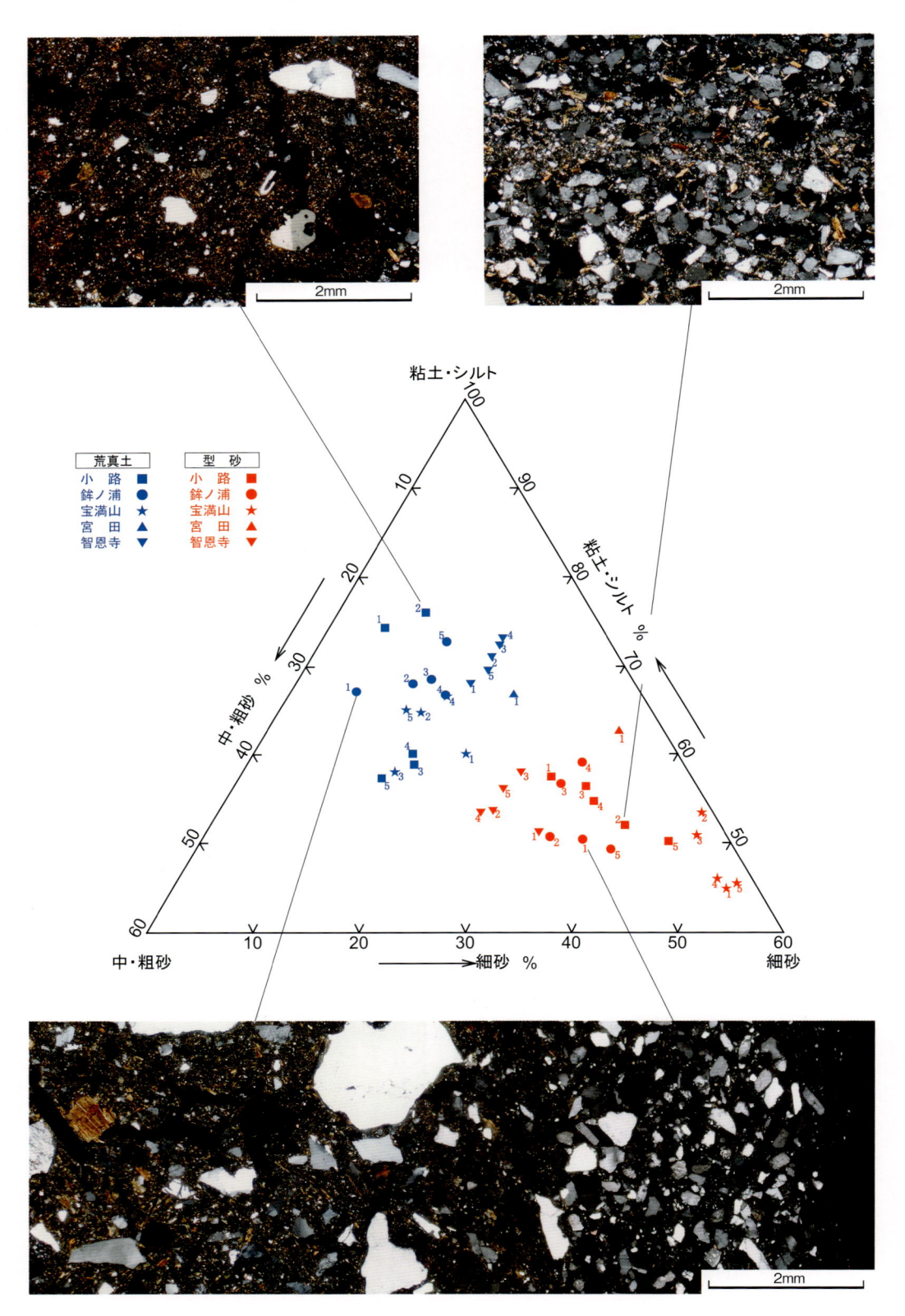

口絵図版 15　鋳型の組織の粒度別含有率の分布〈荒真土：青色，型砂：赤色〉

まえがき

　今日のわれわれの生活は、極度に発達した科学技術に支えられ石油化学製品があふれているが、そのような中にあって、伝統的な技術によるやきものはもっとも身近な日常用具であり続けている。この粘土を焼いて道具を作る技術には、1万年をはるかに超える歴史があり、その間に、素焼きの土器から窯を用いて焼成し釉で装飾を加えた陶器へ、さらには石の材料を高い加熱で焼いた磁器へと、容器としての機能を高めるとともに、さまざまな装飾を付加しながら今日にいたるまでその技術は連綿と受け継がれて、世界各地でさまざまな製品が生み出されてきた。

　こうした窯業の発達を促したものは、現在一般にいわれるような科学技術ではなく、人類が長く受け継いできた経験による知識の蓄積であったといってよいであろう。比較的低い温度で焼いた素焼きの土器は非常にもろいけれども、水に浸しても煮沸に用いても、形が崩れたり粘土の状態に戻ったりしないことを、古代の土器製作者たちは熟知していたが、その理由を科学的に説明することができたのは、第3章で紹介するように20世紀半ばになってからであった、ということなどはそのことをよく示している。近年では、窯業の技術は急速に進歩して、セラミックスとよばれているような、金属よりも軽量で耐熱性に優れ錆びない性質のものが開発され、骨や歯あるいは自動車のエンジンやコンピューターの集積回路の基板などの製作に用いられている。アメリカの有人宇宙船スペースシャトルの外壁を覆った耐熱タイルは、その先端技術を世界に知らしめた代表的な製品の一つである。

　一方、このような窯業の初期の段階においても、人類は意図した製品を作るために、材料の選択や加工をおこない、あるいは焼成によって色調を変えるなど、さまざまな工夫をおこなっている。こうした技術の細部を外観から捉えることは容易でないが、土器や陶器の胎土の中には、埋没した遠い過去から保ち続けた製作時の技術の痕跡が残されており、それを理化学的な手法を用いて分析をすると、材料の特徴や加熱による変化の情報をより具体的に求めることができる。小著の内容は、おもにこのような方法によって得られたデータを用いて、古代の土器・陶器の製作に、どのような技術や製作者の意図が加わっていたのかを復元し考察してみたものである。したがって、類似した表題の書物であつかわれているような、窯業技術の総過程を歴史的に叙述したものとは、かなり異質なものであることをお断りしておかなければならない。

　こうした分析調査では、予期したような証拠が得られることは少なく、断片的な結果を辛抱強く蓄積しなければならないという側面をともなっているが、こうした挑戦

によって探り求めた結果にもとづくいくつかの考察も示してみた。そのほかに 窯業全体の内容にも触れようと考えて、装飾の技術のように、専門家諸氏によっておこなわれたガラスや釉の分析研究に依拠しながら紹介した部分もある。解釈や表現の誤りなどなきことを願いつつ、自らの力量を超えた企てであったのではないかという思いを強く抱いている。そのため、参考にした文献をできるだけ詳細に示して、原典の内容との対応が明瞭になるよう努めるとともに、ご教示をうけた著者に対する感謝の意としたい。

このようにして、小著は従来から示されてきた土器や陶器の製作技術に関する情報に、理化学的な視点からのデータを加えて検討したものであるが、こうした手法による調査の有効性が幾分でも明らかになったとすれば、ささやかな喜びとしたい。

A Study on Ancient Ceramic Technology

古代窯業技術の研究

目 次

口絵図版
まえがき

第1章 窯業の技術と歴史………2

1 窯業………2
2 土器製作の開始………3
   (1) 粘土の造形
   (2) 土器の出現
3 製品の分類………6
   (1) エミール・ブーリーの分類
   (2) 日本における分類

第2章 窯業材料と成形技術………12

1 粘土・陶石の性質………12
   (1) 粘土, 素地, 胎土
   (2) 粘土の化学的性質
   (3) 可塑性と粘性
   (4) 磁器の材料
2 成形技術………20
   (1) 非ろくろ成形法
   (2) ろくろ成形法
   (3) 須恵器の成形法
3 乾燥による変化………30
   (1) 乾燥中の水
   (2) 収縮とひび割れ

第3章 焼成の技術………34

1 素焼きの土器………34
   (1) 野焼きの焼成
   (2) 野焼きから窯焼成へ

2 窯の諸形態………38
　(1) 昇焔式の窯
　(2) 横焔式の窯
　(3) 連房式登窯
　(4) 酸化焔焼成と還元焔焼成
3 焼成温度………47
　(1) 土器の焼成温度
　(2) 陶磁器の焼成温度
4 素焼きの土器が固結する作用………54
　(1) 粘土の加熱変化
　(2) 焼結現象の解釈
　(3) 加熱による材質変化の研究
　(4) 素焼きの土器の焼結現象
　(5) 高火度焼成による焼結
　(6) 還元焔焼成と焼結作用
　(7) 焼結現象と胎土の状態

第4章　装飾の技術………70

1 土器の装飾………70
　(1) 胎土の発色
　(2) 土器の彩色
2 顔料の利用………72
　(1) ベンガラと水銀朱
　(2) 漆
3 ガラスと釉………78
　(1) ガラスと釉の関係
　(2) ファイアンスの技術
　(3) エジプト・西アジアのガラス
　(4) 古代ガラスの成分
　(5) 粘土板文書に見える釉とガラスの技術
　(6) バビロンの彩釉煉瓦
　(7) 日本のガラス

  4 日本の陶器………95
   (1) 釉の性質と種類
   (2) 着色剤と発色の関係
   (3) 緑釉陶器と三彩陶器
   (4) 灰釉陶器

第5章　粘土と混和材の選択………112

 1 土器・陶器の材料………112
 2 混和材………113
  (1) ドルニ・ヴェストニッチェの土偶
  (2) ウインドミル・ヒルの土器
  (3) 混和材の種類と効果
 3 混和材の選択………118
  (1) 大阪府小阪遺跡の縄文土器
  (2) 岡山県楯築遺跡の祭祀用土器
  (3) 香川県中間西井坪遺跡の土師器
 4 高火度焼成の製品と海成粘土………130
  (1) 須恵器の焼成と海成粘土
  (2) 粘土の耐火度
  (3) 焼結作用
  (4) 海成粘土と淡水成粘土の性質
  (5) 加熱による海成粘土の変化
  (6) 海成粘土の種類

第6章　素地の加工………142

 1 胎土の精粗………142
  (1) 材料の特徴
  (2) 胎土の精粗と器種との関係
  (3) 器種と素地との関係
 2 粘土製品の材料の加工………154
  (1) 塑像の構造

(2) 鋳造鋳型
　3 日本の製陶技術における水簸の採用………158
　　(1) 素地の加工
　　(2) 中国の白色土器
　　(3) 陶石の水簸
　　(4) 水簸による素地の変化

第7章　土器の移動………169

　1 考古資料の産地同定………169
　　(1) 金属器
　　(2) 石器
　　(3) 土器
　2 粘土と砂の地域差………175
　　(1) 砂にあらわれる地域差
　　(2) 岩石学的方法による分析
　　(3) 化学成分にあらわれる地域差
　3 土器の移動………182
　　(1) 伊豆諸島の土器
　　(2) アラビア半島のウバイド式土器
　　(3) 縄文時代の集団領域
　　(4) 滋賀里遺跡の3種の土器
　　(5) イランのテペ・ヤヒアの土器
　　(6) 東北地方の遠賀川系土器

あとがき………215
口絵図版一覧………217
図一覧／表一覧………217
索引………220

古代窯業技術の研究

古代窯業技術の研究

第1章
窯業の技術と歴史

1 窯業

　人類はさまざまな材料を用いて道具を生み出した。そのもっとも古い歴史をもつものは，残された証拠による限り石器であるが，その技術は用途に適した形を作り出すという，成形の範囲を大きく越えるものではなかった。木や骨を材料とした場合もほぼ同様の加工によっている。これらとまったく異質な技術によって登場したのが土器で，人類は粘土を加熱して固化させるという，実体の不明な化学変化を経験によって修得し，それによって，貯蔵だけでなく煮沸の機能をも備えた容器を完成させた。

　機能に適した大きさや形を自由に創造することができ，材料もいたるところで豊富に得られるという利点をもっていたために，それ以後の人類のもっとも主要な道具となり，今日にいたるまで連綿と作り続けられてきた。その長い歴史の中で，比較的低い温度で焼成した素焼きの土器に加えて，水漏れの防止や装飾の機能をもつ釉を施した陶器，あるいは高温の焼成によって材料の一部をガラス化させて硬度を高めた磁器など，新たな技術によって，より優れた性質をもつ製品を生み出してきた。

　こうした窯業製品の起源を，かりに土器の製作が開始された時点においたとしても，1万年を越える歴史をもち，今日にいたるまで人類の生活の場から欠けることなく作り続けられてきた。さらに近年ではこの技術が急速に拡大し，天然の材料に含まれる特定の元素を選択して，それらの性質を生かした高度な焼成物も生み出され，窯業製品に新しい領域が生まれつつある。またアメリカで開発された再使用型の有人宇宙船スペースシャトルには，大気圏内で受ける高温の摩擦熱から飛行体を保護するため，外壁全面にセラミックタイルが張られたが，これが世界の人びとの注目を集め，さまざまな材質の窯業製品が多様な目的で利用されていることを，社会に広く理解させるきっかけとなった。

　セラミックあるいはセラミックスという用語は，一般に土器，陶磁器，ガラスなどの窯業製品あるいはその技術をさすものとして広く用いられているが，この窯業という名称は，1888（明治21）年に当時日本の窯業技術の指導的役割を担っていた植田豊橘氏が，大阪の安治川河畔で煉瓦の製造を始めた会社から社名の相談を受けたさいに，この語を冠して，大阪窯業会社と命名して用いたのが最初の事例である[1]。その後，

これはやきものやその技術をあらわす用語として定着し，東京工業学校陶器玻璃工科が窯業科と改称されるなど，広く採用されることになった。一方，窯業の本来の意味は，粘土などの可塑性をもつ材料を成形し，焼成した製品を指すものであったが，科学技術が進歩するとともに材料の開発や新しい処理の方法が生まれ，その結果窯業の技術や製品の定義は大きく拡大してきている。

2 土器製作の開始

(1) 粘土の造形

　土器や陶器を製作する上で必須となる要素は，自由な形を生み出すことができる材料の可塑性と，それを固化させる加熱の技術である。人類が火を使用した確かな証拠は原人の段階にまでさかのぼるが，それ以前にも，火山の噴火や落雷などの自然の火によって，木の葉が灰と化したり土が赤く色づく現象にはいくども遭遇したことであろう。粘土を用いて造形を試みたものとしては，古くはフランスのチュク・ドゥドベール（Tuc d'Audoubert）洞穴で発見された，後期旧石器時代マドレーヌ期のバイソンを表現した粘土製の塑像があり，粘土の可塑性を利用した技術が，この時代に会得されていたことを示す1つの証拠となっている。

　また，粘土の可塑性および火による加熱という2つの要素を用いて作られた初期の製品としては，チェコのドルニ・ヴェストニッチェ（Dolní Věstonice）[2]やロシアのマイニンスカヤ（Майнинская）[3]などから出土した，後期旧石器時代の焼成された粘土像がある。ドルニ・ヴェストニッチェは放射性炭素年代法によって約2万8000年前[4]，マイニンスカヤは約1万6000年前という年代が与えられており，これらは土がもつ可塑性と火熱による化学変化の両者を，人類が十分に使いこなしはじめた年代を教えている。

　ドルニ・ヴェストニッチェの資料は，1924年にアブソロン（Karl Absolon）たちがおこなった調査で発見された高さ11.1cmの女性像で，旧石器時代におこなわれていた窯業の技術を具体的に示すものとして広く紹介された。この土偶は焼成された粘土製品としては世界で最古のものであることのほかに，粉砕したマンモスの骨を混ぜた材料を用いているという報告によって，世界の関心を集めた資料で[5]，芹沢長介氏は「粘土の中にマンモスの骨の粉末を混ぜ，成形したのち火の中に入れて焼き上げている。」と紹介した[6]。しかしその混和材については以前から少なからず疑問視する声もあり，近年になってその材質の分析調査がおこなわれ，骨粉の痕跡は認められないことが明らかになった[7]。その調査の経緯と結果については，第5章で詳しく触れることにする。

(2) 土器の出現

　粘土の可塑性と火による加熱を利用した製陶の歴史については，後期旧石器時代にまでさかのぼる証拠があるものの，こうした技術が定着したことを示す情報は，土器が出現するまでしばらくの間途絶える。一方，土器がどのような理由から作られはじめたかについては，明確な解答は示されていないが，貯蔵や煮沸の容器としての機能を重視すると，狩猟生活においてよりも定住生活での使用に適していることなどから，いちはやく西アジアで開始された農耕を基礎においた社会と関係づけられていた。

　イラクのジャルモ（Jarmo）などいくつかの遺跡では，土器が出土する層よりも下層で，農耕や牧畜がおこなわれたことを示す植物の栽培種や家畜化された動物の遺存体が確認され，農耕の開始からやや遅れて土器が出現するという，歴史的な関係が考古資料の上からとらえられていた。それは農耕文化と土器の使用という，定住生活に適した2つの要素が密接に結びついていたことを矛盾なく説明するものであり，年代は放射性炭素年代法によって，およそ紀元前6千年紀中頃とされていた。

　ところが，炭素を用いた年代測定が世界各地の遺跡で進められるにつれて，さらに古い年代をもつ土器が，農耕と関係をもたない日本の縄文文化の中にあることが，次々に明らかにされていった。日本ではじめてこの方法によって測定された，千葉県姥山貝塚の縄文中期の木炭2点の平均値は，4546±220B.P. という年代であった[8]。その後1959年に，神奈川県夏島貝塚の早期夏島式土器を出土した第1貝層の貝殻と木炭から求めた年代は，それぞれ9450±400B.P. および9240±500B.P. であることが明らかになった[9]。これによって縄文時代早期の年代が今からおよそ9200～9400年前ということになり，農耕文化と密接な関係があったと考えられていた，西アジア地域の土器の出現年代と比較するとはるかに古くなり，日本だけでなく世界の研究者たちの注目を集めた。

　その後，長崎県福井洞穴の隆起線文土器が出土した第Ⅲ層，愛媛県上黒岩岩陰の細隆起線文土器が出土した第9層，長崎県泉福寺洞穴の豆粒文土器が出土した層の年代も，それぞれ1万年を越えることが明らかにされていった。後期旧石器時代の細石刃と隆起線文土器とが共伴した福井洞穴第Ⅲ層の年代は，木炭を試料とした放射性炭素年代法から12700±500B.P.[10]，焼けた砂礫を試料とした熱ルミネッセンス法から13970±1850B.P.[11] と11840±740B.P.[12] など，異なる年代法によっても同様の古さであることが示され，縄文土器の年代が世界の土器の起源を考える上で重要な地位を占めることになった。

　今日では青森県大平山元Ⅰ遺跡の無文土器の年代が，付着する炭化物を試料とした加速器質量分析法によって，12680±140B.P.，13780±170B.P. など5つの測定値が求められて，暦年代に補正するとおよそ1万4900～1万6500年前という年代になり，もっとも古い縄文土器として注目されている[13]。しかし，ここで注意しておか

なければならないのは，上記の福井洞穴の年代は暦年代に補正がされていない数値であるということで，補正するとこの大平山元Ⅰ遺跡の炭化物と大きくは異ならない年代となる可能性がある。

　一方，中国や西アジアでも徐々に古い土器が発見され，年代は書きかえられつつある。中国の河北省磁山(じざん)遺跡と華南省裴李崗(はいりこう)遺跡では，紀元前5900～5400年という年代の報告があり[14]，イランのガンジ・ダレ（Ganj Dareh）のD層では，住居の底面におかれていた高さが82～110cmもある大型の土器が3個体のほか，小型の土器や破片が出土し，その年代は紀元前8000～7000年[15]であるなど，新たな資料があらわれつつある。芹沢長介氏はこうした事実から，「孤高の古さをもって疑問視されていた日本の土器の年代も，さして驚くにはあたらないということに落着くのではないだろうか。」と述べている[16]。さらに1994年に，ロシアの沿海州ウスチノフカ（Устиновка）Ⅲでは，後期旧石器時代から新石器時代への移行期の石器群とともに2～3個体の土器が発見され[17]，これらの土器は口縁部に沿って刺突文をもち，分析によって600℃以下の温度で焼成されたことなどが明らかにされている。

　このように世界各地で年代のさかのぼる土器が発見されるにつれて，突出した古さをもつといわれてきた日本の土器の出現年代の問題にも，新しい視点からの検討が必要となってきた。また，日本の縄文土器の出現が世界最古であるにしろ，将来中国や西アジアでこれに近い年代の土器が発見されるにせよ，その年代が第四紀更新世の末期から完新世の初頭の時期であることに注目すると，土器をおもな道具として用いはじめることが，当時の環境の変化に対応した新たな生活の形態と，深く関係していたのではないかという考えも否定できない。

　いずれにしても，こうした出現期の土器が完成された技術をもっていることは，水を混ぜれば可塑性をもって自由な造形を生み出すことができ，火で焼成すると固結して，水を加えても容易には形が失われない容器になるという，粘土のもつ特有の性質を，人類がこの時期には十分に知り得ていたことを示している。その背景には，前述したドルニ・ヴェストニッチェなどから出土した焼成粘土像が示しているような，断片的ではあるが製陶技術の歴史があったことも確かである。

　ところが，このような人類が古くから会得してきた，窯業の重要な要素の1つである，加熱によって固まるという粘土の基本的な変化が，微細な粘土粒子の接着作用によるものとして科学的に解明されたのは，20世紀も半ばになってからのことである。したがって，素焼きの土器から陶器および磁器へと，新しい技術によって科学的に改良が加えられたように考えられている窯業製品も，まさに長い経験の蓄積によって到達した産物であったともいえる。

3 製品の分類

(1) エミール・ブーリーの分類

　窯業製品の発達にはおもに焼成技術の変化が関係しており，軟質で多孔性の素焼きの土器から，硬質で緻密な陶磁器の製作へという過程をたどりながら，その間に多くの性質をもつ製品が作り出されてきた。それとともに，やきものとして総称される製品を分類しようとする動きが，19世紀中頃からヨーロッパ諸国ではじまった。それ以前の限られた地域で作られていた製品は，経験的な区分によってそれぞれの違いを表現することで十分であったが，技術の発達にともなってさまざまな製品が流通しはじめ，さらには高級品とみなされた中国や日本の磁器が輸入され，その模倣品も作られるなど，多様な要素がともなうようになり，それらを質によって区分する必要性が求められるようになったためである。その結果，軟質と硬質，無釉と施釉，粗放と緻密，あるいは光の透過性や胎土と釉の色など，さまざまな要素にもとづく多数の分類案が提出された。

　製品の性質という点から，合理的な方法によって分類を試みたのは，フランスのブロニアール（Alexandre Brongniart）であった。彼は1800年からその死までのおよそ半世紀もの間，王立セーブル磁器製造所の所長をつとめたことで有名であるとともに，ラマルクの進化論に反対して天変地異説を唱えた古生物学者キュヴィエ（Georges Cuvier）とともに，地層の構造や化石の調査をおこない，層序学の原理にもとづいたフランス地質学の基礎を築いた研究者でもあった。1844年に出版された *Traité des Arts Céramiques.* で窯業製品の分類案を示し，そこではまず軟質と硬質に分けて，後者を胎土が不透明か透明かによって2分し，その上で釉の成分によって9種類に細分した[18]。しかし釉に過大な重要性をもたせた点や，硬度による基準がその当時の製品の特徴とうまく一致しなかったことなどから，この分類は広く浸透しなかった。

　日本では，近代化のために明治政府が進めた，殖産興業の政策による工業の発達は，窯業の分野においても例外ではなく，さまざまな製品が生み出され，それらの性質や特徴を区分する名称の必要性が高まり，明治時代の終わり頃にその分類の試みがなされた。そのときに採用したのが，フランスのブーリー（Émile Bourry）による分類で，ヨーロッパの窯業技術を科学的な視点から著述した書物の中に示されたものであった。1897年に出版されたこのブーリーの著書 *Traité des Industries Céramiques.* は優れた技術書として，1901年にリックス（W. P. Rix）によって，また1911年にはサール

表1　ブーリーによる窯業製品の分類
　　　（注18，pp.13・14）

(Permeable Pottery)	(Impermeable Pottery)
Ⅰ terra cottas	Ⅳ stoneware
Ⅱ refractory fired bodies	Ⅴ china
Ⅲ earthenware	

(A. B. Searle) によって翻訳され，1919 年には第 3 版，1926 年には第 4 版と版を重ねた[19]。そこに著されたブーリーの分類は，胎土の水に対する透過性の有無を中心におき，それに釉や硬度の要素を加えて，表 1 のように 5 つに区分するものであった[20]。

分類の基準には，水に対する透水性も高温で焼成すれば，硬質で不透水性の製品に変化するなど，技術的な差によって異なった性質のものになりうるという，窯業の基本的な内容が盛り込まれていた。その点でもっとも合理的なものとして，また実際の製品に則したものとしても高く評価されて，ヨーロッパやアメリカで広く受け入れられた。ブーリーはこれらの分類項目に次のような定義を与えている。

(1) terra cottas：無釉で透水性をもち，低火度焼成のもの。
(2) refractory fired bodies：硬磁器の温度で焼成されているが，透水性をもつ製品。
(3) earthenware：施釉されて透水性をもつ製品。
(4) stoneware：有色で不透明な胎土で無釉と施釉のものがある。
(5) china：白色の透明な胎土で施釉された製品。

■**日本の製品への採用**　この分類を採用した日本では，それぞれに表 2 のような名称を与えた。refractory fired bodies（耐火製品）は当時の日本には適合する製品が少なく省略され，残る 4 種に土器，陶器，

表 2　日本製品の呼称

I 土 器	IV 炻 器
II 耐火製品	V 磁 器
III 陶 器	

炻器，磁器という名称が用いられることになり，基本的な分類が定着した。ブーリーに限らず，この当時の分類の重要な要素とされたのは製品の性質で，多孔性と緻密性，製品が透明か不透明かという点に重きがおかれていた。それは今日の欧米で用いられる分類にも引き継がれて，陶器と磁器を吸水率の数値で区分するなど，さまざまな基準が設けられている。

また stoneware に対する日本語の訳として用いられた炻器は，当初「石器」とされたが，石製の道具である stone implements と混同されやすいことから，これを避けるために，焼成した製品という意味をこめて火偏をつけた造語である。それはブーリーの分類では，透水性という性質に重きをおいて陶器と区分し，胎土が不透明であることによって磁器と区分すると定義されているが，このような性質の違いを明瞭に区分することが難しいものも多く，塩田力蔵氏らによって古くから批判された用語である。

それはまた，無釉の陶器を指して用いられることがあるが，きわめて曖昧な要素を含んでいたり，独立した分類項目となり得ない面をもっている。焼成によって連続的に変化する性質の差は，材料の差や釉の有無などの基本的な要素と比較すると不明瞭で，分類する上で同等の内容として扱うと混乱が生じるおそれがある。炻器という分類を設けることに批判があったのは，この点がおもな理由である。

(2) 日本における分類

ブーリーが示した基準にしたがって，日本では土器，陶器，磁器が窯業製品の一般的な用語として定着するとともに，考古資料の分類においても広く使用され，次のような内容として大別されることが多い。

■**土　器**　　粘土を用いて，600〜800℃程度の比較的低い温度で焼成された無釉の製品で，一般に砂を多く含み，多孔質で吸水性が高いものを指す。縄文土器，弥生土器，土師器，かわらけ[21]，のような一連の素焼きの製品で，色調は多くのものが黄燈色〜赤褐色を示す。このほかに黒色土器や瓦器のように，低火度で焼成されているが精良な材質で器面に磨きが施され，気孔の少ない緻密な胎土の製品もある。また須恵器は窯を用いて1000℃を越える高温で焼成され，硬質で陶器の性質に類似することから，陶質土器という用語を使うこともあるが，釉が施されない点を重視して土器に分類するのが一般的である。

このように低い温度で焼成された素焼きの製品と須恵器を含めたものを土器と呼び，さらに新しい時代の珪藻土を材料にして焼いた焜炉などもこれに含める。粘土を材料とした焼成物としては，そのほかに土偶，埴輪，瓦，煉瓦などがあり，容器と区分する場合にはこれらは一般に土製品と呼ばれる。

■**陶　器**　　粘土を材料とした焼成品として，広くやきものの総称として用いられる用語でもある。粘土を材料とする点で土器と同質であるが，施釉されることと土器よりも硬質で吸水性も低いという，2つの要素を重視して両者を区分することが多い。歴史的にも土器より後出で，緑釉陶器・三彩陶器などの鉛釉陶器や灰釉陶器が代表的な製品である。鉛釉陶器には奈良時代の緑釉や三彩の陶器に見られるような，低火度で焼成された軟質の胎土のものと，平安時代の緑釉陶器のように須恵器と同じ硬質のものとがあるが，施釉されていることを重視して両者とも陶器に分類される。一方，灰釉陶器では，釉に木灰や長石を混合したものが用いられてその溶解温度は1000℃を越え，ガラス質の透明度の高い性質を十分に発揮させるために，胎土を白色にする技術もこの中から生まれている（第6章第3節参照）。

日本で陶器に分類されるものの中には，鉛釉や灰釉が施された製品とともに，中世の常滑や信楽あるいは備前や珠洲などに代表される無釉の製品がある。これらは高火度で焼成されて硬質な胎土であるため，焼締め陶器あるいは炻器という用語で区分する場合もあるが，陶器の技術の歴史的な系譜を重視して，灰釉系陶器あるいは須恵器系陶器という用語を用いることが多い。

■**磁　器**　　土器と陶器が粘土を原料としているのに対して，磁器は石の粉がおもな原料として用いられ，素地の一部がガラス化する1300℃程度の温度で焼成され，吸水率が0〜0.5％程度の緻密で硬質の透光性をもつ製品を指す[22]。高温の加熱で一部がガラス化している現象だけを取り上げると，ガラスや金属の鋳造製品と共通した

要素をもつが，その変化の状態は大きく異なっている。磁器の胎土の熱に対する変化は，焼成の過程で鋳型を用いないことからわかるように，ガラスや金属のように材料の全体が溶解するのではなく，素地の粒子の集合体が加熱によって固結して骨組みを作ることと，溶解したガラス成分がその間を埋めることの，2つの要素が作用している。とくに後者の要素が土器や陶器と異なり，硬質で透光性をもつ磁器の性質を生み出すことの大きな理由となっている。この加熱によって固結する作用については，第3章第3節で詳しく紹介する。

　磁器には，顔料を用いた色釉や透明釉が施されるものが多く，その装飾効果が高まるように素地中の着色元素を除去し，とくに鉄分を人工的に減少させた材料を用いている。おもな原料となる陶石は，石英や長石を主成分とし，それに流紋岩や石英粗面岩が熱水作用を受けて生成した，可塑性や耐火性に富んだ粘土鉱物を多量に含むもので，日本では熊本県の天草陶石や佐賀県の泉山陶石などが古くから著名である。

■**胎土の特徴と技術**　このように分類される製品の代表的な胎土の状態を，縄文土器，古墳時代の須恵器，室町時代の陶器および近世の磁器について比較すると，図

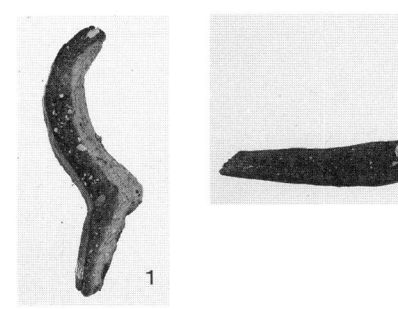

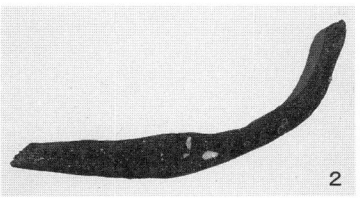

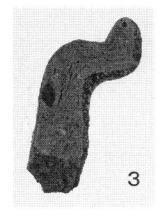

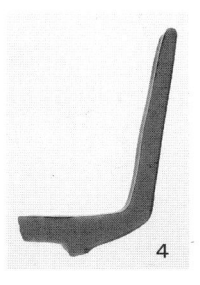

図1　土器・陶磁器の性状
　1 縄文土器（縄文中期末），2 須恵器（6世紀中葉），3 陶器（14世紀），4 磁器（江戸時代）

表3　土器・陶磁器の技術と細別

焼成温度		600℃	800℃	1000℃	1200℃	1400℃	
無釉		縄文土器 弥生土器 土師器 瓦器		須恵器			土器
				須恵器系陶器 灰釉系陶器			陶器
有釉		緑釉陶器 三彩陶器		緑釉陶器 灰釉陶器			
					軟磁器	硬磁器	磁器

1のような違いが見られる。土器に分類される縄文土器と須恵器とを比較すると，前者には砂が多く含まれ，胎土の中に空隙が多いのに対して，後者では砂が少なく緻密な状態である。また陶器は釉で覆われているが胎土には小さな空隙が多数含まれており，これに対して磁器では一層白色で緻密な胎土と透明な釉とからなっている。このような日本の土器・陶磁器を，釉の有無と焼成温度の3者の要素を含めて整理すると，表3のように理解することができる。

〈第1章の注〉
1) 植田豊橘「本会の創立及び窯業と云ふ名稱のこと」『日本窯業大観』（大日本窯業協会編）1933年，p.30。
2) K.Absolon, "The Venus of Věstonice — Faceless and "Visored"," *The Illustrated London News.* Nov. 30, 1929 (Vol.175, No.4728), London, pp.934〜938.
3) S.A.Vasil'ev, "Une Statuette d'Argile Paleolithique de Siberie du Sud," *L'Anthropologie,* Tome.89 (2), 1985, Paris, Masson, pp.193〜196.
4) いくつかの値が与えられており，放射性炭素年代法による，2万6000〜2万9000年前（J.Svoboda, "A New Male Burial from Dolní Věstonice," *Journal of Human Evolution.* No.16, 1988, London, Academic Press, pp.827〜830）のほか，約2万8000年前という年代を採用しているものも多い（*Macmillan Dictionary of Archaeology,* London, Macmillan Press, 1983, p.146，横山祐之『芸術の起源を探る』（朝日新聞社）1992年，p.242など）。
5) 注2，p.936.
6) 芹沢長介『古代史発掘』第1巻（講談社）1974年，p.16，図版11。
7) P.B.Vandiver, O.Soffer, B.Klima, J.Svoboda, "Venuses and Wolverines: The Origins of Ceramic Technology, ca.26000B.P.," *Ceramics and Civilization,* Vol.V,1990, Ohio, American Ceramic Society, pp.13〜81.
8) W.Libby, *Radiocarbon Dating* (2nd ed.) Chicago, The University of Chicago Press, 1955, p.135. なお，B.P.は，Before Present を意味する略号であるが，年数がたつと「現在」という基点が変わることから，1962年に Before Physics（物理年以前）の略語と考えて1950年を基準に何年前であるかを表現するように決められた。
9) J.E.キダー・小山修三「^{14}C年代からみた縄文時代の編年」『上代文化』第37号，1967年，pp.1〜6。
10) 渡辺直経「縄文および弥生時代のC^{14}年代」『第四紀研究』第5巻第3〜4号，1966年，pp.157〜168。
11) S.J.Fleming and D.Stoneham, "The Subtraction Technique of Thermoluminescent Dating," *Archaeometry,* Vol.15, part.2, 1973, Oxford, pp.229〜238.
12) 市川米太・萩原直樹「熱ルミネッセンス法による焼土・焼石の年代測定」『考古学と自然科学』第11号，1978年，pp.1〜7。
13) 中村俊夫・辻誠一郎「青森県東津軽郡蟹田町大平山元Ⅰ遺跡出土の土器破片表面に付着した微量炭化物の加速器^{14}C年代」『炭素14年代測定と考古学』2003年，pp.215〜219。
14) 夏鼐著，小南一郎訳「中国考古学の発見と研究」『考古学メモワール1980』1981年，pp.77〜95。

15) 井川史子・フィリップ E.L. スミス「土器の使用の始まり「西アジア」」『考古学ジャーナル』第 239 号，1984 年，pp.25 〜 29。
16) 芹沢長介『陶磁大系』第 1 巻（平凡社）1975 年，p.127。
17) ガルコビーク（A.V.Garkovik）・ジュシホースカヤ（I.S.Zhushikhovskaya）「沿海州における最古の土器群」『国際シンポジウム「東アジア・極東の土器の起源」予稿集』1995 年，pp.51 〜 54。
18) E.Bourry, Translated by W.P.Rix, *Treaties on Ceramic Industries: A Complete Manual for Pottery, Tile and Brick Works.* London, Scott, Greenwood & CO, 1901，pp.7 〜 9.
19) リックス（W.P.Rix）によって翻訳された 1901 年の第 1 版の書名は，*Treaties on Ceramic Industries: A Complete Manual for Pottery, Tile and Brick Works.* であり，サール（A.B.Searle）によって翻訳された第 2 版以降の書名は，*A Treaties on Ceramic Industries: A Complete Manual for Pottery, Tile, and Brick Manufacturers.* と異なっている。

また，内容について両者を比較すると，リックスによる第 1 版の方がはるかに詳細であり，サールによる第 2 版以降のものでは多くの図や表が削除されている。バーナード・リーチは *Potter's Book* の中で，このブーリーの著書を科学的な優れた書として高く評価し，一読するよう勧めている。
20) 注 18，pp.13・14.
21) 古代からの素焼きの土器として，神事の供物具を指す場合に土師器と区別して用いることが多い。京都の神社や町屋の神事に用いられた幡枝や木野（京都市左京区）の製品，伊勢神宮の祭祀用の土器を生産した有爾（三重県多気郡）の製品などがこれにあたる。また，近年まで日常用具として使用されていた「ほうらく」などもこの名で呼ばれている。
22) 世界的には，軟磁器（soft porcelain）という用語で，硬磁器と区別される製品もあるが，それはガラス質のフリットを含む素地を用いて，1100℃程度の比較的低温で焼成した磁器のことを指す。有名なボーンチャイナも燐酸カルシウムをフラックスとして含んだ軟磁器である。

第2章 窯業材料と成形技術

1 粘土・陶石の性質

(1) 粘土，素地，胎土

　土器や陶器の材料は粘土であるが，成形や焼成など一連の製作過程の中でそれを表現するときに，「素地」，「胎土」などの用語を使うことがある。これらは，材料の選択や加工あるいは焼成などによって，もとの材料とは異なった状態や性質に変化するため，その点に重きをおいて区分するさいに用いられる表現で，本質的な違いがあるわけではない。

　採取された粘土はそのままの状態で用いられる場合もあるが，混和材を添加したり水簸（すいひ）などの加工を施したりして調整をすることが多く，こうしたものを素地という。製品の色や性質あるいは製作の技術に適するように手が加えられ，成形や乾燥を経て焼成されるまでの状態のものを指し，坏土（はいど）あるいは素地土と呼ばれることもある[1]。これに対して胎土は，焼成された状態のものを指す用語である。考古資料として扱われる土製品の大部分は，焼成されたものであるため胎土であるが，これらの名称を使い分ける必要が生じるのは，焼成以前の技術や製作過程の情報を，材料の状態との関係から記載する必要がある場合においてである。

(2) 粘土の化学的性質

　■**粘土の定義**　　地表に広く分布して水を蓄え，植物の生息に不可欠な堆積物を，われわれは「土」，「土壌」，あるいは細密で均質な場合には「粘土」などと呼ぶ。土という語は科学的な定義をもった用語ではないが，一般に土壌と同義語として使用されている。土壌は，粘土や砂のような無機物と植物などの有機物とが混合した状態の地表の堆積物のことで，この中で粘土や砂は，供給源となる岩石の種類や堆積過程の違いによって性質は一様でないが，その主要な成分となっている。粘土の性質として必須の要素は，次の3点によって定義されることが多い[2]。

　(1) 微粒子の集合体。
　(2) 適量の水でよく混ぜ合わせたとき，一般に目立った可塑性を示す。

(3) 高温で十分加熱すると焼き固まる。

　(2)と(3)は，(1)の微細な粒子という性質から必然的に由来するものであり，これら3つの性質が土器や陶器の製作の上でも重要な要素となっている。とくに低火度で焼成される土器の場合には，これらの条件が満たされていればよいが，高火度の焼成による須恵器や陶器の場合には，それに加えて耐火性が要求される。耐火性は大部分の粘土に特有の性質として備わっているものであるが，二次堆積の過程で混在する鉄や塩基性の成分の影響，あるいは海成粘土で生じる酸による結晶の崩壊など（第5章第4節参照），粘土が生成したのちに受けた化学変化によって，本来もっている耐火性を失うものがある。高火度焼成の製品に適した粘土を得ることができる地域が，ある程度限られてくるのはそのためである。

　粘土は単に岩石が細粒化して集合したものではなく，粘土鉱物と呼ばれる結晶を母体にしており，それは岩石が風化して分解した元素をもとにして結晶化した鉱物である。元素の化学的な結びつきによって，結晶の構造や性質の異なったいくつかの種類の粘土鉱物が生まれ，粘土の性質はいずれの種類の粘土鉱物が多く含まれているかによって異なる。

　粘土鉱物が規則正しい結晶体であることが明らかにされたのは，X線回折の現象によって結晶の構造が明らかにされはじめた1930年代になってからのことである。また電子顕微鏡などの新しい分析機器が登場して，微細な粒子の形を視覚的にとらえることができるようになり，それによって粘土に対する確かな理解が定着しはじめた。土器は粘土を成形して加熱するという，その製作がきわめて単純な技術によっていたにもかかわらず，青銅器や鉄器に比べて，本質的な姿についての理解がはるかに遅れたことの理由は，材料の粘土が非常に微細な構造であり，化学的にも複雑な性質をともなっていることにあった。

　■**化学組成**　粘土は地球の表層部にあたる地殻を作る要素の1つで，その母体は岩石である。岩石は多種類の鉱物の集合体で，例外なく二酸化珪素（SiO_2）が含まれ，地殻全体のおよそ60％を占める。次に，酸化アルミニウム（Al_2O_3）が約15％で，以下三酸化二鉄（Fe_2O_3），一酸化鉄（FeO），酸化マグネシウム（MgO），酸化カルシウム（CaO），酸化ナトリウム（Na_2O_3），酸化カリウム（K_2O）がそれぞれ3～5％ずつ含まれている（表4）。この化学組成は，二酸化珪素をおもな成分として，上記の7成分を含む長石が，地殻の造岩鉱物の約39％を占めていることと関係がある。

　粘土の母体となる粘土鉱物は，こうした鉱物や岩石が風化され，化学的な分解によって生じた元素をもとにして再構成された結晶である。したがって，もとの岩石の種類や

表4　地殻の化学組成（％）

SiO_2	60.1
Al_2O_3	15.6
Fe_2O_3	3.4
FeO	3.9
MgO	3.5
CaO	5.1
Na_2O_3	3.9
K_2O	3.2
TiO_2	1.0
P_2O_5	0.3

（P.M.Rice. *Pottery Analysis*, 1987, Table2.1）

結晶が作られるさいの環境の違いによって，いくつかの異なった構造のものが生まれる。粘土が共通にもっている可塑性や耐火性などの性質にもさまざまな差があるのは，その化学的な成分や結晶の生成過程の違いが深く関係しているからである。

　粘土のもとになる岩石は地表に近いところで風化されるが，それには大きく2種類の作用がある。1つは，温度変化による膨張や収縮，浸透水の凍結圧，流水や風の力などによって破壊され細粒化する物理的な風化である。他の1つは，水に含まれる二酸化炭素による溶解，水との水和や酸化作用，あるいは加水分解などによって変質する化学的な風化である。

　このうち粘土の生成には，後者の化学的な風化が大きく関係しており，そこでは岩石が水と反応して分解した元素をもとにして，新たな化学的な結合によって結晶が生み出される。たとえば，二酸化炭素を含む酸性の水が岩石を分解し，その風化物から溶け出したイオンが再結合して粘土鉱物が生み出される変化も，この化学的作用によるものである。そのほかに，地下の熱水による変質などによって粘土化が進むものもある。

■**結晶の構造**　岩石の風化によって溶出したイオンが，粘土鉱物を作り上げる過程では，珪素（Si^{4+}），アルミニウム（Al^{3+}），水素（H^+），酸素（O^{2-}）の4つのイオンが化学的に重要な役割をもち，それらの結合には2つの基本となる構造がある。

　1つは，4価の正の電荷をもった珪素イオン（Si^{4+}）を中心にして，2価の負の電荷をもった酸素イオン（O^{2-}）4個が，等距離で結びついてSiO_4を作る四面体と呼ばれるものである（図2-1(a)）。この構造において電荷の関係を見ると，4価の珪素がもつ正の電荷1個に対して，2価の酸素の負の電荷が4個であるから，電気的に負の電荷が4個過剰になっている。その4つの頂点の酸素イオンのうちの3個は，これに接する別の四面体の酸素イオンと互いに共有し合って結合する。これによって，正の電荷をもつ珪素と，負の電荷をもつ酸素で構成される四面体の6個を単位とする，正六角形の環状の構造（図2-1(b)を上から見た平面形）が生まれて，網状の平面的な組織が広がる。これを四面体シートと呼んでいる（図2-1(b)）。さらに過剰になっている酸素イオンの負の電荷1個は，別の四面体シートあるいは後述する八面体シートなどと結合するさいに共有され，四面体の中での電気的な荷電の過不足を満たすようにして，立体的な層構造を作る要素となる。

　他の1つは，3価の正の電荷をもつアルミニウムイオン1個を中心にして，水酸基6個が単位となって，正八面体の形に配列するもので，ここでは正の電荷は負の電荷の1/2で，負の電荷が過剰となっている（図2-2(a)）。ここでも上述の四面体において負の電荷が共有されたのと同じように，2つの頂点のイオンがそれと接する八面体のイオンと互いに共有し合って平面的に広がる組織ができ，八面体シートと呼ばれる構造が作られる（図2-2(b)）。これらには，他の八面体あるいは四面体と，酸素や水酸基を相互に共有し合って結びついて立体的な構造が生じる（図2-3）。このようにし

1 四面体(a)と四面体シート(b)の模式図
　○ ◯ 酸素
　○ ● 珪素

2 八面体(a)と八面体シート(b)の模式図
　○ ◯ 酸素または水酸基
　● アルミニウム，マグネシウムなど

3 粘土鉱物の層構造の模式図（カオリナイト）
　○ 酸素
　◉ 水酸基
　● アルミニウム
　● ○ 珪素

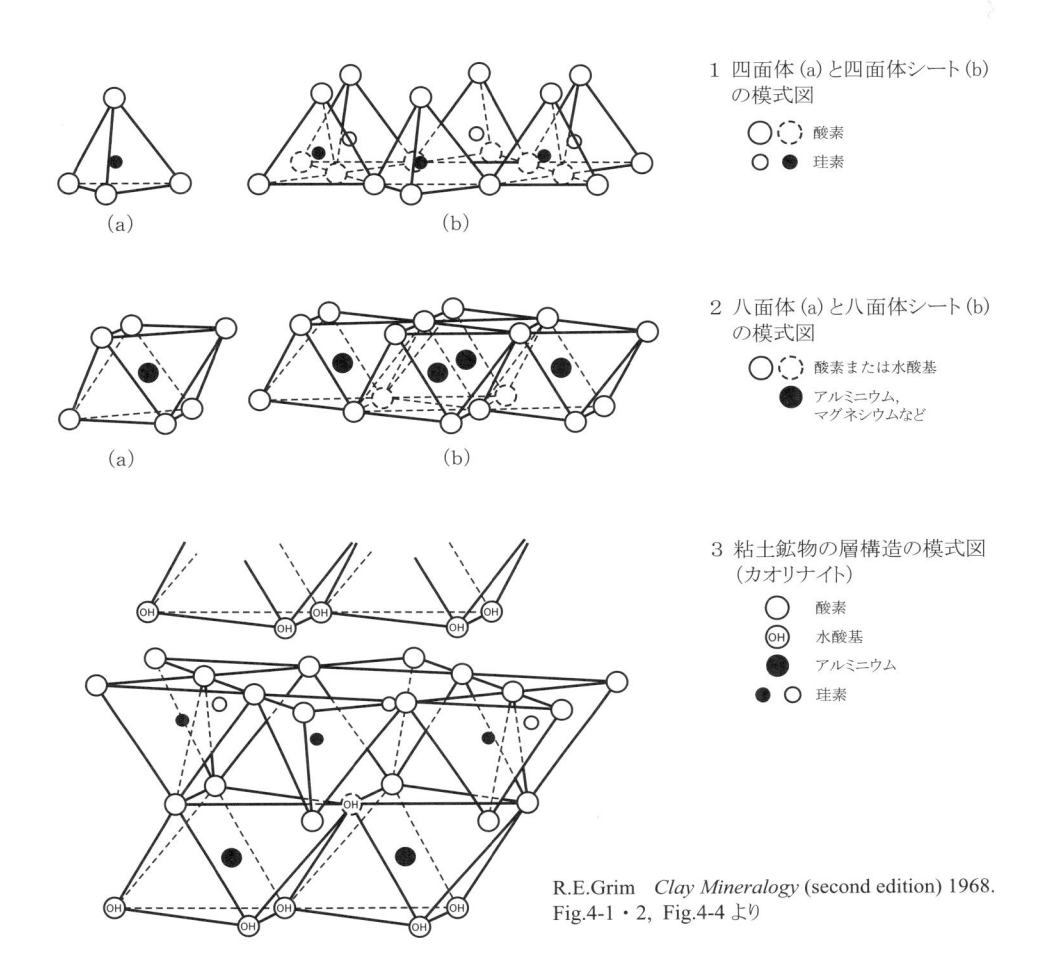

R.E.Grim　*Clay Mineralogy* (second edition) 1968.
Fig.4-1・2, Fig.4-4 より

図2　粘土鉱物の化学構造

て，イオンの共有結合によって生まれる2つの基本的な構造をもとにして，粘土の結晶は作られている[3]。

　さて電荷の必要量を満たしながら，四面体と八面体あるいは四面体と2個の八面体の構造が，層状に結合して立体的な結晶を作り上げるが，このとき結合し合わない端面には，負の電荷が過剰になったことによってできる陰イオン面が生じる。そのようなものでは，複数の層構造の間に陽イオンが加わることによって安定し，四面体あるいは八面体シートの組み合わせが単位となって，三次元的な層構造の結晶ができる。このとき層を作る要素の違いによって，図3のように性質の異なったいくつかの粘土鉱物ができることになる。その中で，代表的な粘土鉱物であるカオリンは，珪素とアルミニウムをおもな成分とする結晶で，溶解温度を下げたり発色の原因となる塩基性の元素が少ない構造をもち，それが耐火性が高く白色の製品となることと深く関係している。

　堆積物の中でわれわれが粘土として目にするものは，こうした微細な粘土鉱物を多

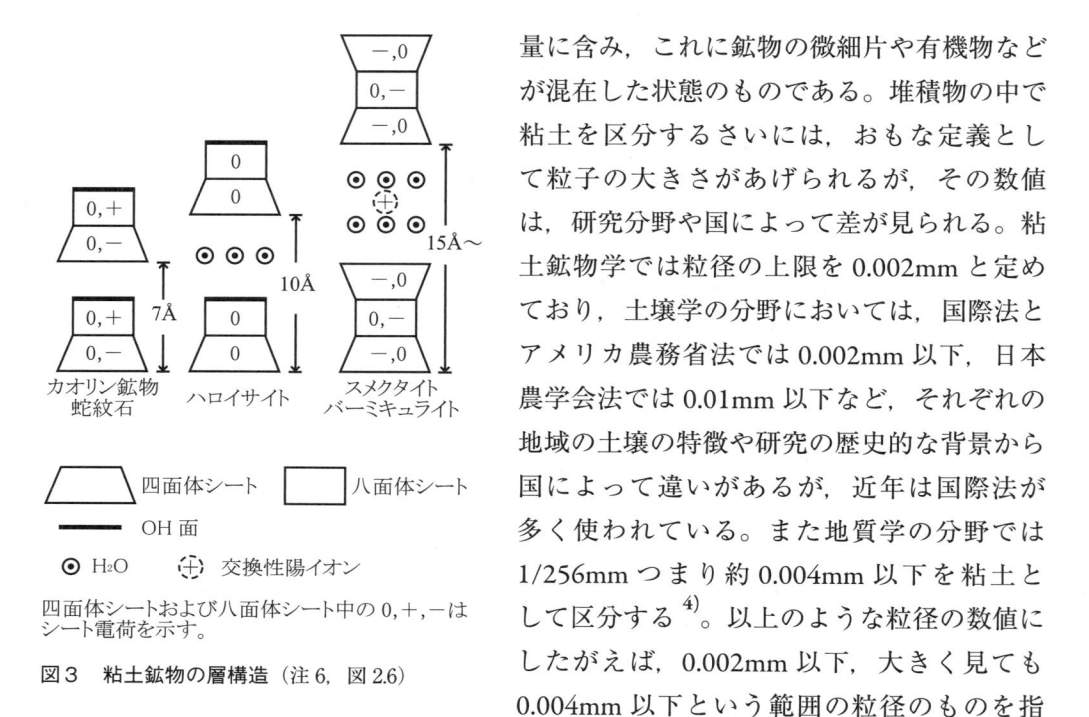

図3 粘土鉱物の層構造（注6，図2.6）

量に含み，これに鉱物の微細片や有機物などが混在した状態のものである。堆積物の中で粘土を区分するさいには，おもな定義として粒子の大きさがあげられるが，その数値は，研究分野や国によって差が見られる。粘土鉱物学では粒径の上限を0.002mmと定めており，土壌学の分野においては，国際法とアメリカ農務省法では0.002mm以下，日本農学会法では0.01mm以下など，それぞれの地域の土壌の特徴や研究の歴史的な背景から国によって違いがあるが，近年は国際法が多く使われている。また地質学の分野では1/256mmつまり約0.004mm以下を粘土として区分する[4]。以上のような粒径の数値にしたがえば，0.002mm以下，大きく見ても0.004mm以下という範囲の粒径のものを指すことになる。いずれにしても土器や陶器を作るさいに必要な可塑性や焼結などの性質は，こうした微細な粘土の粒子が多量に含まれることと関係している。

(3) 可塑性と粘性

　微細な粒子であることによって生まれる粘土の可塑性は，土器や陶器の成形にとって不可欠な性質である。類似した用語として粘性があるが両者は同じ性質ではない。可塑性とは「物質の融解温度以下の状態で，ある外力を加えても，目に見えるほどの破壊・体積変化・弾性的反発を起こさずに，連続的かつ永久的に変形しうる性質をいう。」と定義されている[5]。粘土の場合には粘土塊を作る微細な結晶の間を埋める水が，その性質に大きな役割を果たしており，粒子を滑らせる作用と同時に，それらを引きつける張力としても作用するためである。

　これに対して，粘性は固体以外の気体，液体，塑性体のいずれにおいても見られる性質で，外力によって接し合う2つの物質の間に異なった動きが生じたとき，互いに一様な速度になるように作用する性質のことである。空気，水，油あるいは軟らかい粘土などをかき混ぜると，手や棒にそれぞれ違った抵抗を感じるが，そのさいに受ける力の性質が粘性であり，この抵抗の力が異なっている場合を，粘性の違いと表現する。

　可塑性と粘性とを粘土と水の状態から区分すると，図4のような関係になる。つまり粘土が過剰の水を含んでいると液状であるが，この水がある量にまで減少すると，粘土は外から受ける力に応じて自由に変形する塑性体となる。さらに減少してある含

水量に達すると,塑性を失って脆い半固体の状態になり,乾燥すると粘土はそれ以上収縮しない固体となる。その境界がそれぞれ液性限界,塑性限界,収縮限界と呼ばれる[6]。土器や陶器のように粘土以外の粒径の異なる物質が混在するものでは,それらの加わり方によって状態の変化は若干異なるが,可塑性とは,この変化の中で液性限界と塑性限界の間の塑性体,つまり,どのような流動体においても普遍的に生じる粘性の中で,もっとも固体に近いある限られた範囲の状態で生じる性質である。これに対して粘性は,塑性限界以前のすべての状態にあらわれる性質であり,この点で両者は異なっている。

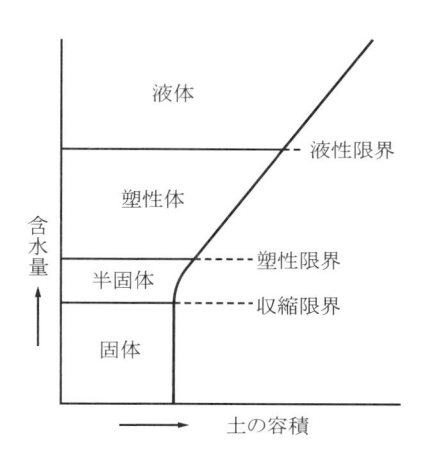

図4　粘土の含水量と状態変化
（注6,図3.9）

　粘性あるいは粘りという用語を,可塑性の程度という意味をこめて使うことが多いが,土器や陶器の材料に対して用いる場合に,可塑性と粘性の用語を使い分ける必要性は次の点にある。つまり粘性は,成形していくとき加えた力にしたがって変形する,「のび」と呼ばれる性質に関係しているのに対して,可塑性とはその「のび」の性質に加えて,形を一定に保ついわゆる「腰の強さ」と表現される性質を兼ねそなえたもので,同義語ではない。したがって,過剰の水が加わって可塑性が失われた状態のものにも,粘性は依然として存在し,それは粘土だけでなく,油や水あるいは空気においても共通にあらわれる性質でもある。

　この可塑性を左右するもっとも大きな要因は,粘土粒子の大きさにある。かりにわれわれが砂と呼ぶ大きさにあたる1辺1mmの立方体を,粘土の粒径の定義の1つである0.002mmの立方体にまで分割すると,表面積はもとの$6mm^2$から$3000mm^2$にまで大きくなる。したがって,これらの団塊を作る粒子の間に水が含まれた場合,粒子の周囲を覆う水の膜は500倍に増す計算になる。このように粒子が微細になると,粘土塊の全体ではその表面積は非常に大きくなり,そこに多量の水を含む状態が生じて,潤滑材として粒子間を滑らせる働きをするようになる。この作用が可塑性のうちの第1の要素である粘性あるいは「のび」に関係する。

　一方,狭い空間の中に保たれた水は,毛細管現象によって表面積をできるだけ小さくしようとする作用があり,そのために働く張力が粒子同士を容易にひきはなさない力となる。この粒子の分散をくい止める力が,可塑性の第2の要素としての「腰の強さ」に関係する性質となる。この分散をくい止める張力が作用する場は,粒子が小さいほど多く生まれ,微細な粒子の粘土塊全体では非常に大きな力となる。逆に粒径が大きいと粒子の間の距離が大きくなって,毛細管現象が生じにくくなると同時に,全体の表面積が小さいためにそこにとどまる水の量も少なく,張力は小さくなる。また,過

剰の水が加わった場合にも粒子の間の距離が大きくなり，張力はあまり作用しなくなる[7]。可塑性はこのような粘土粒子と水との間の微妙な状態の違いによっても変化する。

　粘土の可塑性と関係した工程の中に「ねかし」という作業が取り上げられることがある。一般に長い期間湿った状態で貯蔵あるいは放置しておくことであるが，粘土の性質を高める効果との関係では，有機物や水の酸化によって粘土中の鉄が分解するなど，成分が変化することは化学的にある程度明らかである。しかし可塑性との関係については，水分が均一に浸透すること，微生物やバクテリアの繁殖によって粘性を高める成分が増加すること，水素イオン濃度指数（pH）が変化することなど，いくつかの要素が取り上げられるが，いずれの作用が可塑性と深く関係しているかについては，必ずしも明らかになっているとはいえない。

（4）磁器の材料

　■**陶石の性質**　　磁器が土器や陶器と大きく異なる点は，胎土の一部がガラス化して，吸水性のない白色で光を透過する性質をもっていることであり，このような製品に適した材料として，自然の状態に存在するのが陶石である。陶石は流紋岩や石英粗面岩などの火山岩を母体として，熱水作用によってその中の長石などが粘土化され，また熱水中の亜硫酸ガスによって鉄の化合物が除かれた状態に変化した岩石である。したがって，石英，長石，絹雲母およびカオリンなどの粘土鉱物を多く含み，これを粉砕すれば磁器の素地を作ることができる。石英の量が多すぎて成形が難しい場合には，水簸の処理をおこなって雲母や粘土鉱物の成分の比率を高めた素地に加工される。最近の工業製品では，陶石すべてを粉砕して，それに可塑性をもたせるために粘土を加えて素地にする技術も採用されている。

　陶石が磁器の材料として優れているのは，石英や粘土鉱物が耐火度を高め，また雲母や長石がガラス化を促す成分として作用するからである。とくに長石はカルシウム，カリウム，ナトリウムなどの塩基性成分を 10 ～ 20％含んでおり，ガラス化によって透光性や強度を与える役割をする。また粘土鉱物は成形のさいの必須の性質である可塑性とともに，融点が高いため磁器の焼成に必要とされる耐火性を高める材料でもある。このほかに，本来混在している粘土鉱物だけでは可塑性が乏しい陶石の場合には，カオリンなどの粘土を配合して，可塑性を高めて素地を作る方法もある。いずれにしても磁器の材料としては，母体となる石英，ガラス化に重要な作用をする長石と雲母類，可塑性と耐火性を高めるカオリンという，おもに 3 つの成分が重要な要素になっている。

　さらに磁器の材料の性質としては，装飾との関係で胎土が白色になることが求められる。陶石は母岩が生成されるさいに，熱水中の亜硫酸ガスなどによって着色成分となる鉄の化合物が岩石中から溶出して，鉄の含有率が相対的に減少してはいるが，な

お少量含まれる鉄による発色は避けられないために，多くの材料では，粉砕されたのちにその含有率を低める処理をおこなう。その工程については，第6章で触れるように，古くは水簸によってなされていたが，現在では酸性の温水を用いて短時間に鉄分の除去をおこなう方法が採用されている。しかし，もともと多量に鉄が含まれている陶石は避けられ，17世紀初頭に磁器生産が開始された佐賀県有田の泉山には，採掘された跡が保存されているが，そこでは酸化鉄や硫化鉄の含有率が高い部分が採掘されずに残っている（口絵図版1）。

■ **『中国陶瓷見聞録』に記された磁器材料**　磁器の素地作りの実体を示す著名な資料として，フランスのイエズス会士，ダントルコール（Piére d'Entrecolles）が記した，18世紀初めに中国の景徳鎮(けいとくちん)でおこなわれていた窯業技術に関する記録がある。これは1712年と1722年に布教先の景徳鎮で見聞した磁器製作の状況を本国に詳しく報告したもので，それらは，1702年から1776年にかけて，パリのニコラ・ル・クレール（Nicolas Le Clere）とル・メルシェ（Le Mercier）およびその他の書店から出版された，アジアやアメリカ諸国へ派遣されたフランス人イエズス会士たちからの通信を輯録した『宗話および異聞書簡集』（*Lettres édifiantes et curieuses, écrites des missions étrangères par quelques missionaires de la Compagnie de Jésus*）の中の第12集と第16集に収載された。

またダントルコールによるこの2つの書簡の部分は，小林太市郎氏によって翻訳され詳しい注が付されて，『支那陶瓷見聞録(しなとうじけんぶんろく)』として1943年に出版された。1946年には『中国陶瓷見聞録』として再版され，さらにこれを底本として佐藤雅彦氏による補注を加えて，1979年に「東洋文庫」の1冊として同じ書名で出版された。その第2章に磁器の材料についての記載があり，白不子(ペイトンツ)（pe-tun-tse）と高嶺(カオリン)（kao-lin）と呼ばれる材料が示されている[8]。

高嶺あるいは高嶺土は，粘土の一種であるカオリナイトを主成分とする粘土のことであり，白くて滑らかと記されている白不子は磁土つまり陶石の一種で，カオリナイト，雲母，長石，石英などがほぼ均等に含まれる岩石の一種であることがわかる。それに続いて白不子の処理に関する記載があり，鉄槌で岩塊を破壊し，乳鉢に入れて端に石を付けた梃子(てこ)でそれを細かな粉末にすること，次に水を入れた大缸(おおがめ)に粉末を入れ，撹拌して放置するとクリーム状の細粒が上にたまることなど，陶石の粉砕から水簸にいたる説明がある。小林氏はこれらについて「高嶺の如く粘土の純粋なものは，耐火度強く，熔融し難いので，別に媒熔材を必要とする。媒熔材としては，長石もしくは長石を含む岩石が普通に用いられるが，ここに記されている白不子もまた媒熔材にほかならぬのである。」と解説する[9]。

しかし，さらに続けてダントルコールが「釉」と呼んでいる材料の記載の内容と比較してみると，白不子が溶媒の働きをするという解説は必ずしも正確な表現でないことがわかる。つまり，白不子と高嶺の記載のあとに「釉は，白不子の原石より採取致され候ものにて，ただその最も白く，且つ斑点の緑色最も鮮やかなる者を選び申し

表5　高嶺土，白不子，釉果の鉱物組成（%）（注12, p.136）

	高嶺土	高嶺土	白不子	白不子	釉果	釉果
カオリナイト	75.02	46.50	31.26	—	—	—
白　雲　母	13.58	17.00	31.26	40.55	31.30	31.40
曹　長　石	—	34.00	23.57	5.62	13.40	11.00
正　長　石	6.78	—			—	—
石　　　英	5.11	2.50	45.17	53.83	52.90	55.60
石　灰　石					2.00	1.90

候。」[10]という記載があり，釉は白不子の原石の一部から採取されるものであることを示しているからである。また「此の石の油〔即ち釉〕は決して単独に使用されること無ㇾ之」[11]とあり，これに続いて，石灰と歯䈃(しだ)を焼いたものと混合して作られたことが記されている。つまり，白不子の原石中の長石や雲母など，ガラス化しやすい部分が選択されて釉に用いられることを説明している。その部分が小林氏のいう「媒熔材」にあたる成分で，今日の長石釉，石灰釉，灰釉などがこれに相当する。なお，ここで小林氏が用いている媒熔材は，一般的な化学用語としては溶媒剤と呼ぶべきものである。

　素木洋一氏は，中国の磁器製作の基本的な材料について，坏土とされる高嶺土，白不子と，釉の主成分となる釉果の3者をあげて，その成分の違いを表5のように示している[12]。つまり，高嶺の組成は，カオリナイト，雲母，長石，石英の混合物，白不子は，長石を含む雲母質の成分，釉は，白不子の一部である長石と雲母に石灰石などが加わった混合物であるという。

2 成形技術

　道具を製作する上で不可欠な要素は，石器・木器・土器・金属器のいずれにおいても機能に適した形態を得るための成形の技術である。その中で，石器は成形や機能に適する材質を選択したり，製品に仕上げられて以後に新たな加工を加えて，形態の一部を変えることが可能である。この点は木器の場合も同様で，さらには材料の大きさによる制約を補うために，複数の材料を組み合わせるなどの手段もとられた。また金属器の場合には，新たな製品の素材に再利用できるという特徴をもち，鍛造や鋳造の技術による複雑な形態を作る成形法も発達した。

　それに対して土器の場合には，形態にともなう大部分の要素は焼成によってほぼ固定されるため，その他の材料による道具の場合と比較すると，その後に加工を施したり形を変更するなどの余地は少ないが，成形には特有の条件がともなっている。それは粘土の可塑性を利用して限りなく自由な形や大きさの製品を生み出すことができることである。この点は，高温が保たれているごく短時間に作業をおこなわなければならない，金属器やガラスの製作におけるような制約はほとんどなく，この成形の段階において自由な作業がおこなえることから，さまざまな製作法が発達した。

　浜田耕作氏は，土器の原始的製作法として，「手づくね法」，「型塗り法」，「巻き上げ法」

の3つの方法をあげた[13]。また，大山柏氏は祝部土器すなわち須恵器までの日本の土器の製作法として，それらのほかに「輪積み」，「縦合せ」，「轆轤の使用」，「各方法の併用」を加えて7つの方法に区分した。粘土紐による巻き上げと輪積みの方法については，前者はおよそ1〜3cm内外の粘土帯を切らずに輪のように巻き重ねていく方法であり，後者は巻き上げの場合よりも一層幅広く，およそ4〜5cm以上の粘土帯を段々に積み重ねる方法であると，その違いを説明している[14]。このうち，「各方法の併用」は具体的な成形法ではなく，また「縦合せ」については実例を発見していないと述べており，浜田氏のいう「巻き上げ法」と大山氏のいう「輪積み」とを「粘土紐成形」としてまとめれば，基本的な成形の方法はろくろ成形法を加えた4種となる。

このように，土器の成形法を大きく区分する場合，手づくね，粘土紐，型作り，ろくろによる手法に分けるのが一般的である。ただし，これらは形を作り上げるさいの方法を区分する用語であって，細部にわたるすべての作業が，必ずしも単一の手法だけによっておこなわれているわけではない。大まかな成形を手づくねや粘土紐によっておこない，最後の器面調整には回転台やろくろを用いたり，大部分を粘土紐で作って底部や口縁部などを部分的に手づくねで成形する場合もある。また，大型品には粘土紐による成形を，小型品には手づくね，型作り，ろくろによる成形を採用する場合が多いという一般的な傾向はある。

個々の成形技術の採用のされ方は，必ずしも歴史的に移行しているわけではないが，ろくろによる成形法は，製品にあらわれる企画性や作業の迅速さなどの面において優れており，各地域の製陶の歴史の中でも画期的な方法として，ほかの成形法との間で大きく区分され，それが採用された時期などについて議論されることが多い。

(1) 非ろくろ成形法

■**手づくね**　京都市幡枝の土器は，素焼きの皿を中心として古くから神社，寺，町屋などでおこなわれる儀式の供物用に多く用いられたことで知られているが，成形には木の板や麻布を使用する程度で，大部分の作業は手づくねによっておこなわれた。今日ではすでにその技術を伝える人なく，残された製品や道具からその一端を断片的に知ることができる程度であるが，吉田光邦氏は20世紀後半にわずか3人までになっていた製作者の作業工程を詳細に観察して，この幡枝の土器作りの技法に関する貴重な記録を残している。

その中で，成形の技術について，「成形の順序。まず左手で粘土をひとつかみとる。次に右手の掌の端で3回ほど土をたたいてひらたくのばす。次にはのばされた土を，テコでおおった右ひじのところに，まわすようにして打ちつけること9〜10回，円い小皿のおよその形ができる。ミゴロの上に，ウツゲという直径30cmほどの木の円板がおいてある。それを右手にとって小皿の形をきれいな円形に仕上げる。ついでホ

エを右手にもってくるりと皿の内側をまわすと，土器の底に円が刻まれる。これで出来上りだ。」と記している[15]。テコとは白い布を筒形に縫ったもの，ミゴロとは水を入れた鉢，ホエとは麻布を折り重ねたもの，という。

　考古資料の中では，土偶や形象埴輪など複雑な形状をもつ土製品や，小型の土器や陶磁器の成形にはこの手法が用いられる。多数の製品を迅速に成形できるのが，この手づくねの利点であるが，しかし一塊の粘土から仕上げる方法としては，小型の製品に限られるという制約がある。

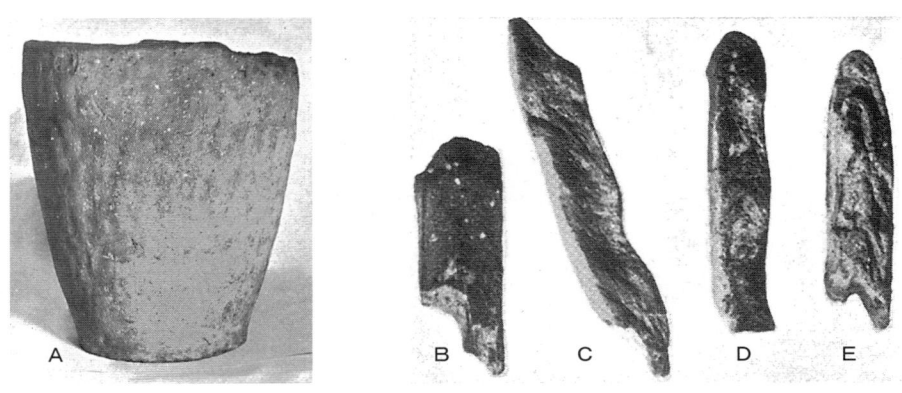

図5　粘土紐成形の痕跡　イギリス鉄器時代の土器（注16，Pl.E-(a),(d)～(g)）
　A：リンカーンシャー出土（約1/6）
　B～E：ノース・バーウィック，トラプレイン・ローズ出土（約2/3）

図6　粘土紐の接合部
　1　アンフォラの底部　コリント，紀元前7～4世紀（注17，Figs.10・11）
　2　壺形土器の頸部と胴部　北海道聖山遺跡，縄文晩期（注18，写真38-7・8）

■**紐作り**　先史時代の土器作りの多くに用いられ，今日でも大型品に採用されている成形法である。具体的には粘土紐を順次積み上げながら器壁を作るのが一般的で，器壁に沿って連続的にラセン状に巻き上げる方法を確認できる例は少ない。粘土紐を積み上げて土器を作るとしばしば継ぎ目が剥離しやすく，その痕跡から紐作りであったことを容易に判別できるものがある。図5-Aは，イギリスのリンカーンシャー（Lincolnshire）出土の鉄器時代の土器で，横方向に規則的に並ぶ指頭圧痕は粘土帯の継ぎ目を押しつけて調整したものといわれている。図5-B～Eはノース・バーウィック（North Berwick）とトラプレイン・ローズ（Traprain Laws）から出土した土器の断面で，粘土帯の単位が傾斜をもった粘土の重なりとして見える[16]。

また，底部など土器の各部分を作って組み合わせる方法に用いられるものもある。図6-1は，紀元前7世紀前半から紀元前4世紀頃まで作られた，コリントのアンフォラの一例であるが，板状の底部と粘土紐によって作られた胴部下端とを接合した部分が剥離したものである[17]。そこでは，胴部下端の粘土帯にあらかじめ作った底部を接合した痕跡が明瞭に残っている。

縄文土器においては，粘土紐の積み上げによって成形されていることを，多くの製品から確認することができるが，北海道聖山（せいざん）遺跡の縄文晩期の壺形土器には，図6-2のようにそのことを明瞭に示す痕跡が見られる[18]。また弥生土器や奈良時代以前の土師器など，素焼きの土器の多くは粘土紐によって成形されたという理解が一般的であり，その後も陶器の大型の甕などの基本的な成形には，粘土紐を用いた成形法が採用されており，今日にいたるまでこの技術は引き継がれている。

■**型作り**　文字通り型に粘土を押しつけて，大まかな容器の形に作り上げる方法である。この成形法で世界的に著名な製品として，テラ・シギラータ（terra sigillata）あるいはサモス土器（Samian ware）と呼ばれる，ローマ時代に地中海地域およびローマ帝国の領域内の各地で作られた土器がある。赤燈色あるいは赤褐色の単色で強い光沢をもつ器面に仕上げられたことを特徴とする土器で，外面の装飾にはカット技法による切り込みや貼付文による装飾のほかに，浮彫による装飾などが施されている。その浮彫を施す技法には，型を用いた成形の工程の中でおこなう方法があり，迅速な生産に適していることから，この土器の製作に多く採用されている。具体的には，型の内面に製品の外面を飾る装飾が型押しによって付されており，そこに粘土を押しつけて成形して，土器の外面に浮彫の装飾が生じるような方法がとられている（図7-(1)）。原型となる焼成された土製の外型が残っていることから，こうした製作工程が詳細に明らかになっている（図7-(2)）[19]。

日本の窯業製品の中で，型作りによって成形されることがよく理解されているのは瓦の製品で，型に粘土塊を埋めて作られる瓦当部，あるいは桶巻きによって作られる平瓦などがそれにあたる。日本の土器において型作りであったことを確認できる事例をあげることは難しい。縄文土器の中に，宮城県地糠（じろう）貝塚から出土した後期の土器の

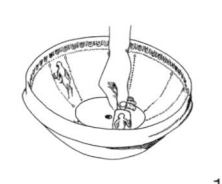

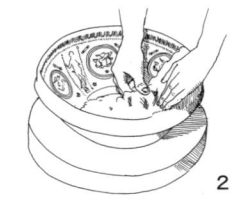

(1) 成形の工程

1 装飾単位の区画を設け，浮彫をもつ型を使って個々の装飾を刻印。
2 型が焼成され，ろくろ上で回転させながら内面に粘土を押しつけて成形。
3 乾燥して収縮した製品が型から取り出される。
4 高台が付けられ，化粧土に浸されて焼成。

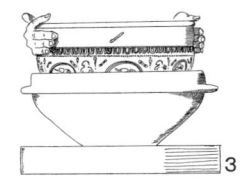

(2) 土製の外型
イギリス・コルチェスタの窯跡出土，幅 26 cm

図7　テラ・シギラータの成形（注 19, Figs.10・35）

外面に籠か笊の痕跡をもつものがあるが，このような型作りであることを明瞭に示す資料は少ない[20]。近畿地方の古墳時代以後の土師器には，丸底をもつ比較的大型の甕，壺類の製作に採用されていたと考えられているものもあり，その場合は外型を利用した製作法である[21]。このほかに，内型を利用した製作法が指摘されているものとして，近畿地方で大和型と呼ばれる11世紀代の瓦器の椀がある。それは大きさに規格性があり，粘土の接合痕が不規則に残るものがあること，また外面に指頭圧痕が残り，内面が非常に平滑な作りであることなどの理由によっている[22]。

(2) ろくろ成形法

■回転台とろくろ　　台の回転を利用して土器を成形していることを示す資料として，図8のような，壁画や土器に描かれた絵画による表現があり，形状やそれを用いた作業工程を断片的に知ることができる。図8-1は，サッカーラにあるエジプト第5王朝のチィイ（Ti）のマスタバ墓の壁画に見られる製陶の風景で，陶工が右手で台を回転させ，左手で土器を成形している場面が含まれている[23]。また第12王朝のベニ・ハサン（Beni Hasan）の第2号墓にある壁画に描かれた土器製作の光景の中には，片手を円板にあてて回転させている陶工の，もう一方の手と製品の部分に紐状のものの描写が見られるが，これは糸切りの作業を想像させる表現である（図8-2）[24]。いずれ

1 サッカーラのマスタバ墓の壁画　エジプト第5王朝（注23, Fig.243）
2 ベニ・ハサンの第2号墓の壁画　エジプト第12王朝（注24, Fig.232）
3 成形台の回転を受けもつ工人（アテネの赤絵土器）（注25, Fig.60）
4 蹴りろくろ　エジプト第27王朝，ヒビス神殿の壁（注26, Fig.10-(c)）

図8　絵画に見える土器成形

　も回転する台を利用して成形していることをあらわしているが，手をあてているものが，ろくろとして機能していたのか回転台であったのかを判別することは困難である。
　また台の回転を補助する工人を表現した例は，エジプト新王国時代のテーベの墳墓の壁画の中にあり，そこには成形する陶工と向かい合って台を回転させる役の人物が描かれている（第3章 p.40, 図16-4）。また，ギリシャのアクロポリス出土の赤絵土器の破片の中にも，成形をする工人と台の回転を受けもつ工人の姿を描いたものがある（図8-3）[25]。これらはいずれも，ろくろによる土器作りの光景と解釈されている。蹴りろくろの作業は，エジプトのヒビス神殿にある，第27王朝のダリウスI世の支配の時代（紀元前522～486）の壁画に見られ，足で蹴る回転速度の速いろくろの様子が描かれている（図8-4）[26]。このような回転台あるいはろくろの機能が，年代と関連してどのように変化しているかは不明であるが，製陶技術の大きな流れの一端をうかがい知ることができる。
　メソポタミアの先史時代の土器の成形についてニッセン（H.J.Nissen）は，ハラフ期の土器の中に，しばしば均整な円構成による文様を配置するものがあることから，この

図9 軸をもつ石製品 （注29, Pl. Ⅵ B）
エジプト，テル・エル・アマルナ出土　紀元前14世紀，直径約18cm

時期には回転台が出現していたと考えている[27]。またイラクのアブ・サラビク（Abu Salabikh）では，焼け土や未焼成の土器の破片が多量に出土しているが，その大規模な住居の遺構からは陶製の円盤の破片が床に取り付けられた状態で発見され，これがろくろの一部分であろうと推測されている。年代は初期王朝期第Ⅱ期あるいは第Ⅲ期の初めという[28]。

エジプトのテル・エル・アマルナ（Tell el-Amarna）では，紀元前14世紀にあたる時期の一組の半球状の石器（図9）が発見されている。それは直径約18cmの大きさで，一方には円錐形の突出部を，また他方の相対する位置にはくぼみをもっており，上下の位置関係は判然としないが，製陶に利用された回転台の可能性が指摘されている[29]。これと同様の形態をもつ石製の資料は，金石併用時代から鉄器時代の終わりにかけて，シリアのハマ（Hama）など近東の広い地域の遺跡でも発見されている。その多くが1対の硬質の石で作られており，上下におかれると回転したであろうが，組み合わせた状態で使用された証拠はなく，したがって，具体的な機能については想像の域を出ない資料である。

このように回転を利用した土器成形については，絵画による表現やそれに相当する遺物など少なくはないが，ろくろの機能を十分に発揮したものであるか，回転台として用いられたのかを区別することは容易でない。しかし，製品の底部に糸切り痕を残す地中海地域の黒絵や赤絵，器面を回転削りによって仕上げた中国の黒陶などは速い回転を利用した代表的な諸例といえる。

■**ろくろの種類**　成形の中でろくろの機能が果たす役割は，その用い方によって大きく2分される。その1つは，粘土紐などによって器形全体を成形したのちに，速い回転を利用して細部や器面の調整をおこなうという，ろくろの部分的な利用の方法である。他の1つは，回転の遠心力を利用して粘土塊から意図した形への成形をおこなうもので，ろくろ本来の機能を十分に発揮させる成形技術である。前者は製陶技術の歴史の上では先行する使用法であるが，遠心力を利用した本来のろくろ成形が開始されたのちも採用された。

ろくろの基本となる要素は，粘土をのせる円板部と，回転を支える軸受けおよび軸，

回転の動力を加えるために機能する部分などである。回転を与える動力は大きく手回しと足の蹴りによるものに2分される。手回しで動力を与える方法には，円板上の数ヵ所に穴を設けて，それに木の棒をかけて回転させる方法と，円板を直接手で回転させる方法の2種類がある。それらの作業には成

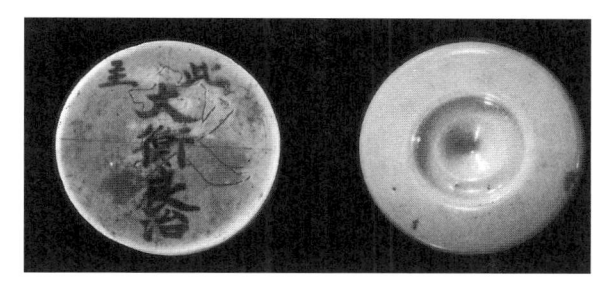

図10 「此主大衡良治」銘の磁器製軸受け
（注30，第6図版-5a・5b）
宮城県切込西山工房跡，19世紀，直径約5cm

形する工人のほかに，ろくろを回転させる工人がともなっている場合もある。

ろくろの円板部と推定される資料には，石や焼成粘土製のものがあるが，日本では多くが木製である。それは回転の惰性を長く維持するように分厚く重量をもたせた材料で作られ，さらにその機能を強化するために鉛の塊を埋め込んだものもある。また回転を滑らかにし，磨滅を防ぐために陶製の軸受けを作りつけたものもあり，宮城県の切込西山工房跡で発見された19世紀の資料には，磁器で作られた直径約5cmの軸受けが3点と約13cmのそれが1点出土している（図10）[30]。

(3) 須恵器の成形法

日本の窯業技術の変遷の中で，須恵器は朝鮮半島の陶質土器との関係から，それ以前の土器とは異なった要素をもっていることが強調され，素地の性質や焼成技術とともに，成形法についても古くから注目されてきた。その中でとくに意見を大きく異にして，現在もなお解決をみていないのが，須恵器の製作にろくろ成形が採用された時期の問題である。

古くには赤塚幹也氏がこの点に触れており，齋瓮の製作について「成形には初期の時代から，轆轤を使用してゐる。大形の瓶，壺，甕の如き袋物は，底になるべき粘土を轆轤の上に圓形に置き，その周縁に紐土を捲上げ，内外から打壓して胴體を作り，首のつくものは別にこれを轆轤で拵へて，胴の上に接合してゐる。長短の脚附のもの，丸底のもの，或は胴に丸底を張附けたものもある。小形の瓶，壺類は紐土を使はず轆轤にて水挽きしてゐるが，概して後期には胴径七，八寸の瓶，壺まで水挽きで作ってゐる。」と述べ，さらにろくろを用いた成形技法を細部にわたって解説している[31]。

■**古墳時代の小型須恵器**　古墳時代の須恵器の成形法については，代表的な2つの異なる意見があり，その概要は次のような内容である。1つは，横山浩一・楢崎彰一両氏による復元で，古墳時代以降の小型品はろくろ水挽き成形で，大型品は粘土紐巻き上げ成形で製作されたという。他の1つは，田中琢・田辺昭三両氏のいう，大型品は古墳時代以降一貫して粘土紐巻き上げ成形，小型品については古墳時代から奈良時代末までは粘土紐巻き上げによって器形を作り，ろくろで細部を引き出して調整す

るというものである。

　横山氏は，成形のさいの内面に付いた渦巻状の指あとや，仕上げのさいに底面に付いた渦巻形の削りあとなどが残っていることをあげて，それがろくろ成形であることを示しているという。ただし初期の須恵器のうち，大型品の成形には用いられていないことも指摘している[32]。また，楢崎氏は7～8世紀の器物の成形の説明の中で，「古墳時代におこなわれていた「ろくろ」による「水びき」と，紐土をまきあげて内外から器壁を打圧してつくる「まきあげ」との二方法が，ひきつづきおこなわれた。一般的にいえば，前者は小形のものを，後者は大形の器物を成形するばあいにおこなわれた方法であるが，古墳時代の終りごろから奈良時代の中ごろにかけて，「ろくろ」技術の向上にともない，かなり大形の壺，瓶などが水びきでつくられるようになった。」と述べている[33]。

　これに対して田中氏は，「奈良時代以前の須恵器は，ほとんどすべて粘土紐を巻きあげて成形したものである。古墳時代から奈良時代末までの須恵器は，二つの段階を経過して成形されている。第一段階では，任意の太さの粘土紐をまきあげて，大略の器形をつくる。第二段階では，この第一段階成形品をもとにして，主として器形の大小に応じ，小形品はろくろの回転力を利用して細部をひきだす。大形品は内外から当て板と叩き板で叩きしめる。」と述べ，この時期の須恵器の成形の第1段階では，粘土紐巻き上げであるという。さらに「例えば，古墳時代の杯の，底部内面についている渦巻状の凹凸は，これまでろくろの成形による水びきのあととされてきたが，そのほとんどは成形の第一段階の巻きあげの粘土紐によって生じたものである。」などその根拠をあげて，小型品のろくろ水挽き成形の考えを否定した[34]。

　田辺氏も同様の成形法を考察し，大阪府陶邑(すえむら)古窯跡群から出土した資料の中に，焼成のさいに生じた亀裂や焼成後の割れ目が，継ぎ目に沿ってまるくはしっているものがあることなどをあげている。また，須恵器の薄片の顕微鏡観察から，粘土の継ぎ目が明瞭に確認できる例はないが，気泡の方向にみだれがあることなどを確認したとい

表6　須恵器成形法の2つの見解（注38a，表1・2）

(1) 横山・楢崎両氏の見解

	古　墳　時　代	古墳時代終－奈良時代－平安時代
小形品	ロクロ成形－成形調整－切り離し－仕上げ調整	ロクロ成形－成形調整－切り離し(糸切り)－仕上げ調整
大形品	巻上げ成形－叩きしめ－仕上げ調整	巻上げ成形－叩きしめ－仕上げ調整

(2) 田中・田辺両氏の見解

	古　墳　時　代－奈　良　時　代	平　安　時　代　以　降
小形品	巻上げ成形－ロクロ成形調整－仕上げ調整	ロクロ成形－成形調整－糸切り－(仕上げ調整)
大形品	巻上げ成形－叩きしめ－仕上げ調整	巻上げ成形－叩きしめ－仕上げ調整

う[35]｡以上の2つの製作技法に関する見解を比較すると，その概要は表6のような関係である。

ただし楢崎，横山両氏は，のちに記した須恵器の成形法に関する記述の中で，田中氏らの見解を取り入れて，「古墳時代から奈良時代にかけては，巻き上げ——轆轤水挽きの二操作によっており，最初から水挽き成形を行なうようになったのは奈良時代末ないしは平安時代初期といわれている。」[36]，「最近田中琢が明らかにしたように，奈良時代をふくめてそれ以前の須恵器にはろくろだけで成形したものがなく，最初からろくろのみで成形したように見える蓋杯のような小形品でも，まず巻上げの技法でおよその器形をつくったのち，ろくろを使って第二次の成形を行なっている。」[37]という考えを示し，成形法の復元に関する見解を変更した。

その後，阿部義平氏らは，須恵器の製作実験などをおこなった結果，田中氏らが小型品の粘土紐巻き上げの根拠とした粘土紐の接合痕については，ろくろから切り離すときのヘラ切りによってできる痕跡であることを確かめて，小型品はろくろによる水挽き成形であることをあらためて主張した[38]。しかし，粘土紐巻き上げののちにろくろで細部を調整していく技法においても，やはり最後にはろくろからの切り離しが必要ではないかという点が解決されておらず，必ずしもこの痕跡の存在が，ろくろによる水挽き技法を証明したことにはならないなど，問題を残した。

■**成形法の復元**　上記のような粘土紐巻き上げ法とろくろ水挽き法という，2つの成形法の違いを判別するには，それぞれの方法によって作られた製品の中に生じる，異なった特徴をとらえて識別する必要がある。前述したように田辺氏は須恵器の断面の薄片を作って，それを顕微鏡によって観察して成形の痕跡を調査しようと試みた。しかしそこでは気泡の方向にみだれがあることを確認するにとどまり，粘土紐の継ぎ目を明瞭に確認できた例はなかったという。このような粘土紐の巻き上げによる継ぎ目や，ろくろ成形による粒子の方向性をもった痕跡などは，比較的容易に区別できそうであるが，しかし須恵器のような精良な粘土を用いて高温で焼成された製品では，素焼きの土器に見られるような粘土紐の接合部などは明瞭にあらわれず，一般的な顕微鏡観察で識別することは難しい。

このような微少な形状の差を判別するには，岩盤や構築物の微細な亀裂を検出するために用いられている，蛍光剤を注入してその発光を画像によってとらえる方法を応用することが考えられる。土器の場合には，蛍光剤を混合した樹脂を胎土の中へ浸透させ，観察する断面を平滑に研磨する。この器壁の断面に紫外線を照射すると，粘土の密な部分と粗い部分に見られる空隙の多少あるいは大小の差が，蛍光剤の発光の違いになってあらわれる。その結果，粘土の空隙が像として観察でき，粘土紐

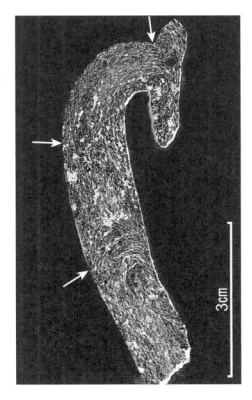

図11　陶器甕の粘土紐の単位
京都大学構内遺跡出土
（口絵図版2参照）

による成形であれば，粘土の接合部やそれを調整した痕跡の形状を認めることができる。

　口絵図版2と図11は，京都大学医学部構内で出土した，室町時代の常滑窯の甕の口縁部をこの方法によって処理したものである。図の矢印の部分に，成形のさいに粘土紐の接合部を引き伸ばしたり押圧した痕跡が，粘土の空隙を埋めた蛍光剤の発光による形状としてあらわれている。

3 乾燥による変化

　成形の段階まで十分な可塑性を保つために必要であった水は，焼成までに取り除かれなければならない。素地に含まれる大部分の水は，粘土粒子の間にとどまって可塑性の原動力となった吸着水と呼ばれる水であるが，このほかに，粘土鉱物の結晶を作る上で化学的に含まれている水として，層間水と構造水がある。これら3種類の水のうち，吸着水は常温で乾燥されると失われ，層間水と構造水は焼成によって加熱されると飛散する性質をもっている。

(1) 乾燥中の水

　乾燥の過程では，まず素地に含まれる水のうち，表面に近い部分の水が気化していくが，吸着水が完全に除かれるには非常に長い時間を要し，その間に素地の中では次のような変化が生じる。素地の内部の水は粘土粒子の間の狭い気孔から徐々に脱水して，素地はそれにともなう体積の変化によって収縮する。さらに乾燥が進むと，水が飛散したことによる変化は減少し，それと同時に表面に近い粘土の組織は互いに接触し合って，もはや収縮することがない状態になり，素地の内部で水が含まれていた部分は気孔として残ることになる。したがって，全体として重量は減るが容積に変化は起こらない。この間の状態を模式的に示したのが図12・13である[39]。これは粘土と水および乾燥過程で生じる気孔の変化を，時間との関係で示したもので，大きく3つの変化が生じる。

(1) 表面に近い吸着水が一定の速度で気化して大きく収縮する段階（図12-(a)）。

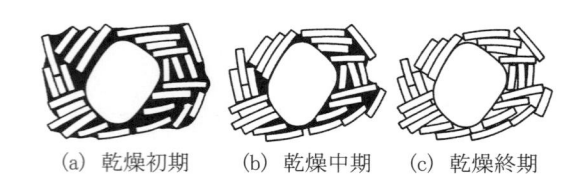

(a) 乾燥初期　(b) 乾燥中期　(c) 乾燥終期
図12　素地の乾燥過程（注39，図5.50）

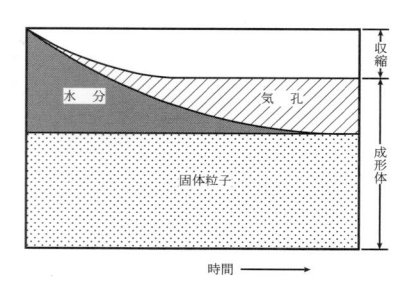

図13　乾燥による素地の変化
　　　（注39，図5.52）

(2) 表面に近い部分からの脱水によって，全体の容積に変化がなくなるが，内部の気孔には水が残り，それが表面へ向かって移動しながら乾燥する段階で，そこでは脱水の速度は表面の乾燥に比べるときわめて遅い（図 12-(b)）。

(3) 気孔の内部の水が完全に消失して空隙が残される段階（図 12-(c)）。

　これは均質な材質の現象であり，素地の厚さや乾燥時の気温によって時間は変化し，混和材が加わったりすると全体の収縮量は減少する。また粒径の大きな砂などが多量に加わると，気孔とは別の空隙が増して強度は下がる。いずれにしても，素地が乾燥することによって可塑性を失い固く形を保つようになるが（図 13），しかしこの焼成されていない状態では，水に接すると再び可塑性を取りもどす。

(2) 収縮とひび割れ

　このように乾燥によって除かれる吸着水は，粘土塊の中では微細な粒子の間に毛細管現象によって保たれているが常温で簡単に飛散し，素地は次第に可塑性を失って硬度を増して固結していく。脱水によって起こる収縮にはこの水の量が深く関係し，粒子が微細で十分な可塑性を示す素地では，含まれる水の量が多くなるために収縮率は増加する。厚さや混和材の量によって異なるが，一般の粘土製品では 10 〜 15% 程度収縮する。

　乾燥が進んだ素地では，水が失われても形が崩れるような現象は起こらない。それは粘土粒子によって作られた無数の狭い空間を満たす水の張力が関係しており，可塑性のある状態では「腰の強さ」を生む力として作用し，乾燥していく過程においては減少していく空間の中で，表面張力によって粘土粒子を引きつけるように作用して，相互に密着し合う力を与えるからである。その変化が目に見える状態で起こる現象が収縮で，素地が固着して堅固な粘土塊となり，容易に変形しない性質を生む原動力ともなる。これはそれぞれの空間とすれば微小なものであるが，土器の素地全体では非常に大きな張力として作用して，粘土粒子の固着を維持する力となる。一方この力は，砂のように粒子が大きく密着性が少ないものでは，ほとんど作用しないために乾燥によって収縮することはなく形は崩れていく。

　一方，成形された素地が急速に乾燥すると，ひび割れが生じる。それは，乾燥の速度が速い表面の部分と，脱水が遅い内部との間に生じる，体積の違いが原因となる。緻密な粘土でひび割れが生じやすいのも同様に，内部の水が表面へ放出される速度が遅く，表面部分との間で乾燥が均等に進行しにくいためである。

　このようなひびの発生を防ぐためには，時間をかけて乾燥し，内部の水が粘土粒子の間の気孔を通して表面へ徐々に移動して放出されるようにする。一般に直射日光を避けたり，気温の低い場所で長時間かけて乾燥させたりする方法がとられるが，素地に混和材を多く添加するなどの加工を加えたものも見られる。千葉県草刈遺跡の高さが約 80cm に達する縄文土器の大型深鉢では，器壁が非常に厚い底部に砂が多く加え

られている。それによって粘土の凝集を分散させて，全体の収縮率を減少させたと考えられ，器壁の厚い大型の土器や，粘土の体積が大きくなる部分の製作に対応した技術であるともいえる。

〈第2章の注〉
1) 上絵付を施す磁器の製作過程で，絵付前の焼成品を白素地と呼ぶような用い方もあるが，このような場合には単に素地とはいわない。
2) 須藤俊雄「粘土」『粘土の事典』（朝倉書店）1985年，pp.332 〜 334。
3) a 白水晴男『粘土鉱物学』（朝倉書店）1988年，pp.11 〜 35。
b P.M.Rice, *Pottery Analysis*, Chicago, The University of Chicago Press, 1987, pp.31 〜 53.
4) 大羽裕「粒径区分」『粘土の事典』（朝倉書店）1985年，p.451。
5) 青木義和「可塑性」『地学辞典』（平凡社）1973年，p.201。
6) 白水晴雄『粘土鉱物学』（朝倉書店）1988年，p.50，図3.9。
7) このほかに，粒子表面の吸着水は粒子間の保水と同時に，粒子同士が非常に接近してきわめて薄い膜として存在すると，粘土鉱物の結晶を作るイオンの余分な電荷と，水分子のもつ電荷との間に静電力の作用が生じて，粒子間の引力が生じることも粘土鉱物の分野では論じられる。しかし土器や陶器の材質のようにシルトや砂が含まれる材質については，このような作用がどの程度のものであるか不明な部分が多い。
8) ダントルコール著，小林太市郎訳注，佐藤雅彦補注『中国陶瓷見聞録』（平凡社）1979年，pp.77 〜 131。
9) 注8，p.77。
10) 注8，p.92。
11) 注8，p.94。
12) 素木洋一『セラミックスの技術史』（技報堂出版）1983年，p.136。
13) 浜田耕作『通論考古学』（大鐙閣）1922年，p.59 〜 60。
14) 大山柏『土器製作基礎的研究』（明治聖徳記念学会）1923年，pp.10 〜 44。
15) 吉田光邦『増補版 やきもの』（NHKブックス182）1979年，p.22。
16) R.B.K.Stevenson, "Prehistoric Pot-Building in Europe," *Man*, Vol.LⅢ, 1953, London, The Royal Anthropological Institute of Great Britain and Ireland, pp.65 〜 68, Pl.E-(a), (d) 〜 (g).
17) P.B.Vandiver, C.G.Koehler, "Structure, Processing, Properties, and Style of Corinthian Transport Amphoras," *Ceramics and Civilization*, Vol.Ⅱ, 1986, Ohio, American Ceramic Society, pp.173 〜 215, Figs.10・11.
18) 芹沢長介編『聖山』（東北大学文学部考古学研究会）1979年，写真38-7・8。
19) Guy de la Bédoyère, *Samian Ware*, Shire, Princes Risborough, 1988, pp.15 〜 21, Figs.10・35.
20) 芹沢長介『陶磁大系』第1巻（平凡社）1975年，p.104，挿図35。
21) 田中琢「畿内」『日本の考古学』Ⅵ 歴史時代（上）（河出書房）1967年，pp.191 〜 212。
22) 川越俊一・井上和人「瓦器椀製作技術の復原」『考古学雑誌』第67巻第2号，1981年，pp.205 〜 218。
23) L.Scott, "Pottery," *A History of Technology*, Vol.1, 1954, Oxford, Clarendon Press, p.395, Fig.243.
24) 注23，p.388，Fig.232。
25) G.M.A.Richter, *The Craft of Athenian Pottery*, New Haven, Yale University Press, 1923, p.66, Fig.60.

26) P.R.S.Moorey, *Ancient Mesopotamian Materials and Industries*, Oxford, Clarendon Press,1994, p.147, Fig.10-(c).
27) Hans.J.Nissen, *The Early History of the Ancient Near East 9000～2000B.C.*, Chicago, University of Chicago Press, 1988, pp.46・47.
28) J.N.Postgate, "Excavation at Abu Salabikh 1988～9," *Iraq*, Vol.52, 1990, London, The British School of Archaeology in Iraq, pp.95～106, Pl. XVII-c.
29) 注 26，p.146, Pl. Ⅵ B.
30) 芹沢長介『切込』（東北大学文学部考古学研究室，考古学資料集 1）1978 年，第 6 図版 － 5a・5b。
31) 赤塚幹也「齋瓮の製作と轆轤」『陶器講座』第 6 巻（雄山閣）1935 年，pp.15 ～ 21。
32) 横山浩一「手工業生産の発展」『世界考古学大系』3（平凡社）1959 年，pp.125 ～ 144。
33) 楢崎彰一「須恵器」『世界考古学大系』4（平凡社）1961 年，pp.128 ～ 137。
34) 田中琢「須恵器製作技術の再検討」『考古学研究』第 11 巻第 2 号，1964 年，pp.1 ～ 7。
35) 田辺昭三『陶邑古窯址群Ⅰ』（平安学園研究論集第 10 号）1966 年，pp.36 ～ 42。
36) 楢崎彰一「古代・中世窯業の技術の発展と展開」『日本の考古学』Ⅳ　歴史時代（上）（河出書房）1967 年，pp.88 ～ 110。
37) 横山浩一「土器生産」『日本の考古学』Ⅴ　古墳時代（下）（河出書房）1966 年，pp.57 ～ 70。
38) a 阿部義平「ロクロ技術の復元」『考古学研究』第 18 巻第 2 号，1971 年，pp.21 ～ 35・57。
    b 阿部義平・山沢義貴「水びき成形技法における「ヘラ切り」と「糸切り」―所謂「巻上げ」痕跡の否定と須恵器切離し手法の復元―」『日本考古学協会第 36 回総会発表要旨』1970 年，p.11。
39) 田中愛造「陶磁器の製造方法」『窯業の事典』（朝倉書店）1995 年，図 5.50・5.52。

第3章 焼成の技術

　窯業製品の性質を決定する重要な工程が焼成である。乾燥によって可塑性を生み出す源になっていた水の大部分が失われた素地は，硬度が増して容易には破壊されないが，水に接するとこれを吸収して，再び粘土の状態へ戻る。しかし焼成によってある温度以上の熱が加わると，乾燥した状態よりも硬度を増して固結し，煮沸に用いても十分にその機能を果たす土器が完成する。

　先史時代の人類は，この焼成による加熱と粘土の性質が変化する関係とを，経験によって学んだが，それがどのような作用によっているかを熟知していたわけではない。たとえば，低い温度で焼成された素焼きの状態の土器が，なぜ水に触れても粘土の状態に戻らないのかなど，こうした現象が科学的に理解されるのは，20世紀半ばのごく最近になってからのことである。したがって，軟質で多孔質の土器から硬質で緻密な陶器へという，古代における窯業製品の変化は，窯を用いた高温による焼成や，焼成室の温度を一定に保つ窯の構造の改良，さらにはガラス質の釉を施す技術などによるものであるが，それらはすべて経験にもとづく知識の蓄積によるものであった。

1 素焼きの土器

(1) 野焼きの焼成

　土器焼成のもっとも初源的な方法は，熱を閉じこめるための施設をもたず，地上におかれた土器の上下や周囲に，草や木などを覆うようにして燃焼させる，いわゆる野焼きである。しかし，こうした技術にともなう考古学的な証拠は残りにくいために，焼成の規模，燃料の種類，土器と燃料の位置関係，焼成時間などの具体的な内容は推定の域を出ない。それをわずかに教えてくれるものとして，世界各地の民俗例がある。アフリカ西部のナイジェリアの地域でおこなわれている土器焼成の例では，木の枝などの燃料の上に多数の土器をおよそ1.5mの高さに隙間なく積み重ね，焼成中にも枯れ草などを投げ込んで加熱を保つ作業をおこない，焼成時間は1～2時間程度であるという（図14）[1]。この方法では燃焼中に土器はつねに外気に触れるため，全体にわたって均等に加熱することはできない。これを改良する簡単な方法として，土器や

燃料の周囲に覆いとなる構造を設けるものがある。これだと，温度をある程度持続させることができるとともに，比較的均質な焼成が可能になる。

土器が出現する以前の旧石器時代において，チェコのドルニ・ヴェストニッチェには，図15に示すような，粘土と砂で構築された周壁が円形にめぐり，柱穴をともなった径約6mの第2住居跡と呼ばれた遺構があり，そこでは石と粘土で覆いを築いた炉が復元されている。遺構の一部は赤く焼けて，動物をかたどった多数の土製品が出土しており，これらを焼成した窯に類する施設として報告されている[2]。しかし，このような土製品の焼成施設をともなう技術がその後に継続した痕跡はなく，出現期の土器の焼成方法にも受け継がれていない。

図14 野焼きの民俗例 アフリカ・ナイジェリア（注1，Pl.72）

縄文土器や弥生土器などについては，それらを焼成したことを示す明瞭な遺構はなく詳細を知ることはできないが，低火度の素焼きであることから，地上での比較的短時間の燃焼によって焼かれたと考えられている。その中においても少数ではあるが，土器の焼成に関係した遺構と指摘されている事例もある。

縄文土器については，茨城県東大橋・原遺跡の縄文中期（阿玉台式〜加曽利E1式）の遺構があり，竪穴住居跡を利用して床面が焼土化し，周囲に木炭と焼土が堆積した状態のものが検出されている[3]。また埼玉県石神貝塚では，30〜80cmの厚さをもつ灰層が，10×6mにわたる範囲に堆積した縄文後期の遺構などがあり[4]，これらが土器焼成に利用されていた可能性を示すものとされている。

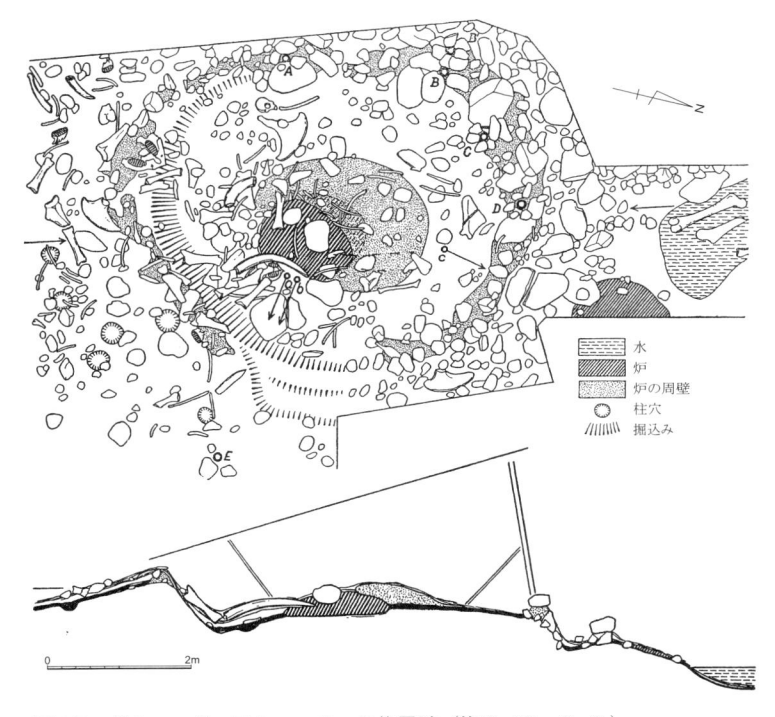

弥生土器につい

図15 ドルニ・ヴェストニッチェの住居跡（注2，Figs.2・3）

第3章 焼成の技術　35

ては，大阪府大師山遺跡で発見された，灰の堆積をともなう小規模な長方形や楕円形の4ヵ所の土坑が，土器を焼成した可能性のある遺構と指摘されている[5]。また，岡山市百間川原尾島遺跡では，弥生後期の焼けた床面と壁および焼土層をもつ長さ124cm，幅78cm，残存深さ13cmの隅丸長方形の土坑があり，壁の一部は火を受けて赤褐色に変色しているという[6]。しかし，これらは高い側壁や天井など，野焼きの方法と一線を画するほどの熱効率を高める構造をともなってはいない。また，大分市雄城台遺跡の円形に掘り込まれた遺構が「土器窯」として報告されているが[7]，土器焼成との関係には不明な点が多い[8]。

こうした少数の調査例からは，遺構に残る灰の堆積や焼土層と土器の焼成との関係は明らかでない。また，土器が焼成されていたとしても，これらの施設で焼成された製品が，その他の素焼きの土器と明瞭に区分できる性質を備えて存在しているわけではなく，一般の野焼きの方法を大きく変える技術にはいたっていないと見るべきであろう。

野焼きによる焼成法と製品との関係を特徴づける要素として取り上げられるのが，土器の表面に残る黒斑である。器面に痕跡を残す理由については，焼成ののちに熱いうちに取り出したときの木の接触部の痕跡[9]，燃料との接触による痕跡つまりススの付着[10]，焼成中に土器の表面に付着する黒色の灰によって生じる現象[11]，などさまざまな指摘があるが，多くは焼成中にススや黒色の炭化物と接触して生じた痕跡であろうと考えられている。一般的には，加熱が低下していく状態で，炭化物と土器とが接触する条件さえあれば黒斑の生じる可能性がある。したがって，焼成される土器と燃料が離れた位置にある，窯を用いた焼成とはこの点が異なっており，素焼き特有の現象であるともいえる。また焼成の実験から，黒斑が生じる場所と野焼きにおける燃料の位置関係などについての復元もおこなわれている[12]。

(2) 野焼きから窯焼成へ

■土師器の焼成遺構　　土師器はその硬度や色調などから，野焼きによって焼成されたと考えられることが多かったが，岩手県瀬谷子遺跡で焼成遺構が発見されて以後，同様の遺構が多数確認されてきており，今日では縄文土器や弥生土器と同じ野焼きであったと考えることを変更する必要が生まれている[13]。これらの年代は，8世紀前半代の三重県水池遺跡をはじめとして，8世紀以降のものが大部分であるが，多数のものが発見されている三重県下には6～7世紀代にさかのぼる遺構もある[14]。

土師器の焼成遺構に関する情報については，窯跡研究会編『古代の土師器生産と焼成遺構』(1997年)において，全国的な規模の集成と詳細な報告がまとめられている。これを参考にすると，多くは地面を掘りくぼめた土坑状で，底面が加熱によって赤化したり灰や炭の堆積を残し，焼成された土器が多量に残された状態のものもある。その1つである水池遺跡の16基の遺構の規模は，長さ2.6～4.2m，底辺1.2～1.8m

程度の隅丸の二等辺三角形で，深さ20〜45cmの浅い焼成坑である[15]。地上の構造を明瞭に残すものはなく，おそらく上部を覆う粘土壁などをもたない，開放された状態であった可能性が高い。

　これらの製品は須恵器や陶器のように硬質ではなく，酸素が十分に供給された状態で焼成された黄燈色から赤褐色のものが多く，またかなりの比率で黒斑をともなっており，須恵器の窖窯(あながま)にはじまる本格的な窯による焼成とは大きく異なっている。したがって，野焼きの焼成法と比較して，加熱の維持とそれにともなう焼成効果をやや高める程度に改良が加えられた構造であったと考えられる。それは第1に，微細な粘土を材料とする土器の焼締めには，高い温度だけでなく加熱する時間が関係するため，野焼きよりも熱の散逸が少なく焼成の効率がよいこと，第2に，周囲を囲む構造によって，燃焼中の温度や空気の状態をある程度一定に保つことができるため，同じ色調の土器を生み出すことができるという効果があること，などの利点から徐々に採用されたのであろう。

　土師器の焼成遺構が出現する時期についてはまだ不明な点が多く，8世紀より前のどの段階から焼成施設を本格的に採用しはじめたか，今後の調査で明らかになろう。これについて田辺昭三氏は，土器に残る黒斑が5世紀後半以後に少なくなることを，須恵器の窖窯による焼成法の影響と関連づけて，その年代の上限を5世紀後半頃と考えている[16]。

　■**埴輪の焼成**　埴輪の焼成においても，野焼きから窯を採用した焼成への変化の過程をたどっており，須恵器の技術と関連する窖窯の形態のほかに，方形に近い形で比較的緩い傾斜で築かれたものなどが知られている。後者は土師器の焼成遺構に類似するもので，出土する埴輪に黒斑が認められることなどが指摘されている[17]。埴輪を焼成した窖窯については，近畿地方と関東地方を中心に多くの窯跡が調査され，その中には茨城県小幡北山(おばたきたやま)遺跡のように59基の窯が発見されている遺跡もある[18]。しかし同じ窯で数回の焼成がおこなわれたと仮定しても，5世紀以降の古墳に供給された埴輪の総数と比較すると，数量の上で両者の間には大きな隔たりがあり，なお未発見の多数の埴輪窯が存在することは確かである。

　埴輪は一般の土器より大型で，一度に焼成される数が限られるにもかかわらず，窯による焼成が採用された理由は，長時間にわたって加熱が維持できること，器壁の厚い大型の製品を均質に焼成できること，などにあったと考えられる。色調については，赤褐色あるいは灰褐色を示し，還元焔焼成による発色とは異なるものが多く，そのような製品は須恵器のように硬質にはなっていない。

　大阪府野々上(ののがみ)1号窯に残された埴輪には，黄褐色，赤褐色，乳白色，灰色などさまざまな色調のものがある。窯体内の床面から出土した232点の出土位置と発色の関係を示すと，黄褐色がもっとも多く，約50％で焼成部の中央に集中し，赤褐色のものが次いで約35％を占めて，その多くは焼成部の後方に残されていた。乳白色の製

品は10%程度で焼成部の全体に分布し，灰色のものは8点と少数で焼成部の前方に偏在していた。これらの製品の分布と色調との関係は，大部分が酸化焔によって焼成されていたこと，焼成部の前方の一部分が還元状態になっていたことなど，加熱の強弱や燃焼の雰囲気に差があったことを示している。また，須恵質に焼成されたものは2点と少なく，大部分が軟質の土師質の製品である[19]。

東日本の多くの埴輪窯でも，構造が窖窯であるにもかかわらず製品は赤褐色のものが多い。胎土の状態も須恵器ほどの硬質ではなく，おそらく窯を用いながらも焼成部から煙道部にかけて開放され，酸素が十分に供給された状態で焼成がおこなわれたと考えられる。また，上述した野々上1号窯や茨城県小幡北山遺跡の第17号窯などで，黒斑をもつ埴輪があることが議論されているが，これは窖窯を用いてはいるものの，須恵器のような還元焔焼成とは異なり酸化焔焼成であった点を考慮すれば，必然的にこうした製品が出現する可能性がある。さらに黒斑をもつ例が少ないことは，窖窯の焼成においては，燃焼部と焼成部とが分離しており，焼成中に多量のススや炭化物と接する製品が少なかったことがその理由で，燃料と製品が接触する野焼きの場合と比較して，両者の位置関係が大きく異なっているからにほかならない。

2 窯の諸形態

窯を用いた焼成では，高い加熱を長時間にわたって維持できることが最大の利点であり，それによって硬質の製品に仕上げることを可能にした。また，焼成中の空気の調整によって製品の色を変えることもでき，須恵器に見られるような全体に類似した色調は，このような窯にともなう特有の焼成効果によって発揮されたものである。さらに，1000℃を越えるような温度の作用によって，人工的なガラスである灰釉を施した陶器の製作をも可能にした。

緑釉陶器や三彩陶器には，700℃程度の低い温度で溶融する鉛釉が用いられているが，正倉院の三彩陶器や平安時代の緑釉陶器には，胎土の焼成温度が1000℃あるいはそれ以上のものが多くあり，これらは必然的に胎土と施釉のために，異なった温度による2回の焼成を要したことが明らかになっている[20]。

窯を用いた焼成の技術は多様な製品を生み出すことを可能にしたが，窯の発達の過程にはさまざまな形態や構造の変化があり，それらの呼称や分類も多岐にわたっている。その中には形態や構造とは別に，焼成作業の連続性に主眼をおいた，不連続窯，半連続窯，連続窯という分類もある。

たとえば中国や西アジアの先史時代に見られる，燃焼室と焼成室を隔壁で上下に区画する窯や須恵器の窖窯などは，1回の焼成ごとに加熱を停止して冷却することから不連続窯と呼ぶ。また半連続窯は，連房式の登窯のように燃焼室から焼成室に熱を送り込み，その熱が次の焼成室の製品を加熱するのに用いられ，さらに個別に各焼成室

でも燃料を加えながら焼成して，廃熱を効果的に利用していく窯を指している。これに対して連続窯というのは，窯詰め，焼成，冷却，窯出しの作業が焼成を停止することなくおこなうことができるように設計された窯のことである。その代表的なものは周囲から加熱するトンネル状の構造で，製品は加熱した窯の中を移動しながら焼成されて通過後に冷却され，次々に連続した作業を続けることができるもので，これは近代以後の窯の構造であり古代の技術とは関係しない。

したがって，考古資料との関係から窯を分類する場合には，焼成のもっとも基本となる加熱方法を重視して，焼成室と燃焼室の位置関係から昇焔式（しょうえん）と横焔式（おうえん）とに分けることが多く，それは焼成技術の歴史的な変化とも深い関連をもっている。

(1) 昇焔式の窯

■窯の構造　昇焔式の窯は内部を隔壁で上下に区画し，上部を焼成室として，下の燃焼室から隔壁の孔を通して炎が上昇して加熱する構造で，燃焼室が地下に掘られたものや窯全体が地上に構築されるものなどがある。遺跡で発見される多くのものでは上部の構造が残っておらず，焼成室の外壁が固定されていたのか，焼成時に一時的に構築されたかなどについても明らかなものは少ない。そのような中で，昇焔式の窯の特徴をよく示していると思われる諸例をあげると，次のようなものがある。

ガラスやファイアンスをはじめとして，古代の窯業に関する多くの資料を残しているエジプトにおいても，土器製作についての具体的な証拠は意外と少なく，窯が出現する時期やその構造については不明な点が多い。そのような中で，規模や焼成方法などが推定できる資料として，サッカーラにあるエジプト第5王朝（紀元前3千年紀中頃）のチィイのマスタバ墓の壁画（第2章, p.25, 図8-1）や，新王国時代のテーベ（Thebes）の墳墓の壁画に描かれた土器製作の工程に関する絵画（図16-4）[21]などがある。このような絵画からも間接的にではあるが，窯の構造が円筒形で昇焔式であったことを知ることができる。またそれらに共通しているのは，焼成室の上部には天井にあたる構造が描かれていないことで，この頂部から窯詰めや窯出しがおこなわれたと想像することができる。

西アジアの事例としては，イラクのヤリム・テペ（Yarim Tepe）I 遺跡で，紀元前6千年紀の窯が発見されている（図16-1）。燃焼部の奥の上部に火格子（ひごうし）をともなった焼成室を設け，全体の構造は残存部分から円形でドーム状であったと推定されている[22]。類似した構造の窯では，イランのチョガ・ミシュ（Chogha Mish）の紀元前3500～3200年頃の年代とされている図16-2のような例がある[23]。

比較的複雑な構造をもつ資料としては，イランのテペ・シアルク（Tepe Sialk）やスーサ（Susa）で発見された紀元前4千年紀の窯がある。テペ・シアルクの第3層に残された遺構は，焼成室の床にいくつかの孔があけられ，床下には3ヵ所の開口部から空気を導入するためと考えられる溝が設けられている。土器は上部の焼成室に燃料とと

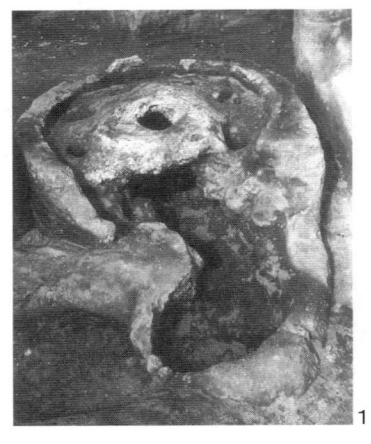

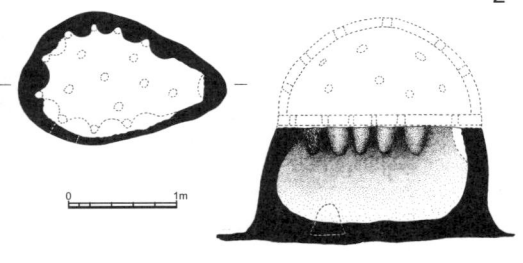

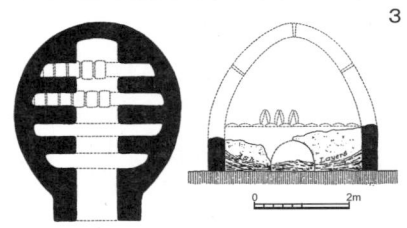

図16 エジプト・西アジアの昇焰式窯
1 ヤリム・テペⅠ遺跡　紀元前6千年紀（注22, p.42）
2 チョガ・ミシュ　紀元前3500〜3200年頃（注23, Pl.1a, Fig.1）
3 テル・アスマル　メソポタミア初期王朝第Ⅲ期（注25, Figs.30・31）
4 テーベの墳墓の壁画　エジプト新王国時代（注21, Fig.234）

図17 ギリシャの昇焰式窯
1 粘土板に描かれたギリシャの窯．3点とも紀元前650〜550年（注26, Figs.73・79・80）
2 ギリシャの昇焰式窯の復元　古典時代後期

もに詰めて焼成されたと推定されており，その復元によれば焼成室は直径約 90cm と小規模である。またスーサの遺構は，多数の穴を穿った床をもつ直径約 1.8m の焼成室と，その下に高さ約 90cm の基礎をもつ空間があり，この空間が燃焼室の機能を果たしていたと考えられている[24]。メソポタミア初期王朝第Ⅲ期の年代とされているイラクのテル・アスマル（Tell Asmar）の窯は，燃焼室に複雑な空間を作り，加熱が窯の全体に分散するように細かく区画された構造となっている（図 16-3）[25]。

ギリシャの黒絵・赤絵の焼成窯も昇焔式で，土器の装飾に見られる製作場の風景の描写，あるいは粘土板に描かれた窯の絵などから，その形状を具体的に推測することができる（図 17-1）。多くのものは焼成部が釣鐘形の外壁をもち，下部にトンネル状の焚き口が作り出された構造で，焼成室の頂部に煙出し口があって，そこから炎が吹き出している様子を描いた資料もある。焼成室の側面には開口部が設けられていることがわかり，また焼成室に土器が窯詰めされた状態を描いた絵画からは，一度に焼成する製品の数はそれほど多くないことなどを推測させる[26]。窯の規模については，古典時代後期のオリンピアで発掘された遺構によっても知られており，図 17-2 のように復元されている。それは石を積み上げて粘土で覆われた焼成室をもち，内部のロストルの直径が 75cm と小型で，高さも約 1.5m 程度であったと考えられている[27]。

中国の新石器時代に出現する窯の基本的な構造も昇焔式で，その多くは黄河流域を中心に発見されている。裴李崗文化から仰韶（ぎょうしょう）文化の時期には，傾斜地の上部に焼成室を設け，燃焼部から斜めの短い火道を通して焼成室へ熱が上昇する形態のもの（図 18-1）と，燃焼部が焼成室の直下に配されて上部の土器を焼成する竪穴式の窯とがある。いずれも焼成室に向かって加熱が上昇する形態で，西安市の半坡（はんぱ）遺跡の仰韶文化の窯ではこの 2 種が見られる[28]。

河南省廟底溝（びょうていこう）遺跡の龍山（りゅうざん）文化前期の竪穴式の窯は，やや発達した要素をともなっ

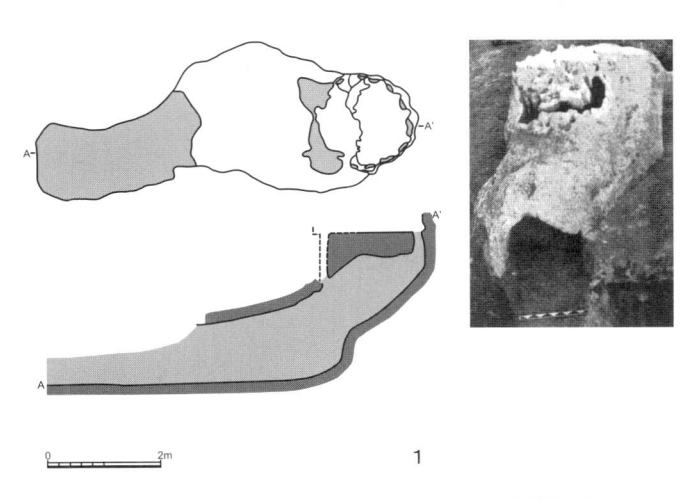

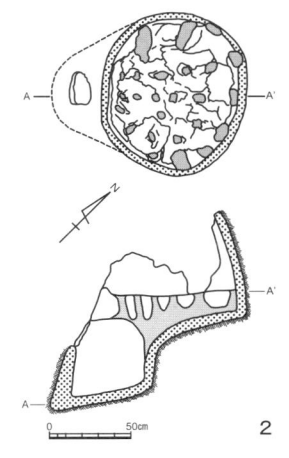

1 中国西安半坡第 3 号窯　仰韶文化（注 28, 図 116, 図版 LX）

2 廟底溝第 1 号窯　龍山文化（注 29, 図 11）

図 18　中国の昇焔式窯

ており，焼成室は直径約1mの規模のドーム状で，燃焼室との間に25ヵ所の炎の通過孔をもつ火格子が残っている。それらの孔は焼成室の中心部では小さく周辺部では大きく作られているが，これは焼成室内へ加わる温度が平均化するための工夫である（図18-2)[29]。

　黄河流域においては，中国の新石器時代の窯の発見も多く，その後期には色調の上でも特徴をもつ一連の製品が作られ，焼成技術を駆使した代表的なものとして灰陶や黒陶がある。灰陶は焼成の最終段階に空気の供給を減少させた還元焔によって焼成し，黒陶はさらに強い還元によって，粘土に含まれる鉄の暗灰色の発色とともに，炭素の浸炭作用によって漆黒の色調を生み出したと考えられている。中国遼寧省の四平山（しへいざん）遺跡で出土した黒陶では，胎土中への炭素の浸透が図19のような状態として観察することができる。それは器面から0.5mm程度の部分まで顕著で，中心に向かって徐々に消失しており，短時間の還元焔焼成であったことを示している。

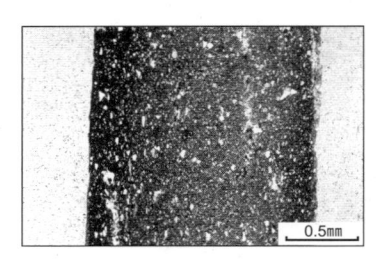

図19　黒陶の炭素吸着層
　　　四平山遺跡，坏の断面

■**焼成効果**　今日確認されている西アジアや中国の事例によれば，その出現期の焼成窯はいずれも昇焔式の形態である。野焼きの方法と比較すると，燃料と焼成物が近接する点では類似しているが，燃焼部と焼成部の周囲を覆う構造がともない，燃焼を促す上で十分な通気が得られるなどの点で，両者の間には大きな技術の隔たりがある。野焼きの場合よりも，焼成温度を上昇させることと加熱を維持することにおいて，優れた効果を発揮したが，初期の窯は小規模で焼成する土器の数は限られていた。こうした点は，中国の黄河流域の新石器時代における窯の構造の変遷からも明らかなように，窯の大型化などによって徐々に改良され，焼成温度も1000℃近くに上昇させるものへと発達する。

　一方，この形態の構造に由来する大きな欠点として，熱が窯の頂部から直ちに排出されるため，焼成室の上半部と下半部の温度を一定に維持することが困難であることがあげられる。多くの窯では焼成室の上部の構造が明らかでないが，上述した河南省廟底溝遺跡の龍山文化前期の窯のように，火格子を工夫するなど，焼成室内の温度を一定に保つための技術が施されたり，温度の上昇や加熱を保持するためにドーム状に覆ったり，焼成物の出し入れのための開口部を設けるなど，焼成に必要な多くの機能が加えられていたものと考えられる。それは上述したギリシャの黒絵・赤絵の粘土板に見られる簡単な絵画からも知ることができる。

　こうした変化をとげながら，昇焔式の窯の基本となる形態は，近年まで桶窯あるいは筒窯などと呼ばれているものとして残り，京都市岩倉幡枝のかわらけ[30]，伏見人形の製作などに用いられ，また，イギリスで陶器の焼成に用いられている徳利窯（とっくりがま）（Hovel kiln）などは，その代表的なものである。

(2) 横焰式の窯

■**窯の構造**　横焰式の窯は焚き口の炎を水平に，あるいは緩い傾斜を斜めに上昇させて加熱する構造のものである。この形態では，斜面を溝状に掘り込んで天井部を粘土で覆い，焚き口，燃焼室，焼成室，煙道部が一体になった窖窯と，複数の焼成室が連なって各焼成室の境に通焰孔をもつ連房式登窯との，大きく2種類に分けられる。後者は窯を全体として見れば横焰式であるが，後述するように個々の焼成室の間に設けられた通焰孔を炎が通るさいに，炎が上下に昇降する状態を重視して倒焰式（とうえん）と呼ばれることもある。

典型的な横焰式の窯の古い例として，中国の龍窯があげられる。浙江省李家山（りかさん）遺跡の商代前期の硬陶を焼成した窯や，江西省呉城（ごじょう）遺跡の商代後期の灰釉陶を焼成したものなどがそれにあたり，窯体を丘陵の斜面を掘りくぼめて構築した，細長い形態の窯である[31]。窯の復元によると，前者は全長5.1m，最大幅1.2m，床面の傾きは16度で，後者は焼成部の残存長7.5m，幅約1mで，床面の傾きは約2度の緩やかな傾斜の構造である。龍窯はそれ以前の窯と比較すると，大型で多量の製品を焼成でき，熱が焼成室を通って煙道部へ強く引かれる構造であるために，温度を上昇させることや高温を維持することが容易になるという利点をもっていた。そのためにこの形態の窯は，印文硬陶や原始青磁の焼成に効果を発揮し，漢代以降の青磁を焼成する窯へ移行するとともに，さらに朝鮮半島南部の陶質土器や日本の須恵器の窯へと，その技術の一端が引き継がれている。

日本における横焰式の窯は，古墳時代の須恵器の生産から出現し，それ以後の陶器の生産の基本的な構造となる。丘陵の裾部を掘りくぼめて構築され，半地下式と地下式の2種類に分けられるが，須恵器の窯の多くは半地下式の窖窯で，上部に天井をかけて構築される。また，燃焼部から焼成部に向かって床面が傾斜をもつ構造を基本とし，そのほかに焼成室を水平に近くして，燃焼部との間に隔壁を作り付けてその下部に通焰孔を設けるものなども存在する。通焰孔によって熱が焼成室の下部へも送られると同時に，煙出しが長くなることによって，焼成部の奥に加熱されたガスを強く引く作用も加わり，傾斜をもつ窖窯では加熱が分散していた点を改良したものといえる。

灰釉陶器の窯も須恵器と同様

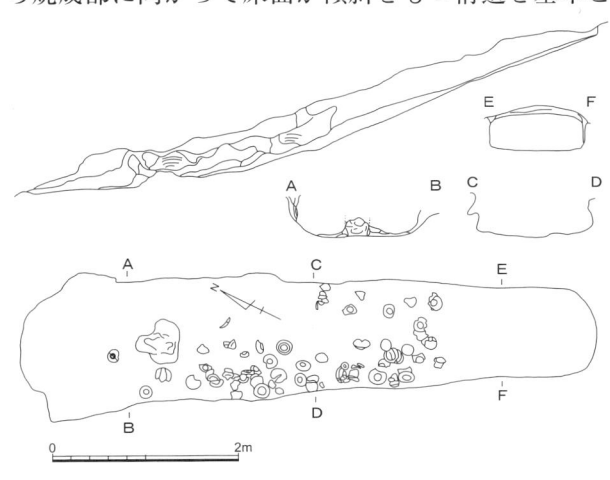

図20　分焰柱をもつ横焰式の窯　愛知県黒笹89号窯
（注32，第11図）

に窖窯であるが，10世紀頃には愛知県黒笹89号窯のような，燃焼室と焼成室の境に分焔柱を設けるものがあらわれた。これは焼成効果を高めることを意図したものである（図20）[32]。また，後述する滋賀県中井出窯では，大型の窯を構築するために中央に隔壁を設けて，焼成室を左右に2分した特殊な構造となっている。

　■焼成効果　　出現した時期の上から見て先行する形態である昇焔式は，加熱が窯の頂部から直ちに排出され，焼成部内の温度差が大きくなるという欠点をもつが，横焔式の窯ではその点が解消されている。煙出しが窯の頂部から焼成部の先端へ移り，燃焼と焼成の部分が前後に配置されて，火焔は燃焼部から煙出しに向かって斜めに走るため，昇焔式の窯よりも温度が平均化するという利点をもっている。また構造の上からも窯の規模を大きくすることが容易で，加熱を長時間保つ効果も高まり，一層高温で均質な焼成が可能になった。

　中国で1949年に再建された景徳鎮の横焔式の窯の例では，内部の容積が176m^3で，5～7トン（約3万個）の焼成品を窯詰めすることができ，焼成室の温度は天井付近で1320℃，下部で1250℃と推定された[33]。さらにこの窯で焼成した場合，焚き口から約1/3までが還元焔，中央部は中性焔，煙道部付近は酸化焔であったという。

　また愛知県陶磁資料館では，16世紀前半の岐阜県妙土窯などの実測例から復元した窯を用いて焼成実験をおこない，そこでは2.6トンの製品を6日半かけて焼成している。はじめのあぶりの段階では，1日目の約200℃まではプロパンガス50kgを，2日間かけて約1000℃を越える温度に上昇させるのに廃材9トンを用い，その後3日半の約1000℃から約1250℃までのせめの段階では，赤松を約9トン用いたという[34]。このような実験のデータをもとにして，窯内の温度分布を推定した調査によると，焼成室のうち煙道部の付近は燃焼室付近よりも約350℃低く，燃焼によって1200℃を越えるような温度で加熱したとしても，焼成室の先端の近くではその温度が維持されていないことが明らかになっている[35]。この調査結果は，発掘された窯跡で，しばしば煙道部の近くに焼成の不十分な製品が多く残っていることとも一致している。

　こうした焼成室の中で生じる大きな温度差を軽減するために，中世になると瀬戸や美濃の施釉陶器，猿投や常滑の無釉陶器の焼成においては，燃焼室と焼成室の間に分焔柱を設けたり，焼成室と煙道部の間に隔壁を設けて炎の分散を促すことを意図した構造をもつ窯もあらわれてくる。さらに中世の信楽の滋賀県中井出窯のように，焼成室の中央を縦方向の壁で仕切った構造のものも見られる。発掘調査をおこなった楢崎彰一氏が，「焼成室は長さ10m，最大幅4m，床面傾斜30度の大窯である。焼成室の中央に，人頭大の岩塊を芯にして粘土を貼った厚さ60cmの隔壁を設け，室を左右に2分している。脆弱な基盤に幅広い大窯を築くためにとられた特殊な構造で，「双胴式窖窯」とも称すべき信楽特有のものである。」と紹介しているように，規模の大きな焼成室を構築するさいに採用された技術の1つである[36]。燃焼室から煙道部に向けて窯の内部を左右に2分することは同時に，大きな容積をもつ焼成室の中の温度分布

を平均化することを意図した技術でもある。

また横焔式の構造を基本としながら，昇焔式の構造の利点を取り入れているのが，奈良時代末期にあらわれたロストル式の平窯である。焼成室の下に火焔の通る溝を数条設けた構造によって，火焔が窯全体に広がりながら加熱するため，窯の中の温度分布を均一に保ちやすい。

(3) 連房式登窯

横焔式の窖窯で改善された焼成室内の温度差をさらに軽減すると同時に，加熱を十分に維持する構造として近世以降に採用されたのが連房式登窯である。地上の斜面に焼成室を階段状に連ねて築き，最下段の第1室から火入れをおこない，順次上方の焼成室を加熱させていく構造である。焼成室を仕切る隔壁の下部に，九州地方では「温座(おんざ)」，東海地方では「狭間(さま)」と呼ばれる通焔孔が設けられており，それを抜けた炎が下方から上部の焼成室へ順次送り込まれ，さらに各室の両側に設けられた差木孔(さしぎあな)から薪を投入して，それぞれの室の加熱の上昇をはかる構造となっている。

窖窯では高温の燃焼ガスが上半部を短時間に通過するため，焼成室の上部と下部，あるいは燃焼室に近い部分と煙道付近とで，大きな温度差が生じるという弊害がともなっていたが，これが改良された構造である。基本的に横焔式であるが，それぞれの焼成室の中で炎が床と天井部との間を往復するように構築されているため，この点に注目して「倒焔式」という名称で分類することもある。

中国の明代，崇禎10（1637）年に刊行された宋應星(そうおうせい)撰『天工開物』の中巻七「製陶」の項に見られる窯に関する記載には，「缸窯や瓶窯などは，平地につくらないで，必ず台地の斜面につくり，長いものには二，三十丈，短いものでも十余丈の長さに数十窯を連ねるが，みな一窯ごとに一段ずつ高くなっている。つまり勾配を利用して川水に侵される恐れをなくするとともに，火気が一段ごとに上に上ることになるからである。数十窯で焼物をつくるばあいに，値段の高いものは大して得られないが，多くの労力と資力をかけてつくっている。窯が円くつくり上がると，その上をごく細かい土で厚さ三寸ばかりにおおう。窯には五尺ほどへだてて煙を通す穴があり，窯の口は向かいあって開いている。装入するにはごく小さい焼物を最下段の窯に入れ，非常に大きな缸や甕は最後の高い窯に装入する。火はまず最下段の窯から焚き始め，二人が向かいあってかわるがわる火加減をみる。おおよそ焼物百三十斤について薪百斤を消費する。火が十分まわった時にその焚口をしめ，それから次に第二の焚口で火を燃やし，順次火をつけて最後の窯に至るのである。」とあり，明代に用いられていた連房式登窯についての詳細な構造と焼成技術の具体的な内容を，これによって知ることができる[37]。

日本では連房式登窯は近世以降の陶磁器の生産に用いられはじめ，17世紀初頭に磁器生産がおこなわれた佐賀県の白川天狗谷窯では，傾斜を利用して多数の焼成室を

連ねた構造をもっている。発掘によって6基の窯跡が重複していることが明らかになっているが，その中でもっともよく平面の形状が明らかになっているA窯は，16の焼成室と1つの燃焼室をもち平面の全長が53mという大規模なものである。焼成室の床面は奥行き2.0～3.6m，幅3.20～3.86mで，床には焼き台を固定する砂が敷かれ，窯の外周には排水のための溝がめぐらされている[38]。

口絵図版3-1は，佐賀県唐津市唐人町で大正時代まで使用され，今日ほぼその全体が保存されている中里窯の連房式登窯で，焼成室7室が残り全長27.5mである。口絵図版3-2はこれに隣接して築かれた現在の窯でおこなわれている，製品の窯詰めの様子である。

(4) 酸化焔焼成と還元焔焼成

窯を用いた焼成においては，燃焼のために送り込まれる酸素の供給量の違いから，酸化焔焼成と還元焔焼成という2つの焼成法に区分することがある。いうまでもなく，酸化とは物質が酸素と結びつくことであり，還元とは物質から酸素が取り去られる反応のことをいう。したがって，酸化焔焼成とは十分な酸素が供給されている環境のもとでおこなわれる焼成のことで，野焼きによる素焼きの土器がその代表的な製品である。燃料と土器の位置関係によって色調に多少の違いが生じるが，一般的には粘土に含まれている鉄が酸化されて赤褐色を発する。

それに対して還元焔焼成とは，燃焼の規模に対して酸素の供給が少ない環境の中で焼成がおこなわれることで，そこでは焼成物から不足した酸素が取り去られる反応が生じる。還元焔による焼成は窯を用いてのみ可能になる方法で，燃料の量に対して空気の供給量を減少させることによって生み出すことができる。そのおもな目的は，製品の色調を変えることや焼結の程度を高めることなどにあり，この変化には多くの場合，素地に含まれる鉄が関係し，その化学反応によって生じる現象である。

これを応用した須恵器の焼成では，まず酸素が十分に供給された状態で燃焼させて温度を上昇させ，焼成の後半に空気の供給を減らして還元の状態を作り，これによって須恵器特有の暗灰色という共通した色調が生まれると説明される。器壁の厚いものでは中心部が赤褐色を示すものもあるが，粘土中に三酸化二鉄（Fe_2O_3）の状態で含まれる鉄が，還元状態では酸化鉄（FeO）にあるいは四酸化三鉄（Fe_3O_4）などにも変化して，暗灰色の色調を生じさせる要因となっている。粘土の酸化鉄の含有率と焼成雰囲気の違いとによる発色の一般的な関係は，次のようである[39]。

```
酸化状態で焼成された粘土    1%以下      ： 白色
                          1～4%      ： 象牙色～黄色
                          4～7%      ： 赤色
還元状態で焼成された粘土    少量        ： 明るい灰色
                          多量（4%以上）： 暗灰色ないし青色
```

大阪府野々上1号窯では，焼成室から出土した埴輪の色調に，赤褐色，灰色，乳白色などさまざまな違いがあり，それは焼成された位置と関係があることが指摘されている[40]。多くの破片は，色調から酸化状態のもとで焼成されたことがわかるが，色の差が大きいことや須恵質の製品が2点あることなども報告されており，それは焼成された位置によって酸素濃度に大きな違いがあったこと，部分的に還元状態が生じていたこと，などを示唆している。

　また，こうした焼成の雰囲気によって色調が変化することと同時に，還元状態で焼成をおこなうと，酸化焔のもとで焼成された場合より焼締まりがより進行するという作用もある。その現象は，粘土中の鉄が珪酸成分の溶解温度を下げることと深い関係をもっている。還元焔焼成と焼結作用との化学的な関係については，本章第4節「素焼きの土器が固結する作用」の中で詳しく触れるが，その理由は，粘土中に含まれる鉄は還元によって酸素分圧の低い状態へ変化すると，カルシウムやナトリウムのような塩基性の成分と同様に，珪酸成分を溶解する温度を低下させる溶媒剤として作用することにある。

　つまり溶解温度が低下することは，胎土の焼結する温度が下がることとも深く関係しており，その結果として焼結の程度が高まることになるわけである。窯を用いて焼成された埴輪には，須恵質の製品とともに素焼きに近い赤色の製品が多く見られるが，暗灰色の製品と赤褐色のそれとを比較すると，前者の方が焼締まりが進んで硬質であるという明瞭な差がある。

　また中国の灰陶や黒陶，あるいはギリシャの黒絵・赤絵などは，その発色とともに硬質の製品を生み出すことにこの技術が発揮されている。それらの多くは昇焔式の窯を用いているが，還元状態での焼成をおこなうには，燃焼規模が大きく高い温度が得られる横焔式の窯の方が一層容易である。

3 焼成温度

　日本では窯業製品を分類するにあたって，フランスのブーリーによる案を採用したが，それは水に対する透過性を重視したものであった。この胎土の吸水率はおもに焼成温度によって左右される要素であり，またそれは各時代の窯業技術の歴史的な変遷を探る指標ともなることから，焼成温度を把握しようとする試みが古くからおこなわれてきた。しかし，材質の熱変化を温度との関係から把握することは，比較的容易なことのように見えるが，そこにあらわれる物理化学的な現象は，製品からの間接的な情報であるために，温度の推定には難しいものがある。それは，材質の変化が温度だけでなく加熱された時間，焼成中の酸素濃度の差，粘土以外の夾雑物の混在などによって大きく変わるからである。温度を測定する機器が発達した今日でも，陶磁器の焼成には，温度，材料の性質，焼成雰囲気などを製品と同じ条件で比較できる，ゼーゲル

コーンが用いられることが多いのはこのためである[41]。

　窯を用いて1000℃を越える高火度で焼成された陶器や磁器と，野焼きによる低火度で焼成された素焼きの土器とを2分することは，温度を測定するまでもなく容易である。しかし，その区分について必ずしも十分な説明ができるわけではない。さらには，素焼きの土器はきわめて簡素な焼成であるにもかかわらず，固結してもとの粘土には戻らない性質をもち，焼結の程度と加熱温度との関係は，自明のことのようでありながら，具体的には茫洋としていることに気づく。そのため，こうした加熱温度について試行錯誤を重ねながら，数値として示そうとする研究も古くからおこなわれている。

(1) 土器の焼成温度

　素焼きの土器の胎土と乾燥した粘土とを比較すると，表面の状態や硬さなどからは容易には区分しがたい場合がある。一方，特別な施設をもたない低火度による素焼きの土器と，1000℃を越えるような温度が加った須恵器や陶器などの硬質の胎土との間には，外観の上からも大きな違いがあり，両者の間に温度差があることは明瞭で，それについて異論を唱える人はいないであろう。

　ところが，素焼きの土器には一般にどの程度の熱が加わっているのか，あるいは素焼きの中でも堅緻に焼き締まったように見える土器との間では，どれくらい加熱の違いがあるのかなど，焼成という単純な技術でありながら，正確な情報は意外に乏しく，また数値での表現が必ずしも容易でないという面がある。

　それは，熱による材質の変化に注目して，理化学的な方法から導かれる数値は，材料に含まれる砂の結晶や粘土の特徴を，熱による理論的な変化と比較して，間接的に推定するものであるため，得られた結果には検討すべき要素が多いからである。また野焼きでは，燃料との位置関係によっても焼成の程度に大きな違いが生じる可能性があることもその理由の1つである。したがって，より詳細な数値を求めることが必ずしも有効な手段とはいえず，それぞれの方法から得られる蓋然性の高い温度範囲を知ることが重要であろう。こうした視点から，日本の土器や陶器の焼成温度に関するいくつかの調査の事例を取り上げて，分析の方法とそこから導かれた結果をごく簡略に整理してみよう。

　■鉱物結晶の熱変化　図21は縄文土器と須恵器の胎土に含まれる鉱物の違いを，X線回折分析によって比較したものである[42]。この方法では，鉱物の結晶構造による違いをX線の反射角度で識別し，含まれる鉱物の相対的な量を回折ピークの高さから求めることができる。それによると，縄文土器では石英や長石が多く含まれていることが明瞭であるのに対して，須恵器では長石の存在が顕著でなく，ムライトや少量のクリストバライトが含まれている。土器に含まれる鉱物の多くは粘土鉱物，石英，長石などであるが，それらの熱変化を理論上の数値で表現すれば，粘土鉱物の1つで

あるカオリンがムライトに変化する温度は950〜1000℃[43]、また石英やカオリンがクリストバライトへ変化しはじめるのは約1150℃である。

こうした事例を参考にすると、胎土中の鉱物に変化が生じていない縄文土器では、少なくとも900℃には達していないことを、また、

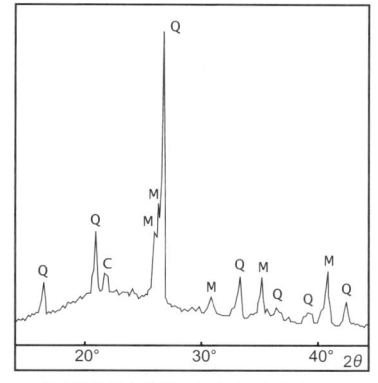

岡山県笠岡市笠岡工高グラウンド遺跡出土の中津式土器(右)と、陶邑古窯跡群MT21号窯出土須恵器(左)のX線回折図
(Q＝石英　F＝長石　M＝ムライト　C＝クリストバライト)

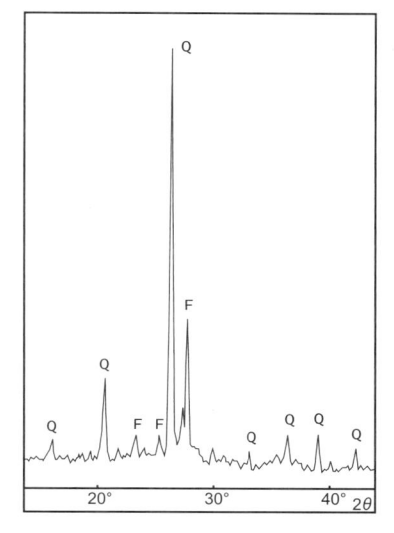

図21　縄文土器と須恵器のX線回折分析（注42, 図42）

上の須恵器のように高温によって長石が消失し、あるいはカオリンや石英がクリストバライトなどの高温生成物へ変化しているものでは、1000℃を越える加熱を受けていることなどを知ることができる。

■**熱膨張測定**　江藤盛治氏は、埼玉県黒谷貝塚から出土した縄文土器と弥生土器の胎土の一部から、縦横5〜7mm、長さ3〜4cmの棒状の試料を作成し、電気炉の中で一定の割合で上昇する温度で加熱して、長さの変化を調べた。それは土器がいずれの温度以上で加熱されたかを読み取ろうとする実験で、次のような原理にもとづくものである。

土器を作る粘土は多くの物質と同じように、加熱すると膨張し冷えるともとの体積に収縮する性質をもつが、さらには結晶の中に含まれる水を作る成分が飛散することによって生じる微細な体積変化など、さまざまな現象が加わる。したがって、焼成された土器を再び加熱していくと、焼成されたときの温度より低い場合には、熱による変化をすでに経験しているため、多くの物質と同じように単なる膨張と収縮の変化だけを示す。しかし、土器が焼かれたときよりも高い温度の加熱を受けると、粘土や鉱物の結晶中に新たな体積の変化が起こる。これはもとの焼成のときに経験しなかった変化であることを示しており、したがって焼成時の温度はそれ以下であると推定することができる。

江藤氏はこの実験から、縄文土器では550℃近くのものが大部分で、700〜800℃程度と推定できるものも少数あるという結果を導いた。また、須恵器では930℃から急激に収縮する変化が見られ、それはこの付近の温度で焼成されたことを示しているという[44]。梅田甲子郎氏も同様の分析から、縄文土器や弥生土器は焼成温度の上限が600℃程度、須恵器では900〜1000℃という温度を推定している[45]。

■示差熱分析　　温度に対する物質の状態変化は，膨張や収縮だけではない。たとえば，同じ重量の氷と水のそれぞれに一定の熱を加えたとき，水よりも氷の状態の方が温度の上昇率が高いという現象があるように，加熱に対する物質の変化の関係は，その状態によって異なるものがある[46]。

土器の場合には，鉱物の中に含まれる水の脱水，分解，成分の転移や融解などによって，吸熱や発熱という現象が生じて，一定の上昇率の加熱に対して生じる変化とは異なった状態があらわれる。前述の熱膨張測定において見られる膨張や収縮の現象と同様に，焼成のさいに受けた温度よりも低い加熱では標準的な変化しか生じないが，それより高い熱を受けると，それとは異なった変化が起こる。示差熱分析は，その新たに生じる吸熱や発熱などの反応をとらえて，焼成時の温度がどの程度であったかを推定する方法である。つまり土器の試料を一定の上昇率で加熱して，その過程で観察できる吸熱と発熱の変化を，温度による変化が明らかになっている標準試料と比較して求める方法である。

類似した現象として，加熱に応じた化学的な成分の出入り，たとえば結晶中の水の脱水などによって重量にも変化があらわれる。その重量が増減する現象から加熱されたときの温度をとらえる方法もあり，熱重量分析と呼ぶ。上記の示差熱分析における変化とともに両者は相ともなって生じる変化であるため，熱分析と総称することが多い。竹山尚賢氏は，佐賀県姫方(ひめかた)遺跡で出土した弥生時代の甕棺を口縁部から底部までの各部位に分けて分析し，底部が550℃，胴部が650℃，口縁部内側で880℃，外側で980℃といった焼成温度を推定し，それらの違いから直立した状態で焼成されたことをも示唆した[47]。梅田甲子郎氏は，西日本の縄文早期から晩期の土器の焼成温度が600～700℃程度，須恵器では900～1100℃程度という結果を[48]，また大沢真澄氏らは千葉県加曽利北および南貝塚，愛知県吉胡(よしご)貝塚の縄文土器と，名古屋市高蔵貝塚および西志賀貝塚の弥生土器について，大部分が500～900℃という結果を導いている[49]。

■胎土の化学変化　　近藤清治氏らは，土器の粘土に含まれる化学成分が加熱によって変化して，酸に溶解する比率が変わるという現象をとらえて，縄文土器の焼成温度を復元した。その原理と分析法は以下のようなものである。粘土中の酸化アルミニウムは，およそ400℃の温度までは酸に対してほぼ同じ溶出率を示すが，温度の上昇にともなって粘土鉱物の一種であるカオリンがメタカオリン（$Al_2O_3 \cdot 2SiO_2$）に変化すると増加し，さらに高温でムライト（$3Al_2O_3 \cdot 2SiO_2$）やスピネル（$2Al_2O_3 \cdot 3SiO_2$）に変化していくと，逆に減少するような変化があらわれる。こうしたある温度以上の熱を受けたことによって起こる，酸に対する酸化アルミニウムの溶出率の変化を指標にして，どの段階の熱を受けているかを調べて，焼成されたときの温度を推定する方法である。

土器の破片をいくつかに細分して，それぞれを任意の温度で再加熱しておいて，酸

表7　化学成分による縄文土器の焼成温度の推定（注42，表43・44）

再加熱温度(℃)	400	500	700	800	850	900
$Al_2O_3 + Fe_2O_3$(%)	15.23	15.48	16.18	15.13	15.75	6.63
Al_2O_3(%)	14.16	14.51	15.12	13.99	14.98	6.23

	分析試料の出土遺跡	土器型式(試料部分)	焼成温度(℃)
1	岡山県邑久郡牛窓町黄島貝塚	早期押型文土器	
2	岡山県邑久郡牛窓町黒島貝塚	早期押型文土器	
3	埼玉県志木市水子貝塚	黒浜式(胴部)	
4	埼玉県志木市水子貝塚	黒浜式(底部に近い部分)	
5	東京都世田谷区釣鐘池北遺跡	加曽利E式	
6	東京都世田谷区釣鐘池北遺跡	加曽利E式	
7	岡山県笠岡市笠岡工高グラウンド遺跡	中津式	
8	岡山県笠岡市笠岡工高グラウンド遺跡	中津式	
9	茨城県猿島郡総和町冬木貝塚	堀之内2式(口縁部)	
10	茨城県猿島郡総和町冬木貝塚	加曽利B2式(胴部)	
11	千葉県船橋市採集	加曽利B2式(胴部)	
12	東京都板橋区小豆沢貝塚	加曽利B式(胴部)	

1　酸化アルミニウム溶出量の変化（試料12）
2　縄文土器の推定焼成温度

化アルミニウムの溶出率を求めると，焼成されたときの温度以下で再加熱した試料では，焼成されたときの加熱の履歴をもっているため溶出率は一定であるが，それを越える温度で再加熱したものでは，異なった溶出率を示す。したがって，焼成時の温度はその変化があらわれる付近であると推定するものである。

近藤氏らは，神奈川県子母口貝塚や東京工業大学構内から出土した縄文土器について，700〜800℃付近かそれ以下という温度を推定し[50]，また筆者は，縄文早期から後期の土器，弥生土器，埴輪などがいずれも700〜850℃付近であることを確かめている（表7）[51]。

■焼成実験　土器の焼成温度の復元には，こうした理化学的な分析法のほかに，土器や粘土を焼成してその変化した状態とを比較する方法などもとられている。杉山寿栄男氏は1928年に，縄文時代中期，後期，晩期の土器7点について820℃で5時間再焼成し，もとの土器の状態よりさらに一層焼き締まったことから，焼成温度はそれよりも低い600〜655℃程度であろうと推定した[52]。その結果を参考にして小林行雄氏は「摂氏の600度から700度ぐらいの低い火度で，わずかに器形を保ちうる程度にしか焼かれていない」と述べている[53]。また粘土中の水分が失われ，再び粘土に戻らない程度の500〜600℃という山内清男氏の推定もある[54]。最近では土器の復元的な焼成実験もおこなわれ，新井司郎氏は800〜950℃という縄文土器の焼成温度を推定している[55]。

以上のように，素焼きの土器については種々の方法によって焼成温度が推定されており，こうした結果にしたがうと，およそ600℃から800℃まで，高くても900℃程度までの温度であろうと考えられ，縄文土器の焼成温度について整理すれば，表8に示すような結果となる[56]。このような値は，弥生土器や土師器の結果とも大きな差はなく，素焼きの土器は，焼成条件の差を考慮に入れたとしても，ほぼ類似した温度域で焼成されたと理解することができる。

表8　各分析法による縄文土器の焼成温度推定値（注56，第3表）

分析法	分析土器	推定温度 500 600 700 800 900 ℃	引用文献
X線回折分析	早期〜晩期		（分析／清水）
熱膨張測定	前期, 中・後期		江藤 1969
	早期〜晩期		梅田 1967
示差熱分析	早期〜晩期		梅田 1968
	中期, 後期		大沢ほか 1978
化学分析（酸化アルミニウム法）	前期, 中期		近藤ほか 1935
	早期〜後期		清水 1982
焼成実験	中期〜晩期		杉山 1928
			新井 1973

　このような点を諒解した上で，なお細部についてはさまざまな解釈がある。たとえば弥生土器の中での温度の違いや，縄文土器と比較して違いを指摘する意見もある。小林行雄氏は「前期の弥生式土器には灰褐色にくすんだ色調のものが多いが，中期以後の土器が明るい赤褐色を呈していることは事実である。この色調の変化は，それだけ粘土の酸化の度が進んだことを示すものであって，換言すれば土器を焼く熱度が高まって来たわけである。」と述べ，弥生中期以後の土器の焼成の変化を強調している[57]。楢崎彰一氏も同様に弥生中期以後の土器の特徴を取り上げて，明るい赤褐色を示し，焼成温度も800℃を越えるようになったという[58]。さらに坪井清足氏は，弥生土器は一般の縄文土器よりやや高い温度で焼かれたらしく，紅褐色に酸化したものが多いと述べている[59]。

　このように弥生土器の中で焼成温度に違いがあったことを記載したものが多い。しかし，小林行雄氏が述べているように，土器と呼ばれるものは焼成温度の上で700〜800℃の程度に焼かれたものをいう，といったような全体的な理解をすることの方が資料からの情報に即した意見であろう[60]。

　■土器の熱変化　このように低火度で焼成された多くの土器では，鉱物や粘土の一部が溶融するような変化は生じないが，まれに熱によって変化したものもある。大阪府美園遺跡で出土した弥生土器の中には，器形が大きくゆがんで変形し，胎土の一部が発泡したり剥落した状態のものがある。沢田正昭氏らの調査によって，それは土器が使用されている間に，住居内で受けた高温の加熱によると結論づけられている[61]。

　また静岡県清水天王山遺跡の縄文土器にも，灰色で重量も軽く組織が軽石状に変質したものが少数あり，その変化はとくに表面の部分で著しく多数の気泡が認められる。偏光顕微鏡とX線回折による分析によって含まれる鉱物の種類などを一般の土器と比較すると，岩石片や鉱物粒の量が少なく，火山岩の小片の中には組織が分解した状態のものがあること，および少量のスピネル[62]が含まれていること，などの点で違いが認められる。さらに，発泡した状態は外面に近い部分に集中して，内面に向かっ

てその変化が減少しているなど，胎土の組織にも特徴が見られ，局部的な強い熱が加わったものと考えられる事例である。

(2) 陶磁器の焼成温度

　低火度で焼成された素焼きの土器では，熱による材質の変化が大きくないために，焼成温度の推定が難しいのに対して，高火度焼成の陶器や磁器では比較的容易である。それは材料の粘土や鉱物の結晶構造に変化が生じたり一部が溶融するなど，熱によって変化した過程やその大きさが，識別しやすい温度域に達しており，加熱を推定するための指標が多いからである。

　さらにまた，今日の近代的な生産の中で管理された陶器や磁器の焼成工程からも，その温度を知ることができる。熊本県高浜にある上田陶石合資会社でおこなっている，天草陶石を用いた高浜焼と呼ばれる磁器の焼成では，素焼き→下絵付→本焼き→上絵付→上絵の焼成，という工程で製作がおこなわれるが，素焼きは約900℃，本焼きでは1300℃，上絵の焼成は750～800℃という温度の設定がなされている。このように，胎土のガラス化を促すために長石類の含有率を高めて，比較的低い温度で焼成された軟磁器と呼ばれるものに対して，代表的な高火度焼成である磁器の本焼きの温度は，およそ1300℃と考えることができる。

　考古資料の中で，軟質の胎土に施釉した緑釉・三彩陶器を除いて，硬質の胎土をもつ高火度焼成の陶器とされるものの焼成温度は，いろいろな方法によって復元されているが，1000℃を越える点では一致しているものの，必ずしも硬質の製品の加熱が一定であるわけではない。

　楢崎彰一氏は，奈良時代にはじまる三彩陶器や緑釉陶器などについては，1000℃

表9　緑釉陶器胎土の焼成温度の推定（注64，表8）

A	石英のほかに分解していない長石のみが少量存在するもの。 推定温度：約1000℃。 　水口山の神窯，正倉院，男体山No.1～No.4，厚木鳶尾No.4，熊野速玉大社No.1・No.2，滋賀県大中の湖，京都白梅町，川原寺No.2，一乗院址A-G，平城宮跡E，鳥坂寺，岡山県大飛島，山口県鋳銭司，塚廻古墳陶棺
B	石英，未分解の長石のほかにムル石（ムライト）が生成しているもの。 推定温度：約1100℃。 　岩崎24号窯，鳴海NN245窯，小塩窯，石作窯，長野県蒲田，愛知県豊根，平城宮跡F，大阪アカハゲ古墳，京都市西寺址，大阪市四天王寺
C	石英のほかにムル石のみが生成しているもの。長石は分解し終わっている。 推定温度：約1200℃。 　京都府亀岡篠窯，松本市県ヶ丘，岡崎市北野廃寺，名古屋市八事，岐阜県神坂平
D	石英のほかにムル石とクリストバル石（クリストバライト）が生成しているもの。 推定温度：約1200℃以上。 　篠岡第5号窯，鳴海NN246号窯，厚木鳶尾，長野県平出，長野県神坂峠，京都市大宅廃寺

内外の温度でまず素焼きし，さらに釉薬を施して750～800℃の低温で酸化焔焼成したものであること，また灰釉陶器については，灰の融ける温度が1240℃であり，この程度の温度が必要とされたことを述べている[63]。また山崎一雄氏は，緑釉陶器の胎土に含まれる鉱物の熱による変化をX線回折分析によって調査し，その焼成温度を表9のように推定している[64]。さらに，中国福建省の建窯の窯跡でプラマー（J.M.Plumer）が採集した天目の破片を調査し，ムライトやクリストバライトが生成していることを確認し，焼成温度を1200～1300℃と推定した[65]。このように陶器と分類されるものにも，その焼成温度には大きな差があり，約1000～1300℃といった温度の違いがあることを理解しておく必要がある。

4 素焼きの土器が固結する作用

(1) 粘土の加熱変化

土器は成形後に乾燥すると，可塑性を生み出す源となった水の大部分は失われ，硬度も増して容易に壊れない状態になるが，水に接するとこれを吸収して崩れていく。しかし，ある温度以上の熱が加わると，乾燥した状態よりもやや硬度を増して緻密になり，煮沸の機能を十分に果たす容器が完成する。低火度で焼成された素焼きの土器が，容器として形を維持し水に触れても粘土に戻らなくなる現象は，一般にこのような説明によって諒解され，高温で焼成された磁器に見られるような，素地の一部がガラス化して，強度が増すような変化が観察できないにもかかわらず，加熱によって固結する変化が自明のことであるかのように考えられている。それは，素焼きの土器の焼成技術がきわめて単純であること，製品が粘土の状態と大きな違いがないこと，などによっているのかもしれない。

これに対して芹沢長介氏が，ヤノフスキー（В.К. Яновский）著，千野英春訳『セラミックスの科学』（1969年）を引いて，「熱を加えるとどうして粘土が硬い物質に変化するのかということは，現代の科学者によってさえ完全に解決できないほどの非常にむずかしい問題であるという。」と記している[66]。それは，低火度の焼成で粘土が固結するという変化が，科学的に解明されていなかった当時の理解の一面を伝えている。つまり土器の製作がきわめて長い歴史をもっているにもかかわらず，素焼きの状態の低い温度で粘土が固結する変化を科学的に説明できるようになったのは，ごく近年になってからのことだからである。

■**土器製作の技術**　何を契機として土器製作が開始されたかについては，考古資料から証明されてはいないが，旧石器時代にすでにあった製陶に関する経験の蓄積が，容器の機能をもつ道具へ応用されて，土器製作の技術に結実したのであろうと考えることもできる。チェコのドルニ・ヴェストニッチェでは人物や動物の粘土像や多数の

焼成粘土塊が，またロシアのマイニンスカヤでは焼成粘土像が出土し[67]，放射性炭素の年代法によって，それぞれ2万6000～2万8000年前と約1万6000年前という年代が与えられ[68]，すでにこの時期に加熱による粘土の変化を十分に使いこなしていたことを教えている。

　土器製作の開始については，ロシアや西アジアで従来よりもさらに古い年代の土器も発見され，年代は書きかえられつつあるが，現在のところ1万年をはるかに越える縄文土器の出現が世界で最古となっている。土器の製作が，こうした長い期間にわたって連綿と受け継がれてきたのは，材料がいたるところに豊富にあり，容器としての機能に適した形や大きさのものを，自由にまた容易に作ることができるという利点があったからである。

　土器について，チャイルド（V.G.Childe）は人間が化学変化を自覚して利用した最初のものであると述べているが[69]，もちろんこの化学変化とは，今日の科学技術の中で一般的に用いられる内容ではなく，粘土が加熱を受けると異なった性質になる変化を経験的に認識したことを，このような表現で説明したものである。野焼き程度の焼成によって，水に触れても粘土に戻らず，煮沸や液体貯蔵のための容器としても，十分な機能を果たすようになる状態を，科学的に説明できるようになったのは20世紀半ばのことであり，先史時代の人類は，粘土と加熱との間に潜む実体不明な変化については，経験によって修得して伝えたにすぎなかった。

　■**素焼きの土器の焼成温度**　素焼きの土器は，一般に地上で木や草などの燃料を燃やした，野焼きの方法によって焼成されたと理解されている。具体的には，先述したナイジェリアの土器焼成のような民俗例から想像することが可能であるが，こうした焼成によってどの程度の熱が加わったかなど，その詳細は必ずしも明らかではない。しかし一般的な理解として，加熱をある程度持続させることは可能であるが，容易に高い温度が得られたわけではなく，したがって，こうした一群の素焼きの土器の焼成温度は，窯を用いた高火度焼成の製品と比較すると，大きく異なっていることは確かである。

　窯を用いた高火度焼成の製品では，粘土や鉱物の熱変化やガラス化の程度などから，1000℃を越える温度であることは容易に知ることができる。また，今日の近代的に管理された磁器の焼成工程においても，長石類の含有率を高めてやや低い温度で焼成された軟磁器と呼ばれるものなども存在するが，代表的な高火度焼成である磁器の本焼きの温度は1300℃程度であり，それによって温度と製品の状態の関係を理解することもできる。硬質の陶器が焼かれた温度についても，考古資料においていくつかの数値が示されている。前述したように，灰釉陶器に施される灰釉の溶融温度は1240℃程度と推定されており，また緑釉陶器については，その多くが約1000～1200℃で，1200℃以上のものもあることなどが明らかにされている（53～54ページ本文および表9参照）[70]。

縄文土器は弥生土器や土師器と比べて焼成温度が低いという意見や，問題とするだけの差は存在しないなど，さまざまな見方がある。焼成の状態は燃料との位置関係や時間によって一定でなく，また土師器の焼成には，地面を掘りくぼめた焼成坑を用いたと考えられているなど，詳細な温度の違いについては議論の分かれるところであるが，素焼きの土器と高火度焼成の陶磁器とを比較すると，両者の間には明瞭な違いがある。

第3節で記したように，焼成温度の推定はおもに理化学的な方法によっておこなわれている。それらの分析から導かれる数値はさまざまで，検討すべき要素が多いが，縄文土器の焼成温度は52ページの表8に示すような値であり，そこから，ある幅をもった蓋然性の高い温度域を把握することができる。こうした値はまた，弥生土器や土師器の測定結果と比較しても大きな差はなく，一群の素焼きの土器は，焼成条件の差を考慮に入れたとしても，およそ600～800℃，高くても900℃程度までの温度域で焼成されたといえよう。

(2) 焼結現象の解釈

こうした焼成温度の推定値から，素焼きの土器と高火度焼成の製品とを区分する重要な境界は，1000℃前後の温度域であることがわかる。その中で，高火度焼成の製品については，素地の一部がガラス化して硬度が高まっているという，温度と製品の性質との関係がよく理解されている。しかし，1000℃にも満たない低火度で焼成された素焼きの土器が，なぜ粘土とは異なった性質をもって固結し，煮沸容器としての機能を発揮し，発掘によって出土するまで100％に近い湿度の土壌の中でも，形状を保ち続けているのかなどについては，具体的に説明されることは少なく理解は深く浸透していない。

この点を比較的詳しく解説した一例として，「粘土で容器の形を作って乾燥し，燃料を用いて焼くと，まず素焼の土器ができる。これは温度の上昇により200℃で粘土中の混合水が脱水され，600℃で結晶水が脱水され，またそれ以上の加熱によって粘土中の炭素が酸化され，炭酸塩や硫酸塩が分解されて，ただ乾燥した粘土とはちがった質になったものである。」という小林行雄氏の説明がある[71]。それは，焼成による加熱温度の違いによって，粘土が化学的に変化していく現象から説いたものである。

この内容は，粘土鉱物学の分野の研究による粘土の加熱変化についての記載とも一致しており，その中から上の解説と関係する部分の記載を要約すると，次のような内容になる[72]。

(1) 約300℃以下の低い温度で層間水（小林氏のいう混合水）が除かれるが，この状態ではまだ結晶に水が戻り復水する。

(2) 500℃以上の熱が加わると，常温で粘土鉱物中に構造水（小林氏のいう結晶水）として含まれている水酸基（OH）が，水分子として放出されはじめる。この

ことによって粘土鉱物はその構造が大きく崩れて，無水型とか脱水型とか呼ばれる結晶になり，その状態では水を加えても結晶自体は復水しなくなる。

　表現は若干異なるが，このように両者はともに，600℃あるいは500℃以上の加熱によって粘土の結晶が変化して，それ以前とは異なった状態になることを述べている。大部分の素焼きの土器は，500〜600℃程度以上の温度で焼成されていると考えられるので，胎土にこうした変化が生じているであろうと理解することができる。

　ところが後者の粘土鉱物学による説明の表現から明らかなように，ここでいう変化とはあくまでも粘土鉱物の結晶自体に関する現象である。したがって，熱によって異なった構造になり，水を加えても復水しなくなるのは，粘土を作る結晶に起こる変化であるという点に注意しなければならない。つまり，結晶が復水しなくなって硬度や形状に変化が生じたとしても，それは粒子自体の問題である。したがってこの変化は，土器という粘土塊が水に接しても，もとの粘土の状態に戻らなくなるということを意味しているわけではない。また，炭酸塩や硫酸塩の分解による粘土の性質の変化も，固結とは直接関係しない。素焼きの土器が低火度の焼成によって固結して，水に触れても粘土の状態に分離しない性質に変化する理由はこれとは別のところにあり，それは粘土粒子が相互に接着し合う現象によって生じることが明らかになっている。

(3) 加熱による材質変化の研究

　■**固体の変化**　　金属や粘土などの固体を加熱していくと，温度に対応して状態が変わることは，高温の加熱でガラス材料が溶融してガラス塊に変化したり，鉱石中から金属粒子が溶出して金属塊が得られること，また磁器のように材料の一部がガラス化して器体の強度を増す力として働く，などの現象としてよく知られていた。

　一方，溶融する温度に達しない低い加熱で，固体が接着する変化が生じることも，金属の加工技術とともに人類は経験の中で知り得ていた。鍛冶屋が熱した鉄を叩いて自由に変形させ，あるいは折り曲げたり切断したりした鉄片を，再び一塊の鉄に加工する鍛造の技術がその一例である。しかし，こうした現象がどのような作用で生じるのかについては，20世紀に入ってからもなお漠然とした理解にとどまっていた。前述したように，粘土が固結することについて，ヤノフスキーが非常に難しい問題であると述べているのは，このような側面を端的に示している。

　1923年にデッシュ（Cecil H.Desch）は，溶融温度よりもはるかに低い加熱によって，金の表面に刻んだ鋭い溝の輪郭が変形し，丸みをもつことを観察した。そしてその変形する現象を，金属に生じた表面張力の影響であると論じたが[73]，一般的な固体の変形や接着の現象に結びつく概念としては理解されなかった。

　■**タンマンの実験**　　同じ頃，融点よりも低い温度で，固体の膨張や収縮あるいは接着の現象が生じることを，直接的な方法で確認する実験もおこなわれていた。ドイツの著名な物理化学者タンマン（Gustav Tammann）たちは，銀，アンチモン，錫，銅，鉄，

亜鉛，鉛，カドミウム，コバルト，アルミニウムの10種類の金属粉体および塩類について，加熱によって接着が起こる現象と，それが生じる温度との関係を調査した。

　容器に入れた粉体の中に棒を差し込み，それを撹拌しながら一定の上昇率で温度を高めていくと，金属粉体では200℃未満の温度で撹拌する棒に抵抗が生じ，塩類ではこれよりやや高い温度で同じ現象が起こった。こうした変化が，固体が溶融化することとは異なった温度域で生じていることを確認し，またこの変化は，固体中の原子の移動によって生まれた現象であると考えた[74]。タンマンはこのような実験にもとづいて，固体が溶融する融点とそれらの接着する現象がはじまる温度との関係を絶対温度によって示し，金属では0.33倍，塩類では0.57倍，共有結合の化合物では0.90倍の温度であると結論づけた[75]。

　この実験はきわめて単純な方法によっているものの，固体がその溶融温度よりもはるかに低い温度で接着するという，重要な現象を説明したものとして広く受け入れられ，固体の反応が生じる温度を「タンマン温度」，その温度と融点との近似関係を「タンマンの法則」として，それ以後長く化学の分野では用いられていた[76]。

　このような研究によって，固体が溶融するよりも低い温度で接着する現象は理解されるようになったが，なぜそのような反応が生じるのかについては，さまざまな意見が提出されていた。たとえば，加熱によって粘性の流動現象が生じて，接触する粒子が表面張力によって互いに合体するのであろうという説明がなされるなど，多くの実験や試行錯誤を経て徐々にその実体に近づいていった。

■クチンスキーの焼結理論　　第二次世界大戦下，ドイツ軍の侵入によって緊張の高まったポーランドから，1943年にアメリカへ亡命したクチンスキー（George C. Kuczynski）は，ニューヨークのシルヴァニア電気会社の研究所で，金属フィラメントの開発に携わっていた。その研究の過程で，金属の粉体粒子を加熱すると，粒子が水泡のような状態を作って接着する現象が起こることを確認し，それが金属の溶融点よりはるかに低い温度で生じること，粒子表面の原子の移動による拡散作用であることなど，熱によって微細粒子が固着する現象のメカニズムを明らかにした。

　クチンスキーは，銅と銀の粒子について，温度と加熱時間および加熱雰囲気の異なった条件のもとで，粒子と粒子あるいは粒子と板との間の，接触部の表面にできた拡散部分の成長率を測定し，この固体の表面に生じた接着現象の変化を，温度や時間などと関係した係数として求めた。それによって，接着の要因は粒子表面の原子の拡散作用によること，接着状態の変化は，加熱する温度や時間と密接に関係することなどを明らかにした。また，それが材料の溶融温度に達するまでに生じる，固着現象のもっとも初期の段階で起こる変化であることを突き止めた。その成果は，1949年2月にサンフランシスコで開催されたアメリカ金属学会の大会で，また同じ年に論文として発表され，物質が溶融点以下の温度で固着しはじめることを，理論的に解明した研究として世界的に知られることとなった[77]。

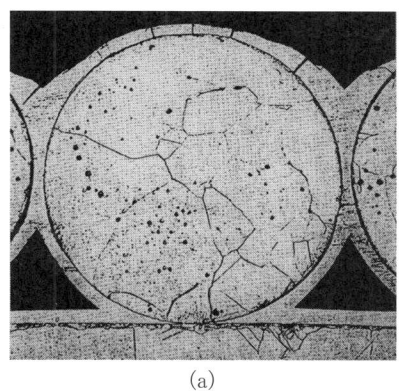

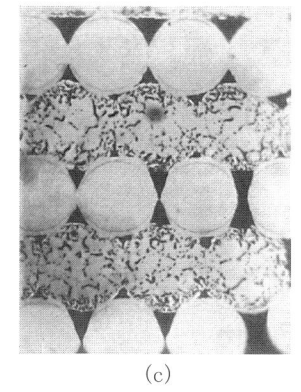

| (a) | (b) | (c) |

図22 クチンスキーの焼結実験の諸例　(a) 銀を800℃で24時間加熱，130倍（注77, Fig.3）
(b) 銅を760℃で2時間加熱，220倍（注78, Fig.1）
(c) 銅とニッケルを600℃で10.5時間加熱，85倍（注78, Fig.13）

図22-(a) は，クチンスキーが1949年の論文に示した写真の1つで，融点が961℃の銀の粉体を800℃で24時間加熱したときの状態であり，球体の外周に生じた拡散作用によって相互に固着している。また図22-(b) は，融点が1083℃の銅を760℃で2時間加熱したとき，2つの球体の接触部の界面に生じた接着の初期の状態であり，図22-(c) は銅とニッケルを600℃で10.5時間加熱したときの状態を示している[78]。いずれも融点よりもはるかに低い温度での現象で，球体の表面に生じた接着部分は金属が溶融した成分によって生じたものではない。

このクチンスキーの研究は，おもに金属粒子についておこなわれたが，その後この理論は，むしろ窯業技術の分野において取り入れられ，材料の熱変化つまり焼結する作用を説明する重要な要素として，セラミック製品の開発に大きな影響を与えた。大気圏で受ける高温の摩擦熱から飛行体を保護するために，スペースシャトルの外壁全面に張られたセラミックタイルなどもその1つで，さまざまな窯業製品の開発に貢献した。

(4) 素焼きの土器の焼結現象

■固相焼結　　クチンスキーの研究によって，粒体は溶融点に達するまでの温度で，原子の拡散移動によって相接する部分が接触を強めて固着する現象が生じること，その変化は温度だけでなく加熱時間などとも関係し，とくに微細な粉体において強く作用することなどが明らかになった。

今日，加熱によって固体が接着する現象は，焼結あるいはシンタリング（sintering）と呼ばれ，加熱温度に対応して大きく固相焼結と液相焼結という作用に分類される。後者の液相焼結つまりガラスが生成されて強度をもつ状態は，高火度で焼成された陶磁器などの材質の一部が，ガラス化して固結する現象としてよく知られている。クチンスキーが示したのは，溶融する温度以下の加熱で材料が固結する，焼結作用の初期

に生じる固相焼結と呼ばれる現象で，素焼きの温度で粘土が固結するのは，この作用が重要な要素となっている。

　熱によって粘土の結晶に変化が生じて土器の胎土が固化するという説明は，焼成物における材質の変化の一部を説いたものである。しかし，素焼きの土器が水に触れても形を維持して，もとの粘土に分離しない状態となるのは，粘土の結晶構造の変化によっているのではなく，この固相焼結という低い加熱で粘土粒子が相互に接着する作用があるからである。

　■**焼結の温度**　固相焼結が生じる温度は，材料の溶融温度との関係から導かれ，絶対温度を用いて示されるが，それは材料の溶融温度の1/2から3/4程度と理解されている。金属類の焼結はその中でももっとも低い温度で生じるが，土器のおもな原料である粘土のような酸化物は金属よりも高い。現在でもタンマンの実験にしたがって0.57倍という数値を用いた表現もあるが[79]，さまざまな化学組成を含む粘土の固相焼結がはじまる温度は必ずしも一定でなく，ある幅をもった数値を想定することが必要であるが，それは高くても溶融温度の2/3程度であろう。

　かりにこの数値を用いて土器の固相焼結の変化を考えると，材料の一部が溶融しはじめる温度を1200℃と仮定した場合，溶融点の絶対温度は1473K，その2/3が982Kで，摂氏温度であらわすと約710℃となり，この程度の温度で十分に焼結作用が生じることになる。もちろん，塩基性成分が多く混在する粘土では溶融点は低下するため，この焼結現象はもっと低い温度で生じる可能性が高い。

　このように，互いに接触し合う固体の微粒子は，それが溶融する温度とは異なった低い温度域で，原子の移動に起因した表面部分の拡散によって連なる作用，つまり固相焼結によって相互に接着し，全体として固結した状態を作り上げる。その粒子が接着する力は，個別に見れば大きくはないが，土器のように膨大な量の微細な粘土粒子が含まれて緻密な状態を作り，さらに乾燥による収縮で，粒子同士が十分に接触したものの場合には，固相焼結によって固着する力はきわめて大きくなる。縄文土器や弥生土器のような素焼きの土器が，煮沸用の容器としても十分に機能するまでに固化して，粘土の状態に戻らないのは，粘土の微粒子がこの焼結によって接着し合っているからである。

(5) 高火度焼成による焼結

　窯業技術の発達によって出現した高火度焼成の硬質の製品は，先に述べた焼結のうち，液相焼結の作用を取り入れたものであることはいうまでもない。しかし，それは単に材料の一部が溶融点に達してガラス化した結果だけではなく，その変化の前に，形を維持する骨格となる構造が固相焼結によってでき上がっているために，形が崩れない状態になっているわけである。これが同じ高い加熱のもとで製作するガラス製品と大きく異なっている点である。

■**磁器の焼結**　　ダントルコール著，小林太市郎訳注，佐藤雅彦補注『中国陶瓷見聞録』の「第2章　胎土，釉料および成形」に，瓷器の材料として，白不子（pe-tun-tse）と高嶺（kao-lin）があげられており，小林氏は注として，「高嶺の如く粘土の純粋なものは，耐火度強く，熔融し難いので，別に媒熔材を必要とする。媒熔材としては，長石若しくは長石を含む岩石が普通に用いられるが，ここに記されている白不子もまた媒熔材にほかならぬのである。」という解説をしている[80]。

佐藤氏はこの小林氏の注の白不子について，さらに詳しい補注を加えて，「磁器の胎土の一つは粘土で，水分を含むと，有機物の作用で，粘性すなわち可塑性を発揮する。それを利用して碗，瓶の如き立体形を作るのであるが，カオリンのように硅石分の少ない純粋な粘土の場合は，これだけでは乾燥すると粘性なき土粒の集合体と化し，焼成すれば破砕して忽ち散りぢりの土粒に戻り，形をとどめない。それを固形のまま磁器として焼き上げるには，土粒をくるみ，それらをつなぎあわせる接着剤，それも火に強い接着剤が必要なのである。ここにいうカオリンは粘土であり，それをあわせる白不子というのが，その接着剤に当たる。ちょうどはじけ米をカルメラでからめておこしを作るようなものである。」と解説した[81]。

この佐藤氏の説明は，磁器の製作における白不子の役割を強調しすぎるあまり，粘土製品の焼結過程について，表現の正確さを欠いた部分がある。それは，カオリンのような粘土の場合は，焼成すれば破砕して散り散りの土粒に戻り形をとどめないから，それらをつなぎ合わせる接着剤が必要であり，白不子がその接着剤にあたり，おこしを作るさいのカルメラのようなものである，という表現である。

ここでは，高温で白不子が接着作用を発揮する以前の低い加熱で，粘土が焼結することの説明が欠如しているため，素焼きの土器の段階は存在し得ないことになっている。白不子が溶化するのは，粘土が固相焼結によって骨組みとなる構造ができたあとの，さらに高温の段階においてであり，もしこの構造ができない状態で白不子が溶化しはじめると，器体はガラス製品と同様に変形して支えを必要とすることになる。磁器はガラス化した部分が生じることによって，緻密な組織に変化して強く固着していることは確かであるが，それによってはじめて，固結した状態ができ上がるわけではない。

■**2つの焼結現象**　　焼成物が加熱によって固結する過程には，大きく分けると2つの段階がある。まず低火度の焼成で，粘土粒子は相互に接着して分離しない構造ができ上がり，それによって，もとの粘土の状態に分離しない性質をもつ，素焼きの土器が生み出される。これが焼結の最初の段階の固相焼結という作用である。高火度焼成の陶器の一部や磁器では，この段階を経て溶融点の低い成分がガラス化して，それが固相焼結によって固結した胎土中の空隙を埋めて，吸水性をもたない強度の高い製品に変化する。これが次の段階の液相焼結の作用である。製品と2つの焼結作用の関係を示すと，表10のようになる。

表10 加熱による材質変化と焼結作用の関係（注84，第2表）

	材質の変化	焼結の種類
低火度焼成の土器	粘土粒子の接着	固相焼結
高火度焼成の陶磁器	粘土粒子の接着 ＋ ガラスの生成	固相焼結 ＋ 液相焼結

素焼きの土器が固結するのは，微細粒子が熱を受けたさいに，個々の材質の溶融温度以下の段階で生じる普遍的な現象で，固相焼結の作用がおもな要素となっている。それはまた陶磁器類の胎土のガラス化する前の固結した構造でもあり，低火度と高火度の焼成過程に共通に存在する作用である。こうした粘土に見られる固相焼結の現象は，ギリシャの黒絵・赤絵の土器の陶工たちによって，黒色と赤色の装飾の効果を生み出すために巧みに利用されている[82]。

■**焼結作用の応用** ギリシャの黒絵・赤絵土器の製作技法の復元については，まだ解決されていない諸点はあるが，基本的な工程としては，鉄酸化物を多く含むコロイド状の微細粒子の粘土を用いて，以下のような3回の異なった焼成をおこなう。それによって，黒色の発色を導いて装飾効果を与えることができる。黒絵土器では装飾の部分を，赤絵土器では装飾の背景となる部分を，この微細な粘土を用いて描いているが，これらの部分は焼成の過程で次のように変化する。

最初にまず温度の上昇を促すために空気を十分送って酸化状態で焼成すると，胎土も器面の微細な粘土の部分もともに赤く発色する。次に窯に送る空気を減少させて還元状態において焼成を続ける。その温度は900℃あるいは950℃といわれているが，この段階で胎土中の三酸化二鉄（Fe_2O_3）は，窯内の一酸化炭素の影響で酸化鉄（FeO）に，また水蒸気の影響で黒色の四酸化三鉄（Fe_3O_4）などにも変化して，表面の装飾部分も胎土も，ともに黒色に変化する。最後に再び十分な空気を供給して焼成が続けられると，胎土の方はその酸化状態の影響によって再び赤色になる。しかし装飾部分に用いたコロイド状の微細な粘土は，第2段階の還元焔焼成において，先に述べたような微細な粒子に強く作用する焼結現象が進んで組織の密度が増し，粘土中の鉄分は外部からの酸素と接触しない遮断された状態となる。このことによって，器表の装飾部分だけが酸素による化学的な変化がおよばないために，第2段階の焼成で変化した黒色の状態のままに残る。

キリックスの脚部のような器壁が非常に厚い部分の中心付近には，灰色の状態を残すものがある。それは第3段階の焼成で空気の浸透が十分に内部にまでおよばず，第2段階の還元状態での焼成によって生じた黒色の状態が，完全に酸化されきっていないことを示しており，こうした資料からも上記のような焼成過程が確認されている。この黒絵の技術から，すでに紀元前7世紀後半には，微細な粘土が焼結する現象は，経験の中から当時の陶工たちの間では十分理解されていたことを知ることができる。

(6) 還元焔焼成と焼結作用

■**須恵器の還元焔焼成**　素焼きの土器が焼成によって固結する固相焼結の現象は，須恵器のような還元による焼成過程の中での胎土の変化とも深く関係している。須恵器の焼成では，はじめに酸化状態で温度を上げ，その後空気の流入を減少させて，一酸化炭素による還元状態を作って焼成したと考えられており，暗灰色の発色がその影響であることを示している。

酸化とは酸素が元素や化合物と結合し，還元とは化合物から酸素が取り去られる反応のことであり，窯を用いた焼成においては，酸素の供給量によって製品の発色に大きな違いが生じ，須恵器の還元焔焼成は暗灰色という色調との関係が強調されることが多い。すなわち須恵器においては，粘土中に三酸化二鉄（Fe_2O_3）の状態で含まれる鉄が，一酸化炭素によって還元されて，酸化鉄（FeO）あるいは水蒸気の影響でさらに黒色の四酸化三鉄（Fe_3O_4）に変化し，それが製品の色調を暗灰色へ導いている。

■**還元と焼結作用**　この還元状態におかれた鉄は，色調の変化と同時に珪酸化合物の中では，溶融温度を下げる溶媒剤としても作用する。鉄は酸素との結合によってその性質が変化し，珪酸との化合物の形で存在すると，還元作用が進行するにつれて，酸素分圧の高い状態の化合物であるヘマタイト（赤鉄鉱・Fe_2O_3）から，低い状態へ向かってマグネタイト（磁鉄鉱・Fe_3O_4），ウスタイト（FeO）へと変化する。それは図23で明らかなように，珪酸との化合物の状態においては，溶融する温度もそれに対応して低下する。この現象が生じるのは，粘土などの珪素を含む化合物に含まれる鉄が，酸化焼成による三酸化二鉄（Fe_2O_3）の状態では，鉄の酸化物として混在するだけであるが，還元されて四酸化三鉄（Fe_3O_4）や酸化鉄（FeO）に変化すると，珪酸との化合物の中ではカルシウムやナトリウムなどと同様に，あるいはそれ以上に強い溶媒剤（フラックス）として作用し，融点を下げる働きをするからである[83]。

須恵器の一般的な焼成温度の範囲内では溶化する現象は生じないが，このような融点が下がった状態が生じることは，胎土の焼結の程度が高まることと密接な関係をもっている。前述したように，固相焼結の作用は材料が溶融する温度と関係しているので，還元焔焼成によって融点が下がった場合には，固相焼結がより進行することになる。したがって同じ温度での焼成であっても，須恵器のような還元焔焼成の製品では焼締めの作用が強く働いている。

こうした焼成環境の違いによる差は，埴輪においてもしばしば見られる。窯を用いた段階の埴輪には，酸化状態で焼成された赤色の製品とともに，還元状態の暗灰色の製品があるが，焼結の程度は後者の方が高い傾向がある。それは須恵器と同様に，還元で溶融温度が低下することにともなう変化として，焼結作用が低い温度で進行することと深く関係している。このような差は，1つの窯から出土した資料の中においても見られ，酸化と還元の差が，固結作用に大きな影響を与えていることを示している。

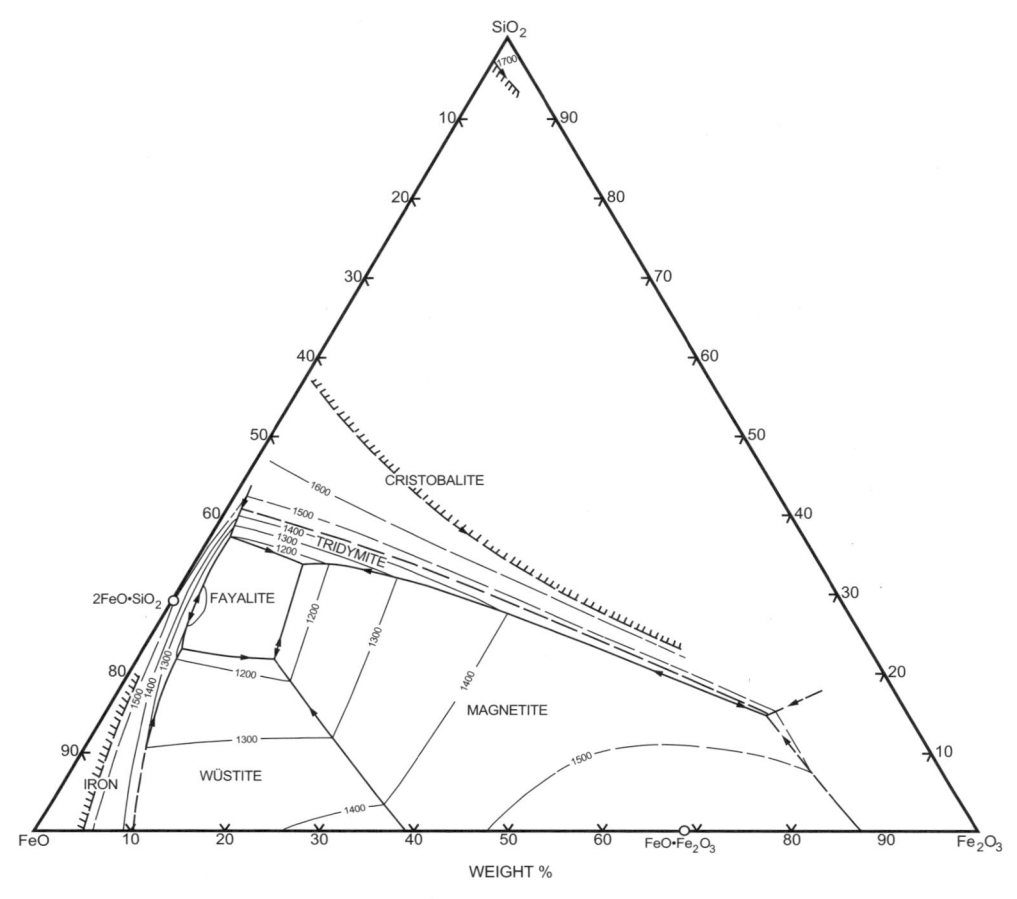

図 23　鉄と珪素の酸化物における液相・固相の等温線の投影図（注83，図38）
　　　1200〜1700 の数値は2つの相の平衡温度（℃）

（7）焼結現象と胎土の状態

　以上のように，素焼きの土器が固結するのは，比較的低い温度で微細な粘土粒子が，相互に接着するという作用によるものである。それぞれの粘土粒子が結合する力は微小であるが，土器の材料には大量の粘土粒子が含まれているため，全体として大きな力となって容器として形を維持し，水に触れても粘土の状態に分散しない性質をもつ結果となっている。

　この作用は，接触し合う粒子間に見られる特有の現象であるため，微細な粘土を多量に含む土器と，粗粒のシルトや砂が多く混在する土器とでは，焼結の程度に違いがあらわれる。すなわち，微細な粒子を多く含み，素地の中の接触する部分が多い土器では，焼結効果が生じやすく堅緻な状態になる。一方，粗大な粒子が多く含まれる土器では，微細な粘土の部分は焼結によって固着するが，それは粒径の大きいシルトや砂を包むようにして，固結を維持するだけであるから，焼結の効果が土器全体におよぶ力は相対的に小さく，したがってこのような土器は脆い。

遺跡調査の報告書の土器の観察項目に，胎土の状態について焼成が「良好」あるいは「不良」という記載を見ることがある。そのような差に焼成の温度や時間のいずれが関係しているか，などの点はあまり議論されることはないが，おそらく一般的に焼締まりと表現する内容を指しているのであろう。そのさいに，焼成が良好とされる胎土と不良とされるものの間にはほぼ共通して，粘土を多く含む緻密な胎土と，砂やシルトを多く含む粗い胎土という違いがある。それは，固体の粒径が小さいほど焼結の効果が大きく作用することと関係があり，同じ現象は，器面が研磨されたものとそうでない場合でも起こる。表面を丁寧に研磨すると，粗い粒子が内部へ押し込まれ，微細な粘土が器面を覆う状態になり，その微細な粒子の部分が焼結作用を受けやすくなるからである。その結果，器面の調整が丁寧におこなわれた土器の方が堅緻になり，高い温度で焼成されたような状態が生じる。したがって胎土の状態から，焼成温度に大きな違いがあるというような，一面的な理解はできないともいえる[84]。

〈第3章の注〉
1) Bernard Leach, *A Potter's Book*, London, Faber and Faber, 1940, pp.179・180, Pl.72.
2) Bohuslav Klíma, "Palaeolithic Hut at Dolní Věstonice, Czechoslovakia," *Antiquity*, No.109, March, 1954, Gloucester, Antiquity Publications, pp.4～14, Figs.2・3.
3) 川崎純徳・黒沢彰哉・海老沢稔「茨城県石岡市東大橋・原遺跡の縄文土器焼成遺構」『日本考古学協会昭和53年度大会研究発表要旨』1978年，pp.13・14。
4) 坂詰秀一「日本の古代窯業（1）」『歴史教育』第14巻第3号，1966年，pp.95～101。
5) 関西大学考古学研究室『河内長野大師山』（関西大学文学部考古学研究　第5冊）1977年，pp.56～67。
6) 宇垣匡雅ほか『百間川原尾島遺跡』3（岡山県埋蔵文化財発掘調査報告88）1994年，巻頭図版4, pp.86～91，第85図。
7) 富来隆「弥生式「土器窯」址について（予報）」『考古学雑誌』第50巻第3号，1965年，pp.12～28。
8) 伊藤玄三「1965年の歴史学界―回顧と展望―先史・原始2」『史学雑誌』第75編第6号，1966年，pp.15～20。
9) 佐原眞「弥生式土器の製作技術」『紫雲出』1964年，pp.21～30。
10) 新井司郎『縄文土器の技術』（貝塚博物館研究資料第1集）1973年。
11) 藤原学・森岡秀人「弥生遺跡に伴う焼土壙について」『河内長野大師山』（関西大学文学部考古学研究　第5冊）1977年，pp.212～265。
12) 久世健二・小島俊彰・北野博司・小林正史「黒斑からみた縄文土器の野焼き方法」『日本考古学』第8号，1999年，pp.19～49。
13) 塩野博「土器（土師器）製作遺跡について」『月刊文化財』1977年8月号，pp.22～40。
14) 三重県埋蔵文化財センター『研究紀要』第7号，1998年，pp.6・7。
15) 下村登良男・山澤義貴「三重県多気郡明和町水池遺跡の土師器焼成遺構」『日本考古学協会昭和53年度大会研究発表要旨』1978年，pp.15・16。
16) 田辺昭三『日本原始美術大系2』（講談社）1978年，p.169。

17) 笠井敏光「埴輪の生産」『古墳時代の研究』第 9 巻，1992 年，pp.209 〜 221。
18) 茨城県教育委員会『小幡北山埴輪製作遺跡　第 1 次〜第 3 次確認調査報告』1989 年。
19) 中野卓「色調と焼成について」『古市遺跡群Ⅲ』（羽曳野市埋蔵文化財調査報告書 7）1982 年，pp.138 〜 140。
20) 山崎一雄「正倉院彩釉陶の科学的研究」『正倉院の陶器』1971 年，pp.62 〜 69。
山崎一雄「本邦出土の緑釉陶の化学的研究」『三上次男博士喜寿記念論文集』（陶磁編）1985 年，pp.367 〜 380。
21) L.Scott, "Pottery," *A History of Technology*, Vol.1, 1956, Oxford, Clarendon Press, pp.376 〜 412, Fig.234.
22) D.Oates and J. Oates, *The Rise of Civilization*, Oxford, Elsevier-Phaidon,1976, pp.42 〜 43.
23) A.Alizadeh, "A Protoliterate Kiln from Chogha Mish," *Iran*, Vol.23, 1985, London, British Institute of Persian Studies, pp.39 〜 50,Pl.1a,Fig.1.
24) 注 21，pp.394 〜 396, Figs.244・245.
25) H.Frankfort, T.Jacobsen, C.Preusser, "Tell Asmar and Khafaje: The First Season's Work in Eshnunna 1930/31," *Oriental Institute Communications/The Oriental Institute of the University of Chicago;*No.13, Chicago, University of Chicago Press, 1932,Figs.30・31.
26) G.M.A.Richter, *The Craft of Athenian Pottery*, New Haven, Yale University Press,1923, pp.75 〜 78,Figs.73・79・80.
27) 中山典夫「古代地中海地方の陶芸」『世界陶磁全集』第 22 巻（小学館）1986 年，pp.133 〜 151。
28) 中国科学院考古研究所編輯『西安半坡』（中国田野考古報告集　考古学専刊　丁種第 14 号）1963 年，pp.159・160，図 116，図版 LX。
29) 中国科学院考古研究所編著『廟底溝與三里橋』（中国田野考古報告集　考古学専刊　丁種第 9 号）1959，p.21，図 11。
30) 島田貞彦「山城幡枝の土器」『考古学雑誌』第 21 巻第 3 号，1931 年，pp.22 〜 38。
31) 岡村秀典「灰釉陶（原始瓷）器起源論」『日中文化研究』第 7 号，1995 年，pp.91 〜 98。
32) 愛知県教育委員会『愛知県猿投山西南麓古窯跡群分布調査報告（Ⅰ）』1980 年, p.37, 第 11 図。
33) 素木洋一『セラミックスの技術史』（技報堂出版）1983 年，pp.142・143。
34) 愛知県陶磁資料館学芸課「瀬戸（美濃）大窯の復元と焼成記録」『愛知県陶磁資料館 研究紀要』1，1982 年，pp.66 〜 73。
35) 神野博・福谷征史郎・義則智・神原輝寿「陶磁器焼成窯の操業に関するシミュレーション」『古文化財の自然科学的研究』（同朋舎出版）1984 年，pp.198 〜 205。
36) 楢崎彰一ほか「滋賀県信楽町中井出古窯址群の調査」『日本考古学協会第 34 回総会研究発表要旨』1968 年，pp.15・16。
37) 宋應星撰，藪内清訳注『天工開物』（平凡社）1969 年，pp.139・140。
38) 三上次男編『有田天狗谷古窯：白川天狗谷古窯址発掘調査報告書』（有田町教育委員会）1972 年。
39) 注 33，p.13。
40) 注 19。
41) 窯を用いて焼成した硬質の製品は，高い温度による焼結作用とガラスの生成などが作用して胎土の気孔が減少することによって生み出されるが，製品におよぼす加熱の変化は必ずしも温度だけが左右するわけではなく，材料の性質や焼成雰囲気，あるいは焼成時間など多くの要素が複雑に関係する。したがって，目的とする性質の製品を得るためには，温度

測定だけでは十分でない。そのために用いられるのがゼーゲルコーンで，窯の中で焼成品と同じ条件の場所に設置して，加熱によって軟化し溶倒する変化によって，それぞれの温度に対する耐火度を確認するための補助具である。厳密な意味では温度計ではないが，焼成中に製品がうける温度や酸化・還元の雰囲気の変化を間接的に知り，焼成物の状態を把握する目的で，ドイツのベルリン王立磁器製造所のゼーゲル（H.A.Seger）が 1886 年に考案したものである。やきものの基本的な成分である珪酸，アルミナ，塩基性成分をもとに，熱による溶融点が 20 〜 30℃ずつ異なる組成で作られている。製品の材料の耐火度を知りたい場合は，同じ材料でゼーゲルコーンと同形の試験コーンを作り，数種の標準のゼーゲルコーンとともに加熱焼成し，試験コーンが溶倒したときに溶倒した標準コーンの番号でその材料の耐火度をあらわすこともできる。（尾野勇雄・増山明弘「ゼーゲルコーンの話」『セラミックス』第 15 巻第 10 号，1980 年，pp.816 〜 821）。

42）清水芳裕「縄文土器の自然科学的研究法」『縄文土器大成』第 1 巻（講談社）1982 年，pp.152 〜 158，図 42。
43）須藤俊男『粘土鉱物』（岩波書店）1968 年，p114。
44）江藤盛治「縄文土器の焼成温度の推定」『人類学雑誌』第 71 巻第 1 号，1969 年，pp.23 〜 51。
45）梅田甲子郎「日本古代土器の熱的性質について（その 2）」『奈良教育大学紀要（自然科学）』第 16 巻第 2 号，1968 年，pp.47 〜 52。
46）氷 1g に 1 分間 1cal の熱を加えていくと，1 分間に 2℃の割合で温度が上昇するが，氷は 0℃に達すると 0℃の水になるまで温度の上昇が停止する。続いてその水は 1 分間に 1℃ずつ温度が上昇して，100℃になると温度の上昇が停止するような変化をする。
47）竹山尚賢「熱分析によるやきものの始源」1 〜 5『新郷土』第 183 〜 187 号，1972 〜 1973 年。
48）梅田甲子郎「日本古代土器の熱的性質について（その 1）」『奈良教育大学紀要（自然科学）』第 15 巻，1967 年，pp.61 〜 67。
49）大沢真澄・二宮修治「胎土の組成と焼成温度」『縄文文化の研究』第 3 巻（雄山閣）1983 年，pp.20 〜 46。
50）近藤清治・河嶋千尋・棚橋壽一「縄文土器に就て（第 2 報）再加熱によるアルミナ及酸化鉄の塩酸溶解度の変化」『大日本窯業協会雑誌』第 43 集第 513 号，1935 年，pp.1 〜 7。
51）注 42，表 43・44。
52）杉山寿栄男「古土器焼成試験」『日本原始工芸概説』（工芸美術研究会）1928 年，pp.103 〜 117。
53）小林行雄『日本考古学概説』（東京創元新社）1968 年，p.64。
54）山内清男「縄文土器の技法」『世界陶磁全集』第 1 巻（河出書房新社）1961 年，pp.278 〜 282。
55）新井司郎『縄文土器の技術』（貝塚博物館研究資料 第 1 集）1973 年，pp.72 〜 75。
56）清水芳裕「胎土分析 II」『縄文文化の研究』第 5 巻（雄山閣）1983 年，pp.68 〜 86，第 3 表。なお表中の引用文献は次の通りである。
　　江藤盛治「縄文土器の焼成温度の推定」『人類学雑誌』第 71 巻第 1 号，1969 年，pp.23 〜 51。
　　梅田甲子郎「日本古代土器の熱的性質について（その 1）」『奈良教育大学紀要（自然科学）』第 15 巻，1967 年，pp.61 〜 67。
　　梅田甲子郎「日本古代土器の熱的性質について（その 2）」『奈良教育大学紀要（自然科学）』第 16 巻第 2 号，1968 年，pp.47 〜 52。

大沢真澄ほか「考古学関係資料の化学的研究」『自然科学の手法による遺跡・古文化財等の研究』1978 年，pp.241 〜 257。

近藤清治・河嶋千尋・棚橋壽一「縄文土器に就て（第 2 報）再加熱によるアルミナ及酸化鉄の塩酸溶解度の変化」『大日本窯業協会雑誌』第 43 集第 513 号，1935 年，pp.1 〜 7。

清水芳裕「縄文土器の自然科学的研究法」『縄文土器大成』第 1 巻（講談社）1982 年，pp.152 〜 158。

杉山寿栄男「古土器焼成試験」『日本原始工芸概説』（工芸美術研究会）1928 年，pp.103 〜 117。

新井司郎『縄文土器の技術』（貝塚博物館研究資料 第 1 集）1973 年，pp.72 〜 75。

57) 注 53，p.131。

58) 楢崎彰一「日本古代・中世の陶器」『東洋の陶磁』（愛知県陶磁資料館）1979 年，pp.181 〜 190。

59) 坪井清足「弥生土器」『図解考古学辞典』（東京創元新社）1969 年，p.984。

60) 小林行雄「どき」『図解考古学辞典』（東京創元新社）1969 年，pp.727 〜 730。

61) 沢田正昭・秋山隆保・井藤暁子「八尾市美園遺跡出土の変形を受けた土器について」『美園―近畿自動車道天理〜吹田線建設に伴う埋蔵文化財発掘調査概要報告書―』本文編，1985 年，pp.655 〜 677。

62) ヘルシナイトと呼ばれる鉱物として，自然にも少量ながら存在するが，鉄やアルミニウムを主成分とした高温生成物の結晶でもある。同じ遺跡の一般的な焼成の土器では認められず，部分的な強い加熱による二次生成物である可能性が高いことを示している。

63) 注 58。

64) 山崎一雄「本邦出土の緑釉陶の化学的研究」『三上次男博士喜寿記念論文集』（陶磁編）1985 年，pp.367 〜 380，表 8。

65) 山崎一雄『古文化財の科学』（思文閣出版）1987 年，p.239。

66) 芹沢長介『陶磁大系』第 1 巻（平凡社）1975 年，p.105。

ヤノフスキー著 Вторая Молодость Древнего Материала が出版されたのは 1967 年である。

67) K.Absolon, "The Venus of Věstonice ― Faceless and "Visored", A Gem of the Mammoth-Hunters' Art, in Powdered Bone and Clay," *The Illustrated London News*, November 30, 1929, Vol.175, No.4728, London, pp.934 〜 938.

S.A.Vasilev, "Une Statuette d'argile Paleolithique de Sibérie du Sud," *L'Anthropologie*, Tome.89 (2), 1985, Paris, Masson, pp.193 〜 196.

68) J.Svoboda, "A New Male Burial from Dolní Věstonice," *Journal of Human Evolution*, 16, 1988, London, Academic Press, pp.827 〜 830.

Macmillan Dictionary of Archaeology, London, Macmillan Press, 1983, p.146.

横山祐之『芸術の起源を探る』（朝日新聞社）1992 年など。

69) G. チャイルド著，ねず・まさし訳『文明の起源』（上）（岩波書店）1969 年，p.149。

70) 注 58・64。

71) 注 60。

72) 浦部和順「加熱変化」，長沢敬之助「脱水」『粘土の事典』（朝倉書店）1985 年，pp.81 〜 83，pp.241 〜 242。

73) C. H. Desch, "The Metallurgical Applications of Physical Chemistry," *Journal of the Chemical Society*, Vol.123, Part I, 1923, London, J. van Voost, pp.280 〜 294.

74) G.Tammann und Q.A.Mansuri, "Zur Rekristallisation von Metallen und Salzen," *Zeitschrift für Anorganische und Allgemeine Chemie*, 126, 1923, Leipzig, Leopold Voss, pp.119 〜 128.
G.Tammann and Q. A. Mansuri, "The Recrystallisation of Metals and Salts," *Journal of the Chemical Society*, Vol.124, Part Ⅱ, 1923, London, J. van Voost, p.300.
論文では撹拌棒が停止する温度だけでなく，粒径による温度変化，電気抵抗が減少する温度，金属の構造変化が生じる温度などが詳細に示されている。
75) G.Tammann, "Die Temperatur des Beginns Innerer Diffusion in Kristallen," *Zeitschrift für Anorganische und Allgemeine Chemie*, 157, 1926, Leipzig, Leopold Voss, pp.321 〜 325.
76) 志田正二編『化学事典』(森北出版) 1981 年，p.749。
77) G.C.Kuczynski, "Self-Diffusion in Sintering of Metallic Particles," *Journal of Metals*, Vol.1, No.2, 1949, New York, American Institute of Mining and Metallurgical Engineers, pp.169 〜 178, Fig.3.
78) G.C.Kuczynski and P.F.Stablein, "Sintering in Multicomponent Systems," *Reactivity of Solids* (*Proceedings of the 4th International Symposium on the Reactivity of Solids*), 1961, Amsterdam, Elsevier, pp.91 〜 104, Figs.1・13.
79) 長坂克巳『やきものの話』(裳華房) 1990 年。
80) ダントルコール著，小林太市郎 訳注，佐藤雅彦 補注『中国陶瓷見聞録』(平凡社) 1979 年，p.77。
81) 注 80，pp.77・78。
82) Gisela M.A.Richter, *A Handbook of Greek Art*, London Phaidon Press,1967 (5th ed.), pp.305 〜 310.
M.S.Tite, M.Bimson, I.C.Freestone, "An Examination of the High Gloss Surface Finishes on Greek Attic and Roman Samian Wares," *Archaeometry*, Vol.24, No.2, 1982, Oxford, pp.117 〜 126.
83) A. ムアン・E.F. オスボン著，宗宮重行訳『製鉄製鋼における酸化物の相平衡』(技報堂出版) 1971 年，p.55，図 38。
84) 清水芳裕「素焼きの土器が固結する作用」『考古学論叢』(川越哲志先生退官記念論文集) 2005 年，pp.891 〜 902。

古代窯業技術の研究

第4章
装飾の技術

1 土器の装飾

　長い歴史をもつ製陶の技術において，世界各地の製品に共通して見られる変化がある。それは，容器としての機能を高めるための硬質の製品を作る技術の発達であり，また装飾の技術にともなう変化である。土器が出現して間もない時期には，刻線を加えたり粘土紐や小塊を添付する装飾が多く，色彩による装飾は少ない。つづいて，粘土を加工した化粧土を用いる方法や，焼成時の酸素濃度を変えることによって生じる，色調の変化を利用した技術などが発達し，さらにはベンガラや水銀朱などの顔料を塗布したり，漆に黒や赤の発色材料を混ぜて光沢をもたせた装飾などがあらわれる。

　これらは先史時代の土器に多く用いられた技術であるが，その後に登場するのが釉である。ガラスと同じ性質をもち，顔料を加えて発色させて製品を色彩で飾るとともに，器面をガラス膜で覆うことになるため，透水性を減少させる効果をも与えた。このように釉は外観を変えるとともに，機能の上でも重要な性質を加えるものとなり，土器と陶器を分類する上での大きな要素とされている。

(1) 胎土の発色

　焼成によって土器の色を変えることは，先史時代からさまざまな方法によっておこなわれている。多くの土器に見られる赤色や褐色の色は，加熱によって粘土に含まれる鉄の酸化が進んだ結果であるが，そのほかに，土器の全体あるいは一部が黒く発色した特徴的な製品が世界各地にあり，それらの技術については古くから関心がもたれて多くの指摘がなされている。

　フランクフォート（H.Frankfort）は，酸化焔焼成と還元焔焼成によって生じる鉄の色の変化，あるいは粘土中に炭化物が多く含まれている場合に黒色となる事例，などをあげて焼成との関係を検討した[1]。また，ペトリー（W.M.Flinders Petrie）は，エジプトのブラック・トップ土器（black-topped pottery）の黒色化させる技術を説明して，不完全な燃焼によって生じた粘土中の鉄酸化物の還元にもとづくものであるという可能性を指摘した[2]。この黒色についてルーカス（A.Lucas）は，加熱された状態の土器に有機質の木の葉や草のススが吸着された場合に黒色化する可能性，還元によって鉄

表11 中国新石器時代の土器の化学組成（注4，表2を一部改変）

資料		SiO$_2$	Al$_2$O$_3$	Fe$_2$O$_3$	TiO$_2$	CaO	MgO	K$_2$O	Na$_2$O	MnO	灼熱減量	計
1	紅陶	64.66	17.35	6.52	0.77	2.39	3.35	3.35	1.26	0.09	—	99.74
2	灰陶	65.23	16.16	5.38	0.91	2.77	1.61	3.52	2.20	0.12	2.33	100.23
3	彩陶	67.08	16.07	6.40	0.80	1.67	1.75	3.00	1.04	0.09	1.47	99.37
54A	紅陶	66.50	16.56	6.24	0.88	2.28	2.28	2.98	0.69	0.06	1.43	99.90
13	薄胎黒陶	61.11	18.26	4.89	0.81	2.70	1.34	1.55	2.42	0.11	6.97	100.16
46A	薄胎黒陶	63.57	15.20	5.99	0.92	2.65	2.43	2.77	1.62	0.07	5.39	100.61
15	紅陶	65.57	14.94	5.34	0.88	2.56	2.10	3.14	2.14	0.10	3.39	100.16
52B	灰陶	67.10	16.61	6.23	0.89	2.01	2.33	2.79	1.30	0.04	1.95	101.25
60C	紅陶	66.21	15.49	5.77	0.77	1.85	3.39	3.24	2.45	0.08	1.08	100.33

1～3：西安半坡，54A・52B：仰韶，13：山東両城鎮，46A：山東城子崖，15，60C：長安客省庄

が黒色に変化すること，などをあげているが，はっきりした解答は示していない[3]。

中国先史時代の黒陶の発色については，表11のような胎土の化学分析の結果によると，資料の13や46Aではとくに灼熱減量の数値が高く，炭素の吸着と関係していることがわかる[4]。日本の須恵器については，焼成の終わりに還元状態にした結果であることが広く理解されており，またギリシャの黒絵・赤絵の装飾については第3章第4節で触れたように，鉄分を多く含む粘土を用いて，酸化・還元・酸化の3回の焼成条件を変えながら，還元状態で粘土の焼結作用を進めることによって，赤色と黒色の発色を促した高度な焼成技術を駆使していることが，近年の研究によって明らかにされている[5]。

(2) 土器の彩色

土器や陶器の装飾には，焼成によって粘土自体の色を変化させることと並んで，化粧土やその他の材料を用いて器面を飾る方法もとられている。彩色に用いる着色剤には，一般に染料あるいは顔料と呼ばれるものがあるが，窯業製品の装飾に用いられるのは顔料である。染料の多くは植物などから得られる有機色素で，粒子は100万分の1mm以下ときわめて小さく，水や油に溶解する性質をもっている。考古資料では繊維や紙などの着色剤とされているものがそれにあたり，液体に溶けやすい染料の色素がこれらの材料に定着して発色させているのは，繊維との結合力の方が水との水和力よりも大きいという現象によっている[6]。粘土製品の着色においてはその作用があまり発揮されず，また天然染料は有機質であるため，高温で加熱する釉には利用できない。近年では化学合成によってさまざまな着色剤が作られ，顔料と染料の定義が不明瞭になってきているが，基本的に異なった性質をもっている。

顔料は液体に溶けない性質をもっているので，水，油，樹脂などを展色材として，その中に混合あるいは分散させた状態で塗布して用いる。天然の顔料としては，胡粉，

ベンガラ，黄土，辰砂，緑青，油煙などが知られており，また古代における展色材の代表的なものには漆や膠がある。したがって，土器の彩色に用いられる顔料は，水と混ぜて器面に付着させるほかに，漆や膠に混合して塗彩されたものがある。顔料には一般的に微細な粉末にするほど鮮明な発色が得られる性質があり，また一方では，展色材の化学的な性質によって色彩に変化が生じたり，発色を失うなどの現象がある。後者の具体的な事例としては，漆を展色材とした場合に本来の発色を失う顔料が多いことなどが知られている。

　顔料をガラス材料に加えて溶解して用いる場合には，基礎ガラスとなる成分や溶解温度との関係によって色調が変化し，これは釉においても同様である。銅を用いたときアルカリガラスと鉛ガラスでは発色が異なり，さらに複数の顔料が混在する場合にはもちろんのこと，加熱の程度や不純物の有無などによっても，発色に著しい違いが生まれる。古代に利用された着色顔料としては，鉄，銅，マンガン，コバルトなどの金属元素を含むものがよく知られているが，これらは元素の周期表の中で，第4周期のうち原子番号の20番台後半のある限られた範囲に集中している。このことが発色とどのような関係をもっているかについては，原子の質量を比重で割った値で示される原子容積の大小に依存するという，コリンス（E.Korinth）の説があるが，詳細はあまり明らかではないようである。

2 顔料の利用

(1) ベンガラと水銀朱

　福井県鳥浜貝塚で出土した縄文前期の土器の中には，黒漆や赤漆を使い分けて器面を彩色したものがあり，また北海道垣ノ島B遺跡で出土した縄文早期の赤色漆を塗った紐状の製品は，すでに漆の技術の完成された状態を示している。土器の彩色では，赤色にベンガラや朱を用いることが多く，陶器の釉において種々の色が作り出されるまでの代表的な顔料として知られている。

　ベンガラの成分は三酸化二鉄（Fe_2O_3）で，鉄酸化物のうち地表でもっとも多く存在する赤鉄鉱がおもな原料である。一方，水銀朱は硫化水銀（HgS）のことで天然には辰砂として存在しており，我が国ではこれを産する地域は偏在し決して多くないが，縄文時代に用いられている朱は，この辰砂を粉末にしたものと考えられている。水銀朱は水銀と硫黄とを加熱処理して化学的に製造する方法もあり，その製造法については，『天工開物』に紹介されている中国での例から部分的に知ることができる[7]。日本での水銀朱の製造に関しては，山崎一雄氏が「醍醐寺五重塔造営の10世紀ごろ果して人造品があったかどうかは明らかでないが，おそらく天然品であったと思われる。」「朱の人造法は室町時代の末期に傳来したと言われている。」と述べているように，人

造品は比較的新しい時代の技術によって作られたものである[8]。

　水銀朱はベンガラに比べて鮮やかな赤色を示すが，限られた地域でしか産しないために，古墳時代でもその使用は古墳の石室内に集中し，大部分の赤色にはベンガラが用いられている。法隆寺の壁画でも朱は輪郭の線や文様部分に限られ，ほかの多くの赤色部分にはベンガラと鉛丹が使用されている，という分析結果があり，この当時においても貴重であったことが推測できる[9]。ところがこのような希少な水銀朱も，縄文時代の土器や漆器の装飾の赤色顔料としてしばしば登場する。

　一般にベンガラと水銀朱の発色には，赤褐色と赤橙色という違いがあることはよく知られているが，色調は遺存する量や風化の差によっても異なることが多く，発色の違いによって両者を区分することは必ずしも容易でなく，また茶褐色の土器の器面に薄く塗布されているような場合においては，とくに識別が難しい。そのためこれらの顔料の材質を確認するのに，化学的な分析を用いることが古くからおこなわれている。比較的限られた地域でしか得られない水銀朱が，いつ頃から用いられはじめたかを明らかにすれば，技術や交易の一面を把握する手がかりにもなることから，この2種類の顔料を判別する研究には，とくに関心が強かったようである。

　■**大森貝塚の土器**　　大森貝塚を発掘したモース（Edward S.Morse）は，1879年に調査の報告書を *Shell Mounds of Omori* と題して，*Memoirs of the Science Department, University of Tokio, Japan. Volume I Part I*（『東京大学理学部紀要』第1巻第1号）に発表し，また矢田部良吉氏が口述し，寺内章明氏が筆記した和文版の『大森介墟古物編』が，同年12月に理学部会粹第1帙上冊として刊行された。

　それに先だって発掘をおこなった1877年には，モースは調査の概要を *Nature* の11月29日号で発表し，その中で土器に付着する赤色顔料の材質を，分析の結果から cinnabar つまり辰砂と具体的に記している[10]。また，上述の報告書の本文中および図版の解説においても，ferric oxide（酸化鉄）と，mercury sulphide（硫化水銀）とを明瞭に区分して記載している[11]。その序文には，化学分析をおこなってくれたジュウェット（F.F.Jewett）教授に対する謝辞が記されており，モースは分析方法には触れていないが，おそらく一般的な湿式法によって識別した結果であろう。なお，このジュウェットは，東京大学理学部が創設される直前の1877年1月に，東京開成学校の分析化学を担当するためにアメリカから招かれた，いわゆるお雇い教師であった。

　■**成分の識別**　　その後1902年に蒔田鎗次郎氏は，水銀朱が付着した土器や土偶などの遺物が出土する，関東地方の石器時代の遺跡として，大森貝塚，西ヶ原貝塚，小石川植物園貝塚，福田貝塚などをあげ，「上表に依て如何に其範囲の狭いかゞ分かりましょう。ソーシテ東京灣附近より利根沿岸の貝塚の一部に限られて居るのは餘程面白きことと思ふのです。まさか此の朱が湧き出るものではなし，何れかの方面から持て来たとせなければならない。」と述べ，限られた辰砂の産出地との関係などを論じ，さらに加えて，それらが水銀朱であることを確認する分析法を記している。

そこでは，ガラス管内の中央付近に試料をおき，これを外部から加熱するという方法を採っている。水銀朱であれば，亜硫酸ガスを発生しながら気化してガラス管内を流れ，両端の冷部で冷やされて蒸着し水銀膜を作るが，ベンガラではこのような変化は生じない，という熱に対する変化に注目して両者の識別をおこなった[12]。硫化水銀は約400℃の熱で硫黄の酸化物である二酸化硫黄（SO_2）と水銀とに分解し，さらに水銀は580℃程度の熱を受けると昇華して水銀蒸気となるが，温度の低いガラス管の両端部で再び固化して薄膜を作る，という性質を利用したものである。この方法は非常に簡便であるが，試料が少ないと水銀膜の確認が難しく，また気化した水銀や亜硫酸ガスは人体に有害であることなどから，今日の分析化学では水銀の検出法に用いていない。

田辺義一氏は1943年に，東日本の遺跡から出土する赤色に塗彩された縄文土器，土偶，骨角器，土製耳飾，石鏃などの顔料について，次のような分析をおこなっている。まず，乾式法によって加熱すると水銀朱の場合は分解飛散し，ベンガラでは赤色が増すことを調査した上で，湿式法による化学分析をおこなった。それは王水で顔料を溶解すると，水銀朱であれば塩化第二水銀（$HgCl_2$）が生成し，塩化第二スズ（$SnCl_2$）溶液を加えると黒色または灰色の金属水銀が遊離するが，一方ベンガラであれば，その溶液にフェロシアン化カリウム（$K_4[Fe(CN)_6]$）を加えると，フェロシアン化鉄（$KFe[Fe(CN)_6]$）の沈澱を生じて淡青色に発色をする，という化学反応で確認するものであった。

この結果にもとづいて，「酸化鉄が殆ど全地域にわたって使用されてゐるのに対し，朱は主に関東の方に集中し，北の方に磐城国新地（小川），及び陸前国の二，三箇処に点々と出土してゐるに過ぎない。」と述べ，縄文時代に用いられた2種類の赤色顔料に，地域差があるという認識を与える重要な指摘をした[13]。

今日ではこうした顔料を識別する簡便な方法として蛍光X線分析法があり，江本義理氏は，青森県是川遺跡や千葉県加曽利貝塚の縄文土器の赤色顔料を分析し，加曽利貝塚の安行Ⅰ式土器に水銀朱が用いられたものがあることを明らかにしている[14]。また筆者は同じ方法で，京都市北白川小倉町遺跡出土の北白川下層Ⅱ式の浅鉢に残る赤色顔料がベンガラであること，また和歌山県下尾井遺跡から出土した縄文後期中葉の注口土器と浅鉢に，水銀朱が塗布されていることなどを確認している（口絵図版7）[15]。

(2) 漆

■漆の同定　器物を接着するために利用された材料として，植物性の漆，鉱物性のアスファルト，動物性の膠などがあるが，漆や膠はそれと同時に，透明の液状であるため顔料を溶かして塗膜材としても用いられた。また縄文時代においてアスファルトが装飾や接着の目的で使用されていることも，古くから注意されていた。1897年

に佐藤傳蔵氏は，東北地方で出土する有茎石鏃や石匙の基部，あるいは土偶の折損部を接着した材料の中に，膠漆様物質があることを述べた[16]。それに対して佐藤初太郎氏は，熱すると溶けて強く加熱すると黒煙をあげて燃えて汚臭が強いことから，漆ではなくアスファルトに似たものであると指摘している[17]。

今日では，縄文時代のアスファルトの使用について，多くの事例が知られているが，そのうち青森県最花貝塚，岩手県門前貝塚，秋田県大畑台遺跡，宮城県南境貝塚など東北地方北部の遺跡から出土した，縄文中期の資料がもっとも古いものにあたり，漁撈具のヤス，骨鏃，鹿角製釣針などの基部に残存し，柄や釣糸との固着のために使用されている。また後期には，土器や土偶の破損部の補修に利用されているもののほか，岩手県浪板遺跡の土偶のように，両眼と口の部分に別の材質を装着したと考えられる，アスファルトの付着などの例がある。晩期にはその使用はさらに多くなり，青森県是川遺跡では，土器に入った状態のアスファルトが発見されている。また籃胎漆器の製作にあたって，漆を塗彩する前に籠の内外面にアスファルトを塗ったと思われるものもあるという[18]。

一方，膠と漆はそれ自体のもつ光沢が色彩効果を高める作用をもっており，器物を接着することと同時に，顔料を溶かす展色材としても用いられた。膠は動物の骨や皮に含まれるタンパク質のコラーゲンやゼラチンがおもな成分で，強い接着力をもつ透明あるいは半透明の物質であるが，これを彩色の材料として用いた確かな例は歴史的に新しく，奈良時代に見られるようになる。動物の皮を煮て膠をとる方法が天平6（734）年の年号をもつ「造佛所作物帳」などに記されており[19]，また分析から確かめたものとしては，正倉院宝物の中に，顔料を混ぜて膠彩色を施して油を塗った密陀絵がある[20]。

漆が土器の接着材として用いられているらしいという報告には，埼玉県寿能遺跡の例がある[21]。また漆が装飾の目的で顔料の展色材として用いられた例は，今日では北海道垣ノ島B遺跡出土の装身具など縄文早期までさかのぼるが，そのほかの遺物にも多用され，胎となる材料によって製品の名称を区分している。縄文時代から見られる竹で編んだ籠を胎とした籃胎漆器や，奈良時代頃から用いられた麻布を漆で張り重ねた乾漆（夾紵）などがそれにあたる。

縄文時代の漆の使用については，杉山寿栄男氏が昭和初期に，青森県是川遺跡の木製品，編物，土製品に漆の塗布されたものがあることをいくつか報告している。その中では「漆状の物質を塗布」という表現で述べているが[22]，その後，塗膜の薬品に対する変化がないことや燃焼時の香りなどから，漆の特性と比較して判別する試みもおこなっている[23]。ところが漆であることの確認は，化学的な分析をもってしてもなお判定が容易でなく，分析者たちを悩ませ続けた歴史がある。千葉県加茂遺跡や青森県亀ヶ岡遺跡の土器の塗膜の分析報告などにおいて，そのことを読み取ることができる。

漆は劣化による材質の変化が生じにくく，長い年月にわたって安定していると同時

に，比較的単純な化学組成をもつ有機物であるために，化学的な特性をとらえることが難しい性質をもっている。考古資料に用いられた漆の確認は，薬品に対する反応や化学分析による炭素と水素の比率から同定する試みから開始された。

　加茂遺跡から出土した縄文前期の土器の付着物について，田辺義一氏はアルコールやエーテルなどの溶媒やアルカリと酸に対する反応から，「漆の如きものが長年月の間に酸化重合したものと推定される。」と述べている[24]。また亀ヶ岡遺跡で出土した縄文土器の器面に施された塗膜が，漆であるかを確認するために依頼を受けて化学的な分析をおこなった松平順氏は，有機物が使用されている可能性を考慮して，ミクロ分析によって炭素と水素の比率から同定を試み，漆成分とは一致しないが「何か天然物の植物分泌物と考えるのはいかがなものであろうか。」と報告している[25]。このようにいずれも漆と断定することを避けて，慎重な表現で報告をおこなった。

　分析者たちが漆と明確に断定していないのは，漆の基本的な成分と比較すると，これらの試料においては炭素量が少なく，漆の精製の差によるものか，または別の有機物であるのかの判断が難しく，炭素と水素の簡単な化合物であるアスファルトの可能性も考えたからである。一連の塗料の分析の中で，亀ヶ岡遺跡の籃胎漆器の塗膜が，アスファルトのごときものに近いとされたことがあるのも，その同定が非常に難しい面をもっていたことによっている。つまり，漆が変質するさいに分子量の大きい新たな分子を生成する反応である重合によって，どのような化学組成になっていくかが明らかになっていなかったからである。

　近年では漆成分の検出に赤外線吸収分析を用い，さまざまな条件のもとに長時間おかれた資料の組成を調査して，経時変化を明らかにして比較する方法も採用されている。見城敏子氏によると，青森県是川遺跡出土の縄文晩期の土器に残されていた，光沢がやや少ない暗茶褐色のものと，光沢のある塊状物を分析した結果，前者は漆で後者はアスファルトであることが明らかになっている。さらに見城氏は，同遺跡の晩期の土器に見られる，外観上鮮やかな赤褐色の漆状塗彩物について，漆は含水量が少ないほど透明度が増して，加えられた顔料の色が鮮明に出る性質をもつことから，含水量を減少させる「くろめ」の技術が用いられていると推測している。一方，北海道鮎川洞穴から出土した縄文晩期の土偶には玉髄が嵌入されているが，それを接着している光沢のあるタール状の物質は，アスファルトであると結論づけた[26]。

　このほかに，福井県鳥浜貝塚の北白川下層Ⅱbおよび Ⅱc式の土器の塗彩物が漆であること，などが明らかになっている[27]。また，埼玉県寿能遺跡や秋田県中山遺跡などには，縄文後・晩期の土器が漆液の容器として使用されている例がある。これらの中に，生漆のくろめ作業に用いられたもの，あるいは植物繊維を混ぜて加熱して，粘度を高める作業をおこなったものなどを推測させるものもあるという[28]。さらに金沢市米泉(よないずみ)遺跡では，縄文後期と晩期の土器に漆を用いて塗彩されたものが多数出土し，その一部には漆の貯蔵に用いられた痕跡を残す土器の破片もいくつかあること[29]，赤

色の漆の顔料としては，水銀朱とベンガラの両者が用いられていることなどが報告されている[30]。

■**漆の発色**　漆を利用して装飾をする技術は，さまざまな形で縄文時代から存在したことが明らかになっているが，土器の塗彩に用いられたものに限らず，古代の漆塗膜の色調は赤と黒で，縄文時代の黒色の漆には，植物に由来する炭化物つまりススや油煙が用いられている[31]。黒色の漆層が確認されている秋田県中山遺跡の木胎漆器片では，木地の上にまず炭粉漆を塗り，ついで漆，ベンガラ漆の順に塗布されていることが明らかになっている。一方，赤色の漆の顔料としては，水銀朱とベンガラがあり，金沢市米泉遺跡で出土した縄文後期と晩期の土器に塗彩された漆の顔料には，両者が用いられている。さらにこれらの土器44点（後期：15点，晩期：29点）のうち，黒色は少数で赤色の漆を塗彩した土器の方が多く，また水銀朱とベンガラの両者を用いた赤色の漆では，下塗りにベンガラ，上塗りに水銀朱が用いられているという[32]。

このような赤色顔料を加えて着色した漆を「朱漆」と呼ぶことがあるが，そのほかに奈良時代に用いられた用語として「赤漆」がある。これは器物に赤色の顔料を塗彩して，その上に透明の漆をかけたものを指し，朱漆とは異なった技法である。小林行雄氏はこの両者の用語に関して，「漆に掃墨をまぜて黒色の墨漆を作るように，漆に朱砂をまぜれば朱色の朱漆を作ることができる。中国では朱漆が漢以前からさかんに使用されていたから，日本で縄文式時代に朱漆の実例が見られるとしても，さほど不思議なことではないといえよう。しかし，その朱漆が，古墳時代から奈良時代につづいて，日本ではほとんど使用された形跡がないということは，大いに注目すべき事実である。そういう観点からいえば，さきにあげた大阪府阿武山古墳の夾紵棺が，内面は朱漆を塗ったものであると報告されていることにも，一抹の不安が残るのである。そういえば，天武天皇の棺も朱漆と記録されているが，それについては，はやく黒川真頼の「日本漆器種類」（黒川真頼全集第3，明治43年）によって，事実は赤漆ではないかという疑問が提出されている。」という指摘をしている[33]。

近世以前の大部分の漆の色彩が黒と赤に限定されているのは，顔料を漆に混合した場合，膠や油に加えたときとは大きく異なる性質をもっているからである。これについては，北村大通氏らが顔料の発色と漆や膠などの塗料との関係を実験的な方法によって明らかにしている（表12）。それによると，「漆に混じて色をよく出し得るものは，僅か

表12　塗料に対する顔料の発色（注34, p.79）

顔料	塗料	
	漆	膠
朱砂	朱色	朱色
銀朱	朱色	朱色
鉛丹	黒色	黄赤色
赤土	黒褐色	赤色
石黄	黄色	黄色
藤黄	殆んど発色せず	淡黄色
黄土	黒色	黄褐色
岩緑青	黒色	緑色
岩紺青	黒色	青色
金密陀	黒色	黄褐色
石灰	黒色	白色
白土	黒色	白色
鉛白	黒色	白色
石膏	黒色	白色
銀密陀	黒色	黄白色
石黄と藍	緑色	緑色

に朱砂，銀朱，石黄，及び石黄と藍との混合の緑の4種である。」，「また，膠に顔料を練り合わせた場合は，更によく発色して，即ち殆どすべての顔料が，変色されずに，そのま〻発色することを確かめることが出来たのである。」，「即ち古代の，漆塗の様なもので，もし朱色又はその他の黄赤色のものがあれば，それは朱漆を用いたか，もしくは鉛丹に油を混じて用いたかのどちらかである。また，上古の白色顔料は，どれを用いても，漆と混じた場合には黒くなってしまって，白くは発色しない。従って，古い漆器の様なもので，もし白色が使ってあれば，それは漆塗でなくて，油画又は油色であることが明らかである。なお，藤黄，黄土，紺青，緑青，金密陀，銀密陀も，すべて漆では黒色になってしまって，殆ど全く発色しない。」という[34]。

この実験によって，常光のもとで膠を用いた場合には，ほとんどの顔料が変色せずに発色するが，これに対して，漆を用いた場合には顔料本来の発色は朱砂，銀朱，石黄，および石黄と藍の混合物の4種に限られることを確かめている。ここでいう朱砂は天然硫化水銀，銀朱は人造硫化水銀のことで，いずれも水銀朱の赤色と同一のものである。また，石黄は砒素の硫化鉱物，藍は東南アジアや熱帯地方で栽培されたインディゴを主成分とする植物性の染料で，日本で栽培されるのは江戸時代頃からであるので，古代の日本において，これらを混合した緑の顔料が存在したとは考えられない。したがって，古代の漆に用いられた黒色の顔料として確認されている炭粉あるいはススは，ここで実験に供されていないが，それが加わったとしても，漆の顔料の発色は赤と黒の2種ということになるわけである。

漆を用いて赤と黒以外の発色をさせるには，一般的な無機顔料とは異なった性質のものを使用することが必要になる。それは1908年に三山喜三郎氏によって，レーキ顔料つまり金属塩の白色顔料を，水溶性の染料で着色して作った顔料の製造が開発されてはじめて可能になり，橙，青，紫などの発色が漆を用いて自由に得られるようになった。

3 ガラスと釉

(1) ガラスと釉の関係

窯業製品の長い歴史の中で，画期的な技術として登場したのが釉の製作である。成分はガラスにほかならず，器面をその塗膜で覆って透水性をなくすことと，着色剤を加えて器面を飾ることに応用されて，陶器の機能と質を飛躍的に高めることになった。ガラスと釉は歴史の上でどのような発達の過程をたどったか，詳細は明らかではないが，エジプトのファイアンスや日本の灰釉陶器ではアルカリ釉，唐三彩や奈良三彩あるいは緑釉陶器では鉛釉であるように，大きく2種類の性質をもって発達した。

ガラスと釉は基本的な組成が共通しており，両者の歴史的な変遷過程や製造技術に

ついては，深い関係をもったものとして考察されてきた。とくに中国のガラスと釉について，古谷清氏は「支那に硝子の輸入及其の製法の解せられたるの結果，陶磁器に釉薬を施すの技術をも考案せしものと思へば，此點に関しては工業史上見逃す可からざる所なり。」と両者の関係を指摘している[35]。

また中尾万三氏は，ガラスと釉の化学成分を取り上げて，技術上の系譜を考察した。「現今「漢陶」並に「唐三彩」と称せられる低火度釉の「陶器の釉」と，瑠璃即ち硝子とは其成分に於て頗る近似したものである。故に隋書何稠の傳に於て，緑瓷より瑠璃の製造を想ひ付いたと記されて居ても，此は虚妄の事を記すもので無い事を認め得られる。則ち瑠璃の製造される時代に於て瑠璃釉のものが有る事は，又想像し得る所である。」としてガラスと釉の製作に，歴史的な関連があったことを予測した。そしてその確証を得るべく，橘 瑞超（たちばなずいちょう）氏が西域の遺跡で採集したガラス片と陶片の釉を分析し，成分の上から，両者はともにアルカリ成分に富んだガラスであり，きわめて近似する組成であることを確認して，ガラスと釉の技術的な関係を認めている[36]。さらにそれらの技術の淵源を求めて，同様の観点から，西域のガラス片の分析結果と，エジプトのファイアンス，中国の版瓦，ペルシャの壺などの釉の成分との比較もおこなった[37]。

(2) ファイアンスの技術

古代のエジプトおよびメソポタミア地域で作られた非粘土製の製品として，ファイアンスがある。微細に粉砕された珪石を材料として成形した胎と，それを覆って装飾に用いた青色の釉とからなり，エジプト王朝期の資料が代表的なものとして知られている。先王朝期には，滑石の一種である凍石（steatite）と呼ばれる軟質の石を胎として成形し，その上に釉を施した製品が作られている（図24）[38]。これは，製品の多くが青色系の釉である点から，ラピス・ラズリ（lapis lazuli）などのエジプトに産しない美しい石を，人工的に作る1つの手段であったろうと考えられている。こうした石を胎とした製品の最古の段階は不明な点が多いが，少なくともバダリ期（紀元前5千年紀後半）には出現した証拠がある[39]。

また粉末の珪石にガラス状の塗膜が施された製品は，それより遅れてアムラー期（紀元前4千年紀）に出現し，ナカダ（Naqada）の墓の副葬品のビーズなどの例があり，この材質で作られた製品が，一般的にファイアンスと呼ばれているものになった。珪石の細粉を材料にして固めたものであるため，珪酸の含有率がきわめて高く，94％から99％に達するが，この白色の胎に施釉

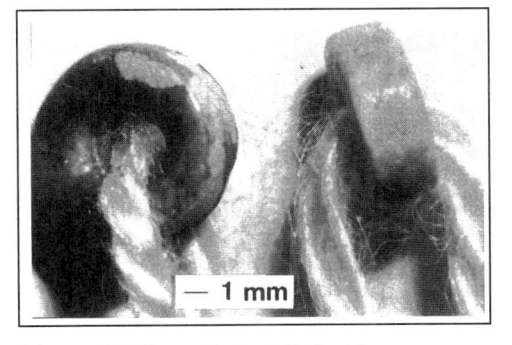

図24　凍石製ファイアンスのビーズ
エジプト先王朝期（注38, Fig.1）

した製品は，副葬用のウシャブティ（ushabti）や動物像などとして多数のものが作られている。エジプト第3王朝のジェセル王の階段ピラミッドに附属する建造物の壁を飾ったファイアンス製のタイルは，建築に用いられた著名な資料である（口絵図版4）。

このような石の粉末に施釉する技術がある中で，粘土に施釉した陶器が出現しないことには，さまざまな理由が考えられるが，その1つとして，ファイアンスの塗膜の材質が，ナトリウムを中心とするアルカリガラスと同様の成分であることと関係している可能性がある。アルカリガラスと粘土との膨張率の差は，珪石との差よりも大きいため，粘土に施釉した場合には亀裂が生じやすいという性質をもち，その点が陶器への技術の拡大を妨げたとも考えられる。

(3) エジプト・西アジアのガラス

■**ガラスの出現**　西アジアでガラス製品のもっとも古い例としては，フランクフォートによって発見された，イラクのテル・アスマルのアッカド期の年代のガラス製の円筒印章や，エリドゥ（Eridu）出土のウル第3王朝期の青色ガラス塊などが知られており，これらの年代は，紀元前3千年紀後半にあたる。それ以前の資料として報告されているものもあるが，多くは年代に疑問がもたれている。

一方，少なくとも紀元前2千年紀中頃までさかのぼる資料として，いくつか確認されているものがある。その1つは，イラクのテル・アル・リマー（Tell al-Rimah）の紀元前2千年紀中頃の坏の破片である[40]。またウーリー（L.Woolley）によって調査された，トルコ南部のアララク（Alalakh）の第Ⅵ層（紀元前1500年代前半）から第Ⅱ層（紀元前1300年代後半）で出土した，壺形容器や器形不明の破片など総数13点が報告されている。そのほかに，イラクのアシュール（Assur）の第37号地下墓から出土した坏や壺の資料があり，それについてハーラー（A.Haller）は，紀元前2000年代中葉の年代と考えているが，それよりやや新しいという意見もある[41]。

またエジプトでは，ルーカスが「どの時期にガラス製品がエジプトで作られ始めたかについては確かでない。」と述べているように，編年上の位置づけが不明確なものが多い[42]。具体的な発言としては次のような指摘がある。コーネイ（J.D.Cooney）は「エジプトに散見する第18王朝以前のものと主張されているガラスは，2つに分類される。その一方は年代が誤ったもので，実際には新王国時代よりもはるかに新しい時代の資料であり，また別の事例は，ガラスに違いなく年代も古いものであったとしても，ファイアンスを作ろうとして，加熱しすぎたためにガラス化したものである。」と述べている[43]。このように，年代の上から疑問視されているものや，ファイアンスとの関係が不明なものも多く，ガラスの出現についての確かな情報はきわめて希薄である。

第18王朝の時期になると，明瞭なガラス製作に関する証拠として，テル・エル・アマルナのガラス溶解遺構，トトメスⅢ世（ThotmesⅢ）の名を記したガラス器，ツタンカーメンの墓の出土品などがある。このように，新王国時代になると容器やビー

ズあるいは器具の製品が見られるようになり，エジプトにおけるガラスの技術は定着したことを示している。しかし，たとえばツタンカーメンの墓から出土した資料のうち，部分的にでもガラスを用いたものを含めても少量で，その多くは象眼やモザイクのような形でガラスを用いたもので占められ，容器は数点にすぎないなど使用頻度はそれほど高いとはいえない[44]。

■**テル・エル・アマルナのガラス溶解容器**　そのような中で，第18王朝期のエジプトにおけるガラス技術の一端を具体的に示す遺物が，ペトリーによって調査されたテル・エル・アマルナで発見されている。それは土製の容器で，ペトリーはガラスを溶解するために用いたものとして次の3種類に区分し，またその用途を解説している[45]。

(1) 直径10インチで3インチの深さをもち，原料をフリットにする浅い皿状の容器。
(2) 外形が直径7インチで5インチの深さの円筒形の容器。
(3) 直径および深さが約2～3インチで，フリットからガラスを製作するための溶解用の坩堝。

図25は，皿状の容器と円筒形の容器を用いて，ガラス原料を溶解する過程がどのようにおこなわれたかを復元したもので，ペトリーは，(2) の円筒形の深鉢を口縁部を下にして並べ，その上においた皿状の浅鉢にガラスの調合原料を入れて，炉の中で溶解したと考えた。それは，円筒形容器の外面に底部から口縁部に向かって，ガラスが流れ落ちた痕跡を示す証拠があったからである。また，(1) の皿状の浅鉢の内部には，溶解したフリット状の塊が付着しており，本溶融ではなくフリットの製作に用いられたと推定した。

しかし，ペトリーがこのフリットから最終的にガラス製品を作るさいに用いたと考えた，(3) の小型の坩堝については不明な点が多い。それは，注45の報告書の図版XIII-40に示したガラス塊の外形から，溶解した容器の大きさと形状を復元したことを記述しているが，坩堝自体が発見されたことは明らかにしていないからである。したがって，円筒形の容器がはじめのフリットの製作のさいには浅鉢の支脚として，次にガラスの本溶融のさいには坩堝として，使用されたとも考えられている。

テル・エル・アマルナで発見されたこれらの資料は，のちにターナー (W.E.S.Turner)

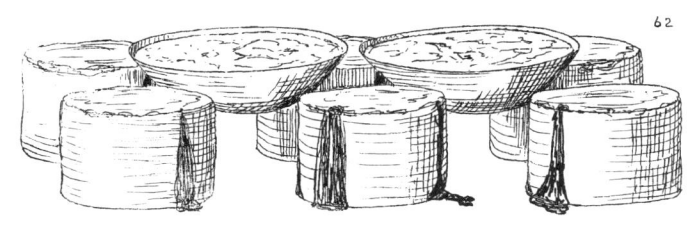

図25　ペトリーによるガラス溶解の復元（注45, Pl.XIII-62）
テル・エル・アマルナ，エジプト第18王朝

表13 土製容器に付着したガラスの成分 (%)
(注46, Table I)
テル・エル・アマルナ, エジプト第18王朝

SiO_2	62.60	CaO	12.15
Al_2O_3	1.52	MgO	4.88
TiO_2	trace	Na_2O	17.20
Fe_2O_3	0.64	K_2O	trace
Mn_2O_3	0.20	SO_3	0.43
CuO	0.65		

図26 近年発見されたテル・エル・アマルナの炉
(注47, Fig.1)

によって分析がおこなわれ，土器の破片に付着した青色ガラスは，表13に示すような成分からアルカリを多く含むガラスであること，また土製容器の資料は1150～1200℃の加熱によって黒色の流体状に変化することから，これらの容器で作られたガラスは，それ以下の比較的低い温度で溶解された可能性が高いこと，などが明らかにされている[46]。

ペトリーによる，ガラス製造に関する遺構や遺物についての報告は，若干の不明瞭な部分を残しながらも，エジプト第18王朝の時期のガラス技術に関する基礎的な資料として，長く受け入れられてきた。また，この遺跡は1992年からジャクソン (C.M.Jackson) たちによって再び発掘調査がおこなわれ，1994年には煉瓦で構築された，内径が約1.5mの炉が2基発見されている (図26)。この時期のガラスの溶解炉としてはきわめて大規模であるため，金属加工の炉の可能性も指摘されたが，煉瓦や遺構の周囲にガラス屑が残存していることから，ガラス製造用の炉であると判断されている。しかし，このような大規模な遺構が，どの工程でどのように利用されたものであるのかなど，具体的な点については多くの意見がある[47]。

(4) 古代ガラスの成分

■エジプト第18王朝期のガラス　　エジプトでは，第18王朝の時期にガラスの技術はほぼ完成したと考えられているが，その前半の時期にあたるテーベとゴルブ・メディネド (Gorub Medined)，および後半の時期にあたるテル・エル・アマルナのガラスの成分を示したのが表14である。これらの資料にもとづいて，ターナーは，この時代のガラス技術に関して以下のような一般的な特徴をあげている[48]。

(1) 珪酸の含有率は，NK8のように約51%という低いものもあるが，全体に60～68%程度である。70%を越える今日のアルカリガラスのような成分のものは見られない。

(2) 全体にナトリウム，カリウム，石灰などのアルカリ成分が高い含有率を占めるという特徴があり，0.47%の酸化鉛を含むNK5のような資料は少ない。したがって，大部分がアルカリを多量に含むガラスである。

表14　エジプト第18王朝期のガラスの組成（%）（注48, Table I）

遺跡	テーベ, ゴルブ・メディネド (B.C.1500頃)			テル・エル・アマルナ (B.C.1370〜1350)							
資料	青　色 NK/72, 73, 95〜98			青・緑・黄 NK/1・2, 4〜7, 9			赤 NK/8	無色 NK/10	無色 NK/11	黄 NK/12	青 T
			（平均）			（平均）					
SiO_2	62.48	〜 67.8	65.1	59.55	〜 64.06	62.19	51.35	63.86	63.22	65.93	62.60
Al_2O_3	1.56	〜 4.38	3.0	0.75	〜 3.00	1.55	0.90	0.65	1.04	1.33	1.52
TiO_2	—		—	—		—	—	—	—	—	tr
Fe_2O_3	0.92	〜 1.88	1.33	0.44	〜 0.96	0.66	0.75	0.67	0.54	0.80	0.64
CaO	3.80	〜 8.87	6.48	7.00	〜 10.60	9.34	8.40	7.86	9.13	9.06	12.15
MgO	2.30	〜 5.49	3.84	3.05	〜 5.14	4.21	2.54	4.18	5.20	3.72	4.88
Na_2O	10.12	〜 17.80	14.27	14.86	〜 19.29	17.61	17.22	22.66	20.63	17.97	17.20
K_2O	1.82	〜 2.34	2.08	1.58	〜 7.36	3.44	1.86	0.80	0.41	0.64	tr
MnO	0.54	〜 2.64	1.26	0.32	〜 0.89	0.56	—	tr	—	—	0.20
CuO	0.46	〜 2.72	1.41	0.20	〜 2.00	0.69	—	—	—	0.75	0.65
Cu_2O	—		—	—		—	12.02	—	—	—	—
SnO_2	—	0.51	0.43	0.47			—	—	—	—	—
SO_3	0.75	〜 1.51	—	0.72	〜 1.21	0.82	5.46	—	—	—	0.43

緑色のNK5の資料は0.47%の酸化鉛（PbO）を含む。
NK：B.Neumann, F.Kotygaによる分析，T：W.E.S.Turnerによる分析

（3）　鉛を含むガラスの具体的な例としては，分析された古代ガラスの約300点のうち38点を占めるにすぎない。また，それらには0.5%以上の酸化鉛が加わったものが含まれ，3点はバリウムの酸化物を含む資料である。

■西アジアのガラス　　表15に示したのは，西アジアのガラスの成分について明らかにされている資料の一部で，ノイマン（B.Neumann）によって分析されたニップール（Nippur）のベール神殿跡から出土した青色ガラス2点，ターナーの分析による，ニムルド（Nimrud）の西北宮殿出土の資料，およびプレンダーライス（H.J.Plenderleith）が分析した，同じニムルドの「焼失宮殿」と呼ばれている遺構から出土したガラスの成分である[49]。

資料の1・2は，ペンシルバニア大学が1888〜1896年に調査した，ベール神殿跡から出土した青色ガラスで，共伴したラピス・ラズリの製品にカッシート期の王の銘が記されていることから，紀元前1400〜1300年のものと考えられている。また3〜9は，1952年のマロワン（M.E.L.Mallowan）によるニムルドの調査で出土した，紀元前7世紀代のガラスである。

これらのガラス資料の成分の特徴について，ターナーはエジプトの第18王朝期の資料と比較して，年代が大きく異なるニムルドのガラスも，おもにナトリウムや石灰を多く含み，両者の間で明瞭に区分されるべき特徴はなく，酸化鉄などを含む砂に植物の灰を加えた材料を溶解したものと考えられるという[50]。しかし資料8のような比較的多量の酸化鉛を含むガラスが見られることや，表14に示したエジプトの資料と比較してみると，全体に珪酸の含有率が高く，アルカリの含有率は低いという傾向を

第4章　装飾の技術

表15 バビロニア，アッシリアのガラス組成（%）（注49）

資料 成分	ニップール 1	ニップール 2	ニムルド 3	ニムルド 4	ニムルド 5	ニムルド 6	ニムルド 7	ニムルド 8	ニムルド 9
SiO_2	65.03	64.41	67.92	68.00	71.54	84.00	62.60	39.50	59.40
Fe_2O_3	0.97	1.36	0.49		0.91	1.27	0.27	4.35	3.69
Al_2O_3	2.13	1.52	1.79	2.48	0.48	1.66	0.38		
TiO_2	—	—			0.19	0.25	n.d.	—	—
P_2O_5	—	—	0.30	n.d.	0.11	n.d.	0.15	—	—
CaO	5.65	6.19	8.20	8.28	4.82	0.75	5.68	4.40	9.09
MgO	2.52	5.59	4.34	4.20	3.07	0.27	5.31	—	2.65
Na_2O	17.37	13.98	14.72	14.02	12.70	1.38	16.54	9.71	14.50
K_2O	1.68	2.37	1.89	2.70	0.88	tr	2.91	1.91	1.08
MnO	0.65	—	n.d.	n.d.	0.025	0.07	n.d.	—	—
CuO	1.94	2.60	—	—	—	—	2.61	—	5.35
Cu_2O	—	—	—	—	—	—	—	13.58	—
PbO	0.19	—	—	—	—	—	—	22.80	—
SnO_2	—	0.32	—	—	—	—	—	0.32	0.44
Sb_2O_3	—	—	—	—	—	—	—	4.07	4.18
Sb_4O_6	—	—	n.d.	n.d.	0.25	tr	n.d.	—	—
SO_3	1.70	1.28	0.75	n.d.	0.99	n.d.	1.20	—	—

1・2：ペンシルバニア大学の1888〜1896年の調査による，ニップールのベール神殿跡から出土した青色ガラス。共伴したラピス・ラズリ製品にカッシート期の王の銘が記されていることからB.C.1400〜1300年代と考えられている。
3〜9：1952年のマロワンによるニムルドの調査で出土した資料
　3：西北宮殿出土の杯の破片（B.C.700〜630）
　4：3と同一資料
　5：西北宮殿出土の杯の破片（B.C.700〜630）
　6：5の資料の風化層の部分
　7：西北宮殿出土の青色ガラス円盤（B.C.715頃）
　8：焼失宮殿出土の赤色ガラス塊
　9：焼失宮殿出土の青緑色ガラス片

読み取ることもできる。それが年代の経過にともなう技術の高まりをあらわしているのか，興味深い点である。

　ただし，珪酸の含有率がきわだって高いニムルドの資料6は，資料5の風化層の部分であると注記されている。つまり風化によってアルカリ成分が溶脱されて減少した可能性が高く，このような現象によって相対的に珪酸の比率が高まったものがあるのかもしれない，という点には留意する必要がある。

　また近年おこなわれた分析によると，イラクのヌジ（Nuzi）出土の，紀元前15世紀後半あるいは14世紀初めと推定されているガラスについて，表16に示すような結果がある[51]。それらはX線マイクロアナライザーによって分析されており，分析の方法と求めた成分の種類が若干異なるため，厳密な比較はできないが，珪酸とアル

表16 ヌジの代表的なガラスの成分（%）（注51, Table I）

	黒色ガラス 30-2-414	青色不透明ガラス 30-2-7-1	青色透明ガラス M79/1
SiO_2	69.71 (68.71〜72.10)	71.41 (70.27〜72.47)	69.95 (67.51〜70.95)
Al_2O_3	1.45 (1.51〜1.65)	0.58 (0.51〜0.65)	0.62 (0.53〜0.72)
Na_2O	15.50 (15.49〜15.99)	10.40 (7.74〜12.08)	15.08 (14.03〜15.28)
K_2O	2.34 (2.0〜2.50)	1.31 (1.16〜1.60)	2.32 (2.34〜2.46)
CaO	3.42 (2.92〜3.76)	4.82 (4.56〜5.29)	3.22 (3.13〜3.40)
MgO	3.82 (3.71〜3.76)	2.90 (2.82〜2.97)	6.11 (6.09〜6.22)
Cu_2O			
CuO	0.01 (0.00〜0.05)	2.13 (2.05〜2.20)	1.63 (1.51〜1.72)
TiO_2	0.38 (0.12〜0.83)	0.00 (0.00)	0.00 (0.00)
Fe_2O_3	0.88 (0.82〜0.94)	0.33 (0.30〜0.36)	0.35 (0.30〜0.37)
Sb_2O_5	0.00 (0.00)	1.55 (0.56〜2.73)	0.00 (0.00)
PbO	0.02 (0.01〜0.03)	0.05 (0.00〜0.03)	0.00 (0.00〜0.01)
Total	97.62 (97.13〜98.85)	96.12 (95.39〜97.43)	99.28 (97.99〜99.57)

	赤色不透明ガラス 30-2-414	黄色不透明ガラス 30-2-414	白色不透明ガラス H12-13
SiO_2	63.50 (62.20〜67.62)	63.60 (62.33〜64.51)	68.36 (68.26〜69.66)
Al_2O_3	1.63 (1.38〜1.82)	1.35 (1.25〜1.45)	0.55 (0.53〜0.58)
Na_2O	15.04 (14.79〜15.14)	14.55 (14.38〜14.95)	13.21 (12.64〜13.75)
K_2O	4.15 (4.07〜4.19)	4.17 (4.15〜4.19)	2.75 (2.66〜2.92)
CaO	5.60 (5.68〜5.72)	5.48 (5.44〜5.50)	8.42 (7.79〜8.56)
MgO	3.61 (3.57〜3.63)	3.48 (3.41〜3.56)	4.55 (4.38〜4.92)
Cu_2O	3.58 (3.37〜3.82)		
CuO		0.09 (0.08〜0.10)	0.14 (0.11〜0.17)
TiO_2	0.16 (0.15〜0.17)	0.00 (0.00)	0.00 (0.00)
Fe_2O_3	3.32 (3.37〜3.82)	0.96 (0.80〜1.04)	0.22 (0.20〜0.25)
Sb_2O_5	0.00 (0.00)	1.95 (1.75〜2.06)	2.05 (1.90〜2.68)
PbO	0.40 (0.40〜0.45)	4.35 (4.20〜4.53)	0.00 (0.00〜0.02)
Total	100.99 (99.32〜101.59)	99.98 (97.83〜100.70)	100.25 (99.46〜100.88)

カリの含有率の特徴は，これに近い年代にあたる表15の中の，ニップールのガラスの成分と類似している。それは，この時代のガラスの製作技術が徐々に定着しつつあることを示しているのかもしれない。

■**古代ガラスの特徴**　断片的な資料からであるが，エジプトと西アジアのガラスを比較すると成分に若干の差が認められるものの，そこには古代ガラス独自の共通した特徴を見出すことができる。まず，初期のガラス製品では珪酸の含有率が低く，アルカリ成分の含有率が高く，それは溶解技術に関係する要素とみなされている。珪酸

の含有率が高すぎると粘性が強く，成形には高い溶融温度を必要とするため技術的に難しく，そのために多くの資料では，ナトリウムやカルシウムのような，アルカリ成分の含有率を高める調合をおこなっている。しかしその反面，アルカリを多く含む珪酸体は，水と反応して風化しやすくなる性質があり，製品の劣化をもたらす原因になる。したがって，古代ガラスにおいては，過剰にナトリウムを含む小片の資料は風化によって消失し，適度なアルカリ含有率の組成をもったガラスだけが現存している可能性もある，ということを念頭においた上で，ガラスが出現する時期や技術を検討する必要があるという意見もある[52]。

(5) 粘土板文書に見える釉とガラスの技術

■**タール・ウマールの粘土板**　ガラスと釉の出現時期や両者の技術の関係には不明な点が多いが，それらの情報の一端を教えてくれるものとして期待された資料の1つに，陶器の釉を製作する技術を具体的に記した古代の粘土板文書がある。大英博物館に所蔵されている，3.25×2.06インチ（約8.3×5.2cm）の大きさの焼成された粘土板で，表面に21行，裏面に22行の楔形文字が記されている（図27）。イラクのバグダッドの南方タール・ウマール（Tall´Umar）で発見されたと伝えられている資料で，年代は古バビロン中期のグルキシャール（Gulkishar）王の時代（紀元前18〜17世紀）とされている。

解読したガット（C.J.Gadd）とトムソン（R.C.Thompson）によって，これに記された単色釉であるズクーガラスに銅，鉛，硝石，石灰を加えて作る鉛釉の製法や，調合する材料の量にいたるまでの内容が詳しく紹介されている。そこには，陶器の原料となる粘土を酢と銅の混合液に浸して着色させる胎土の加工法なども含まれており，この時期の鉛釉や陶器の製法に関する技術を具体的に示す資料として注目された[53]。

釉の調合を示す部分には，「ズクーガラス（zuku-glass）1ミナ（mina）に，10シェケル（shekel）の鉛，15シェケルの銅，半（1/2シェケルの）硝石，半（1/2シェケルの）石灰，それを炉に入れよ。」などの表現が，また「原料の粘土を3日間酢と銅の混合液に浸す。」という素地の製法の記載などもある。そして最後に，「バビロニアの人，マルドゥク（Marduk）の僧侶，ウッシュル・アン・マルドゥク（Ussuran-Marduk）の息子，リバリット・マルドゥクのもの（Property of Liballit-Marduk）。グルキシャー

図27　タール・ウマールの粘土板（注53, Pl. IV）

ル王の後の年（year after Gulkishar the king），テベットの月の第24日。」と，粘土板の作者およびこれを記した年月日が加えられている[54]。

それにしたがえば，粘土板は紀元前18～17世紀にかけて，バビロニア南部を支配したバビロン中期のグルキシャール王の時代にあたり，釉の製法に関する最古の記録として，また鉛釉および鉛ガラスの起源や技術の検討に新しい視点を与えるテキストとして，重要な資料といえる。

しかし，オッペンハイム（A.Leo.Oppenheim）はこの文書の年代について，固有名詞の出現の歴史的な系譜や慣用句の用い方などの，文献学的な用語の検討から，年代は紀元前14～12世紀にあたるという見解を示している[55]。また，この粘土板は発掘による出土品ではなく古物商からの購入品であることから，資料自体の信憑性を問題とする意見もある。

■ニネヴェの粘土板　　一方，ガラスに関する非常に精緻な製作工程を記した粘土板文書が，アッシリア帝国の末期にあたる紀元前7世紀に，アシュール・バニ・パル（Ashur-bani-pal）王が都をおいた，ニネヴェ（Nineveh）で出土している。記載されている内容の多くが，ガラス製作の処方を示すもので，原料として砂，ザリコルニア（salicornia）の灰で作られたアルカリ，硝石，石灰などがあげられている。ターナーによるとザリコルニアとは，砂漠や塩分の多い土壌に生える植物「アカザ」の一種という。

溶解炉の構築の方法にはじまり，砂とアルカリの灰とエゴの木の液を溶解炉で加熱して透明なフリットを作り，それを用いてズクーガラスを製作する工程，さらにそのズクーガラスを溶解して，銅や鉄の酸化物を用いて青色や褐色のガラスを製作する方法，青色のフリットやマンガンを材料とした紫色のガラスの製作法などが，順を追って記されている。つまり砂や植物の灰あるいは炭酸ナトリウムを主成分とするナトロンなどを原料として，着色剤には銅，鉄，マンガン，アンチモン，金，錫の酸化物などを用いていたことを示している[56]。しかし，メソポタミア地方でこの時代に金を含むガラスが発見された確かな証拠は明らかでないなど，このテキストの記載は当時の技術を具体的に検討する上で，不明な部分も多く残している。

（6）バビロンの彩釉煉瓦

エジプト第18王朝の時期のガラス製品や，テル・エル・アマルナで出土したガラスの溶解に用いた容器や遺構，あるいは西アジアのニップールやヌジなどから出土した資料によって，紀元前2千年紀中頃のガラスの製作技術に関する証拠が，徐々に明らかになってきた。また紀元前7世紀代になると，アッシリア帝国のニムルドの焼失宮殿から出土した資料に，銅を着色剤として用いて還元状態の加熱で作った赤色のガラスがあり，また同じ頃のニネヴェの図書館から出土した粘土板文書には，さまざまな種類の着色剤を用いたことが記されていることなどから，ガラス製作の基本的な技

術が飛躍的に進歩し，この頃にはほぼ完成されていたことがわかる。

■ イシュタール門と行列大路

その直後にあたる紀元前6世紀には，バビロンの町に大規模な彩釉煉瓦を用いた建造物があらわれている。1899年から1917年までドイツのコルデワイ（R.Koldewey）がおこなった発掘調査によって，新バビロニア時代の都市の全容が明らかにされ，それにもとづいて町の北端のイシュタール門，そこから南へ向かう幅20～24mの行列大路（Procession Street），王宮，聖塔（ジッグラト），マルドゥク神殿など都市の主要な構築物の位置関係が復元された。とくに紀元前580年頃に，ネブカドネザルⅡ世（NebuchadnezzarⅡ）によって再興された当時の町の配置とともに，その建設にかかわったさまざまな技術が詳しく示されることになった（図28）[57]。

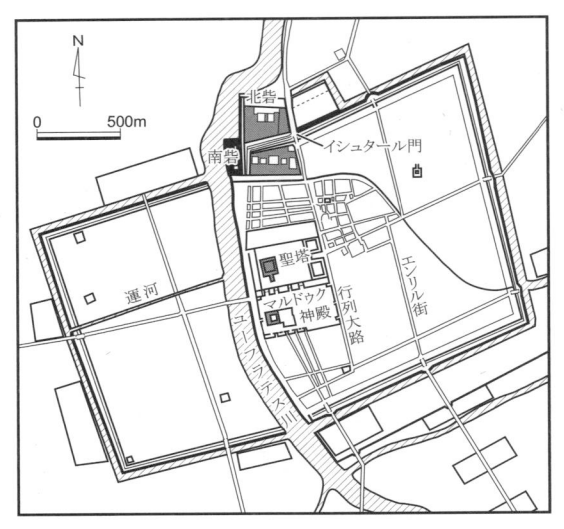

図28 バビロンの市街平面図
（J.Hawkes, *Atlas of Ancient Archaeology,* 1974, p.178 の図より）

これらの建造物の中に高度な窯業技術を示すものとして，イシュタール門や行列大路などの壁面を，白色，黄色，青色などの釉で飾った多量の彩釉煉瓦がある（図29・30）。イシュタール門では青色の釉を地として，浮彫によって作り出した牛と龍を交互に配置し，また，長さ約260mの行列大路の壁も同じ彩釉煉瓦で飾られた。そこでは長さ約2mの実物大の施釉された浮彫のライオンが，イシュタール門から町へ入る訪問者たちに相対する方向で，両側に約60体ずつ並び，胴が白色でたてがみが黄色の像と，胴が黄色でたてがみが緑色の像とが交互に配されていた。

煉瓦の寸法はほぼ33×30×8cmで，施釉された動物の1体分に要する煉瓦の

図29 発掘されたイシュタール門
（注57，Fig.24）

図30 バビロンの彩釉煉瓦
イシュタール門　紀元前6世紀
（注57，Fig.30）

数は，破片資料からの復元であるために研究者によってわずかに異なっているが，ライオンでは46～48個，牡牛では42～43個，龍では39～40個と考えられている。この浮彫をともなう煉瓦の製作工程については，まず，モルタルなどを用いて動物の1体分が入る大きさの原型を作り，これを煉瓦1個分の大きさに切り分けてそれらを用いて型を作り，その型から煉瓦を作成して施釉したと考えられている。

この大量の煉瓦を製作するためには，何度も型を作り直す必要があったであろうし，それに加えて，行列大路の浮彫の場合には，東西の2つの壁面のライオンは，いずれも北のイシュタール門の方へ向かう姿勢をとる構図であるために，ライオンの浮彫をともなう部分の煉瓦の型は，それぞれの側面で左右が逆向きのものを用いなければならず，2倍の数の型を要することになっている。またコルデワイによると，イシュタール門には，合計575頭の動物が配されていたと推定されており，このほかにも，王宮の玉座の間と呼ばれている構造物の外壁も彩釉煉瓦を用いて装飾され，ライオンの行列，パルメット文やロゼッタ文などで飾られているなど，膨大な数の製品が作られていた。

■**釉の成分**　これらの煉瓦を飾った，青4点，トルコ青1点，緑2点，黄2点，黒と白各1点の計11点の釉の成分が，表17のように，マトソン（F.R.Matson）によってX線マイクロアナライザーを用いて分析され，釉の製作過程が明らかにされている[58]。これらの結果を検討するにあたっては，風化による成分の変化，バビロンの町が被っ

表17　バビロンの煉瓦釉の成分（%）（注58，Table I）

| 色 | 青 | 青 | 青 | 青 | トルコ青 | 緑 | 緑 | 黒 | 黄 | 黄 | 白 |
煉瓦	A	B	C	D	E	F	G	I	J	K	L
SiO_2	63.94	64.69	60.40	61.34	63.85	61.91	58.71	63.22	57.47	58.49	63.21
Al_2O_3	1.86	0.76	1.96	1.39	1.44	1.92	1.95	1.34	2.00	2.02	0.97
FeO	1.34	0.91	1.07	1.20	0.82	1.11	1.10	1.87	1.79	1.33	0.84
TiO			0.17	0.20		0.10	0.10	0.17	0.15		
MnO			0.04	0.03		0.05	0.09	0.05	0.01		
CaO	5.94	4.71	5.84	6.08	6.12	6.40	7.30	5.72	5.94	6.54	5.78
MgO	3.62	3.29	3.86	3.50	4.37	3.64	3.91	4.21	3.76	3.69	4.52
Na_2O	17.80	17.40	19.31	18.09	15.78	13.90	16.18	16.37	15.41	15.40	17.77
K_2O	4.30	4.22	3.79	3.92	4.42	3.57	3.44	4.10	3.71	3.37	4.51
PbO	0.19	0.15	0.03	0.00	0.25	0.04	0.00	0.02	6.51	5.30	0.10
CuO	0.26	0.28	0.50	0.23	2.50	1.08	2.05	0.23	0.00	0.07	0.20
CoO	0.07	0.10	0.09	0.00	0.04	0.06	0.03	0.09	0.01	0.05	0.03
Sb_2O_3	0.04	0.89	0.17	0.09	2.38	0.75	1.63	0.51	0.90	0.96	4.89
As_2O_3	0.42	0.34			0.66					1.62	0.41
SnO_2	0.00	0.01	0.03	0.02	0.00	0.00	0.03	0.02	0.01	0.01	0.02
P_2O_5				0.05	0.54		0.43	0.43	0.33	0.43	
Total	99.78	97.75	97.31	96.63	102.65	94.96	96.95	98.25	98.10	98.85	103.25

たその後の破壊にともなう火災の加熱による発色の変化，などを考慮しなければならないが，その上で次のような諸点が考察されている。

(1) 青色と緑色の釉は銅による着色であるが，青色のA～Dでは酸化銅（CuO）が非常に少量である。これは風化が進んだことによって成分に変化が生じたものか，あるいは高アルカリ釉を酸化雰囲気で焼成したことによるものか（この場合，少量の銅によってこうした色を生じる可能性が高い）のいずれかである。

(2) 黄色の釉については，Jでは6.51%，Kでは5.30%の酸化鉛（PbO）が検出されており，アンチモン（Sb）を含む鉛（中世になって顔料として絵画に用いられたネイプルズイエロー，ナポリの黄色と呼ばれるもの）が着色剤として用いられていたと考えられている。

(3) 黒色のIでは鉄の含有率が高く，これが黒い発色に強く関係している。

(4) 釉の溶融温度については，これらの資料を再焼成して変化を測定した結果によると，2点の青色の釉が630℃で，青色と黄色の各1点の破片が650℃で溶融することが確認されている。

色の種類と釉の使用量の関係を見ると，背景となる青色の部分は全体のパネルの70%を占め，ライオンの彩色では，胴の白色部分が約20%，たてがみの黄色が約10%，胴が黄色であるときに用いられる緑色のたてがみ部分が10%となる。さらに，パネルの背景として広い面積を占める単色の青色には，銅を着色剤とした多量の釉が必要であったことが明らかである。また，加熱温度が高すぎて釉が溶融して流れ落ちたり，煉瓦の端にはみ出したりした部分が少ないことなどは，釉の成分を調合するにあたっての高度な知識をもち，煉瓦を焼成するさいの温度管理が適切におこなわれていたことを示している。このような事例から，多色の釉を用いて大規模な煉瓦の構造物を装飾するという，きわめて高度な窯業技術が，紀元前6世紀の段階の西アジアでは完成していたことを知ることができる。

(7) 日本のガラス

日本の古代に流通したガラスは，成分の特徴から区分すると大きくアルカリガラスと鉛ガラスに分類できる。アルカリガラスには，カリウムを多く含むカリガラスとナトリウムを多く含むソーダ石灰ガラスとが存在し，また鉛ガラスには，鉛を多量に含むものと，これにバリウムが加わるものの2種類がある。成分の特徴やその流通の時期的な変化などに関する考察は，山崎一雄氏による化学的な調査によって進められたものが多く，その成果を参考にしながら，ガラスの技術と奈良時代の鉛釉陶器の登場との関係について，概要を検討してみることにする。

■弥生・古墳時代のガラス　　日本でガラスが出現するのは弥生時代以降であるが，それらの組成はバリウムを含むような特異な製品を除くと，アルカリガラスと鉛ガラスの両者が共存し，それらはまた時期を異にして増減するような変化を示している。

ガラス成分の特徴が化学的に明らかにされはじめたものとして，古くは福岡県須玖岡本遺跡の勾玉，管玉，甕棺出土の円盤形の璧，福岡県二塚遺跡出土の釧などの分析結果があり，それによって弥生時代の鉛ガラスの特徴が具体的に示された[59]。

これらのうち，須玖岡本遺跡の勾玉と管玉は，弥生時代に限って見られるバリウムを含む鉛ガラスであることが，山崎氏によって指摘された。鉛を24.5%，バリウムを19.4%含む漢のガラス玉の成分の一例を示して，「この例は，鉛のほかに，多量のバリウムをふくみ，特殊のガラスである。筆者も，中国の古代ガラスを研究中であるが，やはり漢以前の数個の璧について，鉛および多量のバリウムを見いだした。しかし，この種のバリウムをふくむ鉛ガラスが，戦国および漢時代のガラスのすべてではなく，ある時期の，ある特定の場所で製造されたものが，この成分を有するのではないかとかんがえられる。」と述べて，中国の漢以前のガラスに特徴的な組成の1つであり，これらが，中国から輸入した原料を加工した製品である可能性が高いことを示唆した[60]。

ここで示された，中国のバリウムを含む特徴的なガラスの成分と，その時代的な背景については，セリグマン（C.G.Seligman）とベック（H.C.Beck）によって調査された結果にもとづいている。彼らは，中国のほかに中央アジアや近東およびヨーロッパ諸地方のガラス資料を分析して，中国の漢およびそれ以前の鉛ガラスにはバリウムを含むものが多く，漢代よりのちの時代の鉛ガラスは，バリウムを含まないことを導いた。そしてバリウムを含有しているなら，それは中国において，しかも「漢以前または漢代」に作られたことを証明するものである，という見解を示した[61]。このセリグマンたちの報告以後，中国以外の地域でバリウムを含むガラスは発見されずにいたが，上記の須玖岡本遺跡のバリウムを含むガラスは，中国以外の地域で発見されたはじめての事例であった。

一方，アルカリガラスの特徴については，静岡市登呂遺跡出土の青色のガラス小玉1点と，長崎県茶屋隈新土手出土の淡紫色のガラス小玉1点が分析され，前者は銅によって後者は銅と微量のコバルトによって，着色されていることなどが指摘された[62]。また古墳時代のガラスの分析も進められ，表18に示すようなガラスの成分の種類と特徴が明らかになった。こうした研究によって，弥生時代以後の鉛ガラスとアルカリガラスの成分の特徴や製品との関係などが検討され，奈良時代に緑釉として陶器の製作に応用された，鉛釉の技術の歴史的な変遷が徐々に明らかにされはじめた。

アルカリガラスについては，肥塚隆保氏によると，カリウムを含むガラスは弥生時代前期末から中期前半頃までには日本に伝えられ，後期には広範囲に流通し，弥生時代のおもなガラスはカリガラスと鉛バリウムガラスであるという。一方ソーダ石灰ガラスは，弥生時代後期前半に少量見られる程度で，後期後半から古墳時代初頭に一般的に流通するようになるなど，両者の間には流通の時期に差があり，その後，古墳時代になるとソーダ石灰ガラスが多量に流通し，カリガラスが非常に少なくなることが

表18 古墳時代のガラス玉の成分（％）（注64, pp.12・13）

	1	2	3	4	5	6	7	8	9
SiO_2	60.47	65.60	60.0	64.17	60.50	69.6	75.6	74.56	75.0
Al_2O_3	12.04	4.01	9.2	11.23	7.87	2.42	2.38	5.42	1.88
Fe_2O_3	0.18	0.24	1.6	1.63	2.03	1.34	1.55	1.51	1.21
TiO_2	0.34	0.09	0.1	—	—	—	—	—	—
MnO	0.56	0.004	0.02	0.33	0.77	0.05	1.40	—	2.07
CaO	6.68	7.18	5.7	3.40	3.30	3.99	1.58	4.78	1.73
MgO	0.42	2.43	0.1	0.57	0.70	1.56	1.09	—	1.58
Na_2O	14.91	15.63	18.4	13.41	15.42	18.0	0.50	1.38	0.85
K_2O	3.67	3.47	0.9	4.99	3.43	1.30	14.80	12.56	14.6
PbO	0.27	0.07	—	—	—	—	—	tr	
CuO	0.42	0.24	0.15	0.87	1.05	0.21	0.03	0.32	—
CoO	0	0.003	0.08	—	0.064	0.067	—	0.064	
P_2O_3	—	—	—	—	—	—	—	—	
SO_3	0.17	0.44	—	—	—	—	—	—	

	10	11	12	13	14	15	16	17	18	19
SiO_2	64.5	67.82	66.22	65.0	67.5	68.0	65.4	67.5	67.9	30.5
Al_2O_3	5.30	1.02	2.97	2.23	3.62	5.23	4.75	2.13	3.42	0.41
Fe_2O_3	1.05	0.84	1.30	1.63	1.27	2.23	2.31	1.13	1.32	0.19
TiO_2	—	—	—	—	—	—	—	—	—	—
MnO	—	0.96	0.50	—	—	—	—	—	—	—
CaO	3.88	12.23	7.33	6.69	4.91	3.47	5.33	5.77	4.00	tr
MgO	0.62	3.30	3.27	2.49	0.18	1.54	0.21	1.45	0.16	tr
Na_2O	20.0	14.06	14.36	17.4	18.8	15.2	18.8	20.0	19.6	0.13
K_2O	1.83	tr	2.98	2.25	1.72	2.11	1.85	0.50	1.80	0.18
PbO	—	—	—	—	—	—	—	—	—	68.32
CuO	0.48	1.72	—	0.61	0.17	0.87	—	0.38	0.29	0.41
CoO	—	—	0.47	0.07	—	—	—	0.08	—	—
P_2O_3	0.35	—	—	—	—	—	—	—	—	—
SO_3	—	—	—	0.36	0.13	0.22	0.11	0.26	0.15	—

		形状	色調	分析者
1	愛知県白山薮古墳(4世紀)	小玉	淡緑色	山崎一雄
2	愛知県白山薮古墳(4世紀)	小玉	濃青色	山崎一雄
3	兵庫県城ノ山古墳(4世紀後半)	勾玉	紺色	日本板硝子
4	京都府美濃山古墳(4世紀)	小玉	淡青緑色	中尾万三
5	宮崎県西都原2号墳(5世紀)	小玉	淡青色	中尾万三
6	千葉県小田部古墳(前期)	丸玉	紫紺色	小田幸子
7	千葉県小田部古墳(前期)	小玉	紫紺色	小田幸子
8	三重県石山古墳（4世紀)	小玉	青色	山崎一雄
9	奈良県新沢千塚126号墳(5世紀)	小玉	濃紫青色	小田幸子
10	千葉県水神山古墳(5世紀)	小玉	青色	小田幸子
11	群馬県稲荷山古墳(5世紀)	小玉	青色	白崎高保
12	京都府二子塚古墳(5世紀)	小玉	紺紫色	中尾万三
13	千葉県高野山1号墳(6世紀)	小玉	紫紺色	小田幸子
14	千葉県高野山1号墳(6世紀)	小玉	青色	小田幸子
15	千葉県高野山1号墳(6世紀)	小玉	淡緑色	小田幸子
16	千葉県高野山1号墳(6世紀)	小玉	黄色	小田幸子
17	千葉県白山1号墳(7世紀)	丸玉	紫紺色	小田幸子
18	千葉県白山1号墳(7世紀)	小玉	青色	小田幸子
19	千葉県白山1号墳(7世紀)	丸玉	緑色	小田幸子

明らかにされている[63]。

　カリウムを多く含むガラス製品として，古墳時代前期の三重県石山古墳出土の小玉や，千葉県小田部古墳出土の透明な紫紺色の小玉1点などがあり，表18に示すように石山古墳出土の青色の小玉（資料8）は，カリウムを12.56%含みナトリウムは1.38%と，多くのアルカリガラスの組成と異なっている。一方ソーダ石灰ガラスは，輸入品である奈良県新沢千塚126号墳の淡黄緑色のガラスの椀と紺色の皿などを除いても，古墳時代を通じて7世紀初めまで多く見られる[64]。

■**弥生時代の鉛ガラス**　　日本で出土する鉛を含むガラスについては，鉛バリウムガラスと鉛ガラスの2種類が弥生時代前期には存在し，中期から後期に多く流通することが，山崎氏の分析から明らかになっている[65]。それによると，表19の須玖岡本遺跡出土の管玉（資料5）のバリウムを含む鉛ガラスは，中国の戦国時代のガラス成分と類似し，また鉛同位体比もこれとほとんど一致することから，中国から輸入された素材が加工されたものと考えられている。また，宇木汲田遺跡の管玉（資料9）のようにバリウムの含有率は少ないが，鉛同位体比は中国のガラスに近いものもある。一方，立岩28号甕棺の塞杆状ガラス器（資料2）の化学成分は上記の管玉などに近いが，鉛同位体比は著しく異なるという。このようにバリウムを含むガラスが中国からの輸入品であることは明らかであるが，同位体比の異なる鉛が用いられており，原料の産地についての詳細は不明である。

表19　弥生時代のガラスの成分（%）（注65，表2・3）

	1	2	3	4	5	6	7	8	9	10	11	12
SiO_2	+	37		+	38				38.9	36	36	37.16
Al_2O_3	+	0.52		+	0.35				0.56	0.36	0.13	0.62
Fe_2O_3	+	0.14			0.29			0.62	0.30	0.13	0.07	0.16
CaO		0.50			1.1			0.40	2.83	1.6	0.01	1.95
BaO	+	16	+	+	14	+（推定）	+	−	7.59	14	13	13.4
MgO		0.20			0.15			0.17	0.95	0.16	0.08	0.40
Na_2O	+	2.65			3.90			0.34	4.68	1.65	1.96	3.32
K_2O	+	0.50			0.19			15.3	0.21	0.26	0.17	0.27
PbO	+	40.8	+	+	38.5	+	+	0.59	43.5	46.1	48.5	39.80
CuO	+	0.76		+	0.78			1.53	0.42	0.88	0.84	0.03
Ag_2O		0.05		+	0.01					0.05	0.05	−
比重	−	3.9	3.6	3.7	3.8	−	4.3	2.3	3.8	4.0	4.3	3.89

1	福岡県立岩28号甕棺	管玉	濃緑色	7	福岡県須玖岡本	璧	緑色
2	〃	塞杆状ガラス器	濃緑色	8	〃	小玉	青色
3	福岡県須玖岡本	勾玉	濃緑色	9	佐賀県宇木汲田	管玉	濃緑色
4	〃	塞杆状ガラス器	青緑色	10	中国長沙出土	璧	濃緑色
5	〃	管玉	濃緑色	11	中国出土（江口コレクション）	璧	濃緑色
6	〃	勾玉	濃緑色	12	中国長沙出土	璧	乳白色

また，これらの鉛バリウムガラスの組成は必ずしも一定でないが，大半のものは，酸化鉛が30〜50%，酸化バリウムが10〜15%，二酸化珪素が35〜40%，酸化ナトリウムが1〜5%程度である。一方，バリウムを含まない鉛ガラスの発見例としては，福岡県二塚遺跡出土の弥生時代中期のガラス釧などがそれにあたり，深緑色のガラスで見かけの比重は5.5である[66]。

■古墳時代後期の鉛ガラス

古墳時代に入ると，初頭から中期頃まで鉛ガラスはほとんど見られなくなるが，6世紀後半頃から再び出現するようになる。こうした鉛ガラスの製品としては，表20に示すような，古墳時代後期の福岡県宮地嶽古墳のガラス板と丸玉，名古屋市高蔵1号墳の丸玉，大阪府塚廻古墳の管玉などがあり，宮地嶽古墳のガラス板は，玉などの素材として輸入されたものではないかと考えられている資料である[67]。

表20 古墳時代の鉛ガラスの成分（%）
（注67, p.289, 表12・13）

	福岡県宮地嶽古墳			名古屋市高蔵1号墳	大阪府塚廻古墳 管玉		
	丸玉(a)	丸玉(b)	板	丸玉	淡緑	緑	濃緑
SiO_2	29.2	21.9	23.1	23.9	27.4	28.5	28.2
Al_2O_3	0.08	0.33	0.70	0.05	0	0	0
Fe_2O_3	0.08	0.07	0.07	0.34	0.07	0.04	0.35
CaO	tr.	0.23	0.05	0.35	0.02	0.03	0.10
MgO	0.05	0.18	0.14	0.03	0.01	0.02	0.08
Na_2O	0.04	0.26	0.04	0.05	0.03	0.13	0.12
K_2O	0.04	0.91	0.05	0.06	0.02	0.08	0.08
PbO	71.2	75.6	74.0	73.9	73.8	70.9	71.3
CuO	0.28	0.38	0.42	0.19	0.12	0.45	0.78

福岡県宮地嶽古墳（7世紀）　丸玉（比重4.9・5.4），板（比重5.3）
名古屋市高蔵1号墳（6世紀）　丸玉（比重4.69）
大阪府塚廻古墳（7世紀後半）　管玉3点

　高蔵1号墳の丸玉について楢崎彰一氏の報告によれば，「もと緑色であったが，ほとんど白色に風化し，表面剝離して，内部の貝殻状光沢面を見せているものが多い。山崎一雄博士の化学分析に拠れば，比重4.69，鉛ガラス，着色剤銅。比重から計算すれば，鉛含量65%に相当するということである。」という[68]。そのほか鉛ガラスの製品には千葉県白山1号墳（7世紀）の鉛ガラス丸玉がある。鉛を68.32%と多量に含んだ，銅を着色剤とする緑色のガラスである[69]。

■奈良時代の鉛ガラス

　こうした鉛ガラスの伝統は奈良時代にも引き継がれ，正倉院の多数のガラス玉においては，青色の玉がアルカリガラスであるほかはすべて鉛ガラスであるなど，鉛ガラスの製品が一層定着する[70]。そのような傾向は，飛鳥・奈良時代のガラス容器類においても顕著にあらわれている。壬申の乱の将軍文禰麻呂の墓誌をともなって，1831年に現在の奈良県宇陀市で発見された，高さ17.2cm，胴径16.5cmの緑色の蔵骨器は，比重の推定値が4で鉛ガラスである。そのほかいくつかの資料の比重を示すと，奈良市興福寺金堂の緑，黄，褐色の玉がそれぞれ5，奈良市元興寺塔跡の緑色の玉が約4，奈良市薬師寺金堂本尊台座内の緑色の丸玉は4.5，法隆寺金堂の緑色の丸玉が4〜5などで，いずれも比重が大きく鉛ガラスであることを示している。また，滋賀県大津市崇福寺塔跡から出土した高さ3cm，胴径3.1cm

の濃緑色のガラス瓶，奈良県法隆寺五重塔の緑色の舎利容器などが，鉛ガラスと推定されている[71]。

7世紀終わり頃にガラスを製作した遺構が発見された奈良県飛鳥池遺跡では，ガラスを溶解した砲弾形の坩堝が多数出土しており，それに付着するガラスは酸化鉛を60～70%含み，鉛同位体比の測定によって日本産の原料を用いていることが明らかになっている[72]。また日本で製作されたことを示す資料としては，正倉院文書の中の「造佛所作物帳」と呼ばれている記録に，ガラス玉の原料を記したものがある。そこには黒鉛や白石など，鉛ガラスの主成分となる原料があげられており，それぞれの品目に記された量にもとづいて計算すると，珪酸が約62%，酸化鉛が約38%であるという[73]。このような鉛ガラスの成分は奈良時代の緑釉や三彩釉の成分と異なるところはなく，両者の製作には深い関係があったことを示唆している。

4 日本の陶器

（1）釉の性質と種類

■**釉の性質**　釉は胎土の表面にごく薄く塗布されたガラス膜のことで，したがってガラスの光沢をもつ色彩を与えると同時に，素地を覆って器面を平滑にして，水分の浸透を防ぐなど，装飾と機能の両面にわたって優れた性質を与えるものとして登場し，窯業技術の上で大きな転機をもたらした。釉の成分は基本的にはガラスと同質であるが，異なる性質をもつ素地に密着させ，それを薄い均質な膜で覆うことなど，単体のガラス製品と大きく異なる技術が要求される。つまり釉の場合には，製作にあたって素地と一体となった状態で加熱や冷却をおこなうため，両者の膨張率など熱に対する性質の関係，あるいは高火度焼成と低火度焼成の製品に対する成分の適合性など，技術の上でさまざまな制約がともなっている。

ガラス膜として密着させる釉の溶融温度は，胎土の焼成温度と同程度かそれより低い必要があるが，一般的に長石や石灰を多く含む釉あるいは灰釉などは溶融温度が比較的高く，それに対して鉛釉ははるかに低い。また施釉のさいの制約として，加熱が低すぎると溶融が十分に進まずガラス化しないか不透明となり，高すぎる場合には溶融が過度に進行して，流下あるいは発泡するなどの現象が起こる。そのほかに素地と釉との間において熱膨張率が大きく異ならないという性質も要求され，その差が大きい場合には釉に剥離や貫入が生じる原因となる。

釉はこのような条件を満たすように，母体となる成分，溶融温度や固結速度を調整する溶媒剤，装飾の効果を生み出すための着色剤などが調合されて作られるが，それらは一般的には次のような性質をもつ材料から成る。

（1）釉の母体となるガラス成分はおもに珪酸で，石英や長石などが材料とされ，

珪酸分を多く含む木灰や藁灰も用いられる。
(2) 溶媒剤は，ガラスが生成される溶解温度を下げる成分で，フラックスなどとも呼ばれ，アルカリ釉の場合には，カリウムやナトリウムなどのアルカリ類，あるいはカルシウムなどのアルカリ土類の酸化物が多く用いられる。アルカリ類はカリ長石，ナトリウム長石，木灰などが，アルカリ土類はカルシウムを多く含む灰長石，石灰石などがおもな材料となる。また，こうしたアルカリ成分がいくつか混在すると，溶融温度が大きく下がる現象も起こる。

　　日本では古くは各種の木灰や石灰が一般に用いられていたが，このほかに古代の釉の代表的な溶媒剤には鉛があり，アルカリ成分にかわる役割をする材料として用いられた。また，それは同時に鉛ガラスの母体を作る成分ともなった。
(3) 着色剤としては，たとえば銅を含む孔雀石，鉄を含むベンガラなどが古くから知られた材料である。そのほかに，酸化コバルトを主成分とする呉須，あるいは近世になると，金やマンガンなども用いられるようになった。

　これら釉の3つの成分が基本となって，その調合の比率によってさまざまな性質の釉が生み出される。

■釉の種類　釉を分類するにあたっては，着色剤，発色，母体となる成分，などに注目したさまざまな方法がある。着色剤による分類は，酸化銅を用いた銅釉，酸化コバルトによるコバルト釉などの名称があり，発色によるものでは，鉛釉に銅を加えた緑釉，鉄による褐釉，それらと透明の釉による三彩釉などがそれにあたる。こうした分類は，用いられた材料あるいは製品の特徴が明瞭にわかる点で重要な意味をもっている。

　しかし着色剤と製品の状態の関係は，焼成のさいの酸化や還元の雰囲気の違いによって必ずしも一定でなく，発色の状態による分類も，明瞭に色を区分することが難しい場合があるなど，技術との関係が把握しにくい要素も備えている。したがって釉を大別する場合にもっとも一般的に用いられるのは，ガラスの場合と同様に母体となる成分による方法で，主成分と溶媒剤に注目した分類の代表的なものとして，アルカリ釉と鉛釉がある。

　アルカリ釉とは，主成分の二酸化珪素に溶媒剤としてアルカリ成分を加えた釉のことで，アルカリ金属であるナトリウムとカリウム，アルカリ土類金属であるカルシウムなどに細別して表現されるが，大きくとらえてアルカリ釉と総称することが多い。一方鉛釉は，鉛が二酸化珪素とともに主成分の1つとなり，また鉛は溶融温度を下げる溶媒剤としても作用する要素となる。

■ガラスの発色　古代のガラスの着色に用いられた成分の代表的なものとして，銅と鉄があるが，銅による着色の場合は，基礎になるガラスの成分とともに，酸化と還元のそれぞれの状態によって，また鉄の場合も，酸化と還元の条件によって変化する。古墳から出土するガラスにはコバルトによって発色させるものがあるが，これは

表21 正倉院のガラス器の発色とガラス成分（注70，第4表を一部改変）

品　名	色	化　学　成　分
白瑠璃碗	淡褐	アルカリ石灰ガラス。微かな着色は鉄などの不純物による。
白瑠璃瓶	淡緑	同　　上
白瑠璃坏	淡褐	同　　上
紺瑠璃壺	紺	アルカリ石灰ガラス。コバルトによる着色。
紺瑠璃坏	紺	同　　上
緑瑠璃十二曲長坏	濃緑	鉛ガラス。緑色は銅による着色。
白瑠璃坏残片	淡黄	アルカリ石灰ガラス。鉄による着色。
黄金瑠璃鈿背十二稜鏡	濃緑	鉛ガラス。銅による着色。
〃	黄，褐	鉛ガラス。鉄による着色。
魚形，小尺	緑	鉛ガラス。銅による着色。
魚形，小尺	黄	鉛ガラス。鉄による着色。
魚　形	青(縹)	アルカリ石灰ガラス。銅による着色。
軸　端	緑	鉛ガラス。銅による着色。
〃	黄，褐	鉛ガラス。鉄による着色。
〃	白	鉛ガラス。
〃	紺	アルカリ石灰ガラス。コバルトによる着色。

表22 ガラスの色と化学成分との関係（注70，p.57）

(1)	緑色系統	鉛ガラス	銅による着色。不純物として少量含まれている鉄も着色に若干寄与している。
(2)	黄色系統	鉛ガラス	鉄による着色。
(3)	赤褐色	鉛ガラス	銅による着色(還元状態)。
(4)	白　色	鉛ガラス	不溶解の石英が存在するため不透明となる。
(5)	青(縹)色	アルカリ石灰ガラス	銅による着色。
(6)	紺　色	アルカリ石灰ガラス	コバルトによる着色。

酸化や還元の影響は受けない[74]。このような発色と化学成分の関係は，山崎一雄氏らによっておこなわれた正倉院のガラス製品の分析の結果（表21）からも具体的に知ることができる[75]。山崎氏らはまた，そのほかの玉類の分析結果ともあわせて，発色とガラス成分との関係を表22のように6種類に分類している[76]。

ガラスの発色と成分との具体的な関係を示す資料の1つとして，和歌山市大谷古墳から出土したガラス製の勾玉と玉類について，山崎氏がおこなった分析の結果がある。そこでは発光分光分析と比重の値からいずれもアルカリガラスであることが確かめられているが，青緑色の勾玉は銅と鉄，紺色の丸玉と小玉は銅とコバルト，緑色と青緑色の小玉は銅と鉄，黄色の小玉は少量の鉄によって着色され，赤褐色の小玉は銅を用いて，これに還元剤を添加して発色させたものであることが明らかにされている（口絵図版5）[77]。

■釉の発色　釉における着色剤と基礎ガラスの成分との関係は，ガラスの場合と基本的にかわるところはないが，釉には胎土へ密着させるのに適した溶融温度という条件がともなうため，ガラスとは若干の違いが生じる。その上で，着色剤と代表的な陶器の釉の色との間には以下のような関係がある。

表23　釉の発色と着色剤との関係（注78, pp.53～55）

発色	代表的な釉	基礎釉	着色剤・焼成条件
青色	ファイアンス	アルカリ釉	銅による着色
	青磁	アルカリ釉	鉄による着色（還元状態）
緑色	緑釉，三彩の緑色	鉛釉	銅による着色
褐色	褐釉，三彩の褐色	鉛釉	鉄による着色
黄色	黄瀬戸釉	アルカリ釉	鉄による着色
黒色	天目釉	アルカリ釉	多量の鉄による着色
赤色	辰砂釉	アルカリ釉	銅による着色（還元状態）

銅を着色剤とした製品には，鉛釉を基礎としたものでは緑釉および三彩の緑色があり，アルカリ釉の場合には青色となり，エジプトのファイアンスはその代表例である。また同じ銅を用いても還元状態では辰砂釉と呼ばれるような赤褐色となる。鉄を用いた釉は，その含有率によって色の変化が大きく，鉛釉の三彩陶器においては褐色の発色に用いられ，アルカリ釉に少量含まれる場合は黄瀬戸釉などに見られるような黄色を呈し，多量の鉄が含まれると天目釉に代表される漆黒の釉となる。また鉄を含んだアルカリ釉が還元焔焼成されると，青磁に見られる緑～青緑色を発する。このほか，唐三彩の藍色のコバルトなどもあるが，陶器の釉の多くの着色には銅と鉄が用いられている。このような釉の発色と着色剤との関係を整理すると，表23のようになる[78]。

(2) 着色剤と発色の関係

■正倉院陶器の釉　このように釉の発色は，着色剤と溶媒剤の成分，焼成のさいの酸化・還元の状態などによって異なってくる。ところが，その関係は製品において必ずしも明瞭に区分されるわけではなく，成分の含有率や溶融温度なども関係し，また色調というきわめて曖昧で複雑な内容も加わって，さまざまな問題が指摘されている。

正倉院に保存されている三彩，二彩，緑釉，黄釉，白釉などの鉛釉陶器について，製作の回数や工人の差などを検討した小笠原好彦氏は，釉の特徴について「藤野勝弥氏によると，正倉院陶器の緑釉の特徴には，ソーダを含んだ青味をおびた緑とふくまない緑とがあり，含まないものには「磨り」のよくないものと，むらのないものの2種があるという。すなわち緑釉に3種類があるということになる。」と，色調の違いをあげて，それを製作回数と関連づけた[79]。

これに対して山崎一雄氏は，藤野氏の見解に賛成しかねるとして2つの理由をあげている。第1の理由は「正倉院の緑釉陶は一個体の中でもやや青味を帯びた個所とそうでない個所とがあり，これは釉層の厚薄によるからである。」という指摘で，二彩大皿の緑色の場所による違いについて「これはアルカリの多少とは考えられず，同一釉の厚さの差および焼成の具合などによるものと考えられる。」とアルカリ成分との関係を否定した。また第2の理由として，「藤野氏が論文を書かれた昭和25，26年当時には緑釉の化学分析値は得られていなかったが，その後筆者は多数の緑釉陶片の

化学分析を行うことができ，アルカリの含有量がきわめて小さいことを確かめたことである。」と述べ，自ら分析した奈良，平安時代の緑釉陶片23点に見られるナトリウム含有率は，大部分のものが1%以下で，多量のアルカリを含んでいる緑釉は見出されていないことを具体的に示した。その上で，色が異なっている原因について藤野氏があげた理由は当を得ておらず，鉛釉陶器にあらわれる色調の違いは，アルカリ成分の含有量の多少によるものではないことを説いた[80]。

■**発色と基礎ガラスとの関係**　山崎一雄氏が，正倉院宝物中のガラス玉の化学分析の結果から，ガラスの材質と発色との関係を指摘したいくつかの記述がある。まず，基礎ガラスと銅による着色との関係を整理して，「1番から10番までの玉が著しく鉛を含むガラスであるのに対し，11番の青（縹）色ガラスは，鉛をほとんど含まぬアルカリ石灰ガラスであり，院蔵のガラス玉中この青色のものが他と成分を異にすることは，この種の青色は鉛ガラスによっては実現し難いことが当時すでに知られていたことを示し，7，8世紀のガラス製造の技術は相当高い水準に達していたことを物語るものである。」と述べた[81]。

また，正倉院のガラス製品の全体にわたる色と化学成分との関係を整理して，「次に青（縹）色のガラスは同じく銅による着色であるが，基礎のガラスがアルカリ石灰ガラスであるために緑色とならず青色を呈するのである。銅による着色はこのように基礎ガラス中の鉛の有無により色を異にするから，逆に色の差からガラスの成分を推定することもできる。この青色のガラスが鉛を含まないアルカリ石灰ガラスであることは，この青空のような色調が銅とアルカリ石灰ガラスという組み合わせ以外では得難いことが当時すでに知られていたことを示すものではなはだ興味がある。」と，ガラスの成分と着色剤および発色の関係についての当時の化学知識に言及した[82]。つまりここでは，銅を着色剤とした場合，基礎となる成分が鉛ガラスであるかアルカリ石灰ガラスであるかが，緑と青の発色の違いを生じる重要な要因であるということを述べている。

■**吉野ヶ里遺跡の管玉**　ところが，山崎氏が指摘した上記のような基礎ガラスの成分と発色との関係が一致しないものがある。その1つが，佐賀県吉野ヶ里遺跡から出土した青色の管玉である。この資料は，『吉野ヶ里遺跡展』1989年の解説で，「スカイブルーのガラス製の管玉」[83]，「清麗な紺碧の青」[84]という表現で説明されるように，明るい青色のガラスである（口絵図版6）。しかしその成分は，展示解説の55ページの別表1に示されている分析結果（表24）によると，酸化鉛を35.72%，酸化バリウムを11.43%含み，明らかに鉛バリウムガラスであり，酸化銅を0.48%含んでいる。また，このガラスは鉄が0.06%と，

表24　吉野ヶ里遺跡のガラス管玉の成分（%）（注84，別表1）

SiO_2	41.20	CaO	0.42
B_2O_3	1.47	MgO	0.27
Al_2O_3	0.46	Na_2O	6.82
Fe_2O_3	0.06	K_2O	0.25
PbO	35.72	CuO	0.48
BaO	11.43	Ag_2O	0.0005
SrO	0.10	Cr_2O_3	0.0001

古代のガラスとしては例外的に含有率が低く，このことが鮮やかな青色の発色と深い関係をもっている可能性があると考えられている。

　含まれる成分から，鮮やかな青色は 0.48％ 含まれる酸化銅による発色と考えるほかはないが，では，銅を着色剤とした鉛ガラスがなぜ青色を発しているのであろうか。この点が正倉院のガラス製品の発色と基礎ガラスの成分との関係を解説した，山崎氏の説明と矛盾しているところである。管玉の分析をおこなった日本電気硝子株式会社の和田正道氏によると，同じ成分の鉛ガラスを作って色の調査をしてみると，1000℃で加熱すると青色を，1200℃ぐらいの高温で加熱すると緑色を発することから，Cu^{2+} に対する酸素の配位数の違いによることが考えられるという[85]。つまり，銅のイオンが酸素イオン 6 個と結合したとき（6 配位の場合）は青色で，酸素イオン 4 個と結合したとき（4 配位の場合）は緑色になるということである。配位数と発色の関係は，鉄の場合には次のような変化としてあらわれる[86]。

　　　$Fe^{III}O_6$（配位数 6）　←→　$Fe^{III}O_4$（配位数 4）
　　　　淡紅色　　　　　　　　　　黄褐色

　このようなことから，発色の違いには基礎ガラスの成分とともに，酸素と結合する発色元素の配位数という，おもに溶融するさいの加熱温度が関係する要素，あるいは共存する複数の着色元素などが複雑に影響し合うものであることがわかる。したがって，山崎氏が説明した基礎ガラスの成分と発色との関係は，鉛ガラスの溶融する温度はアルカリガラスよりもはるかに低く，700〜800℃程度であることを前提にした解説であると理解しておくべきなのであろう。

(3) 緑釉陶器と三彩陶器

　日本で陶器の生産がはじまった当初に用いられた釉は鉛釉で，7 世紀のものには奈良県川原寺東回廊および同寺裏山出土の緑釉波文の塼，大阪府塚廻古墳出土の緑釉の陶棺などがある。また多彩釉陶器の年代のわかる古い例としては，神亀 6（729）年の墓誌をもつ小治田安万侶の墓から出土した三彩の壺片があり，そのほかに，平城宮左京一条三坊十五坪の溝 SD485 から出土した 8 世紀初め頃の土器をともなった二彩と三彩の陶器片，「戒堂院聖僧供養盤　天平勝寳七歳七月十□日　東大寺」の墨書銘（755 年）をもつ正倉院の二彩大平鉢，などをあげることができる。

　また，こうした奈良時代に製作された多彩釉陶器の多くは，その技術の特徴として，精選された粘土を使用していること，800℃前後の低火度で素焼きした胎土に釉掛けをして，再度焼成した 2 度焼きであること，などをあげることができる。また器形は土師器や須恵器，金属器のそれと共通し，とくに儀器として祭事に使用された器形を模したものが多い。

　■正倉院文書に記された三彩の技術　　こうした日本の緑釉や三彩の陶器に関する資料のほかに，製作に用いられた材料や技術を具体的に示しているものとして，正倉

造瓷坏四口　別口径八寸
瓷油坏三千一百口　別口径四寸
用黒鉛一百九十九斤　熬得丹小二百卅四斤
緑青小十七斤八両　丹和合料
赤土小一斤四両　一升丹和合料
白石六十斤　丹和合料
猪脂一升　鉛熬調度
塩二升七合　鉛臘料
膠二斤四両　丹并緑青等和合料
紗四尺　丹篩料
絁三尺　石篩料
葛布六尺　土篩料

正倉院文書「造佛所作物帳」 天平6（734）年5月1日

院文書の中に天平6（734）年5月1日の日付をもつ「造佛所作物帳」と呼ばれる資料がある。多くの闕文があり，すべての内容は復元されていないが，福山敏男氏によって，天平5（733）年から翌年の6年までの約1年間にわたっておこなわれた，興福寺西金堂の造営造仏に関係した文書として復元された[87]。

上巻と推定されている部分には，作物の調達に関する記載があり，その中に瓷坏（しのはち）があげられており，粘土が肩野（交野）から運ばれたこと，燃料の薪は橡材で山口から取り寄せたことが記されている[88]。また，中巻と推定されている部分には，瓷坏，瓷油坏（しのあぶらつき）など陶器の釉の製作に関係した材料とその製作工程を記した，上記のような記事がある。

そこに記された材料の品名とそれらの量や用途から，山崎氏は鉛釉の三彩の製造に関する内容を伝えるものとして化学的な解釈を加えて，製造工程やそこから生み出された製品の復元を試み，奈良時代の三彩釉の製造技術を生き生きとよみがえらせた。それによると，まず黒鉛（金属鉛）を加熱溶融して鉛丹（四酸化三鉛）を作る。それと化合させる材料として緑青，赤土，白石があげられており，白石は珪石を指すものと考えられ，これに鉛丹を加えることによって透明の珪酸鉛ができる。また，この珪酸鉛に緑青すなわち天然に孔雀石などの鉱物として存在する塩基性炭酸銅を加えれば緑釉が，また赤土すなわち鉄分を多く含んだ粘土を加えて溶融すれば褐色の釉が得られ，これらの操作によって，三彩の緑色と褐色と透明の釉が得られることになる。続く後段の紗（うすぎぬ），絁（あしぎぬ），葛布（くずふ）は，それぞれ丹と石と土の材料の篩として用いられたことは説明を要しないという[89]。

そして，「猪脂」と「塩」については，「中尾万三によれば塩は鉛をすりつぶして細粉にするため，猪脂すなわち豚の脂は鉛丹をつくる時に鉛の酸化を促進するために用いられたものである。」と解説を加えている[90]。また膠について加藤土師萌氏は，釉

第4章　装飾の技術　101

表25 「造佛所作物帳」からの釉の復元
　　　　（注93，第1表）

	白色基礎釉	緑釉	褐釉
一酸化鉛　PbO	56%	54%	55.8%
二酸化珪素　SiO_2	44%	43%	43.9%
一酸化銅　CuO	—	3%	—
酸化鉄　Fe_2O_3	—	—	0.3%

を素焼きの土器に塗るときの接着剤として使用され，現在はフノリを使うが，フノリのかわりに膠をうすく溶かして釉に混ぜて塗ったものと思われる，という[91]。

この文書にあげられている原料のうち，とくに黒鉛の量に関して，山崎氏は加熱されて得られた鉛丹が少なすぎることを指摘して，「しかしここでやや不審に思われるのは，原料の鉛と製品の鉛丹との量の関係であって，鉛199斤から鉛丹234小斤（3小斤が1斤に当るから78斤となる）が得られることは，理論上の収量，即ち用いた鉛が完全に鉛丹になったとしての計算量217斤の36パーセントにしか当らず，あまりに小量にすぎることである。おそらく当時の技術が幼稚で損失が多かったことと，原料の鉛の純度が低かったことがその原因ではないかと考えられる。しかし正倉院御物中の鉛丹3種の分析結果は不純物の量が意外に少ないことを示して居り，原料の鉛が甚だ不純であったとは考え難い。しかも上にかかげた作物帳に記載されている造玉用の例，即ち鉛983斤から鉛丹小1158斤を得た場合も同じく理論量の36パーセントに当ることは，この低収量が偶然ではないことを示して居り，これが何によるかは不明である。」という[92]。

いずれにしても，そこに記された品名と量にしたがって，鉛丹小234斤（78斤）と白石60斤とを，純粋な一酸化鉛（PbO）と二酸化珪素（SiO_2）とすれば，透明な基礎釉が作られ，これに加えられた緑青と赤土とを，純粋な一酸化銅（CuO）と三酸化二鉄（Fe_2O_3）と仮定して計算すると，緑色と褐色の釉の組成は表25のようになるという[93]。これは記載された丹・白石などの材料をすべて使用したという仮定による計算であるが，その数値は，発掘によって窯跡から出土した陶器の釉の分析値とほぼ類似していることも明らかにされている。さらに，これらの結果と唐三彩の釉とを比較すると，日本の緑釉の成分はアルミニウムの含有量が少ないという特徴があることなどが考察されている[94]。

この文書に記された三彩陶器と深い関係をもつ資料として，田中琢氏は，興福寺一乗院の発掘調査によって発見された三彩の坏をあげている。口径がほぼ一致すること，灯火用に使用された痕跡があって，油坏の名称にあうこと，記された釉成分の比率から褐色釉の部分が少ないと推定される点が，一乗院の出土品の褐色釉も口縁部内外に3ヵ所だけ斑点状にあるのみで，褐色釉の絶対量が少ないことと合致する，などの理由からこの記事に記された製品にあたる可能性を指摘した[95]。

■**平安時代の緑釉陶器**　正倉院文書の記録に見える三彩に代表される奈良時代の鉛釉陶器は，平安時代に入るとその伝統を維持しながらも，施釉技術には変化があらわれ，単色の緑釉陶器の生産に限定されるようになる。もう1つの変化は，出土する遺跡にあらわれるような製品の用途に関する現象である。奈良時代の三彩が，少数の

墓から出土するものを除いては，寺院や宮内での使用，あるいは三重県神島や岡山県
大飛島など祭祀的な奉納物として出土するものが大部分であったのに対して，平安時
代の緑釉陶器は一般の遺跡から出土するものが増加し，消費地で多量に使用されたこ
とが明らかになっている。

　また，平安時代に生産された緑釉陶器の特徴として，低火度の焼成による軟質の胎
土の製品とともに，1000℃を越える加熱で焼成した硬質の製品が生み出されたこと
をあげることができる。この焼成技術について山崎一雄氏は，篠岡5号窯出土の緑釉
陶器の素地に含まれる鉱物の熱変化をX線回折法によって分析し，クリストバライ
トがわずかに生成されていることから，1200℃程度の加熱で焼成されたものと判定
し，「従ってこれらの陶片は二度焼成されているのではなかろうか。つまり素地だけ
を一度焼成し，あとで融点の低い鉛を含む釉をかけたのではなかろうか。」と，その
焼成過程を論じた[96]。これについて小林行雄氏は「こうして，須恵質の素地に緑色の
鉛釉をかけた緑釉陶器には，二度焼成されたものがあることがたしかめられたのであ
る。しかしそれはまだ，すべての緑釉陶器が二度焼成されているということではない。」
と述べて，京都市北白川上終町廃寺出土の緑釉碗や京都市大日町廃寺出土の緑釉壺
など，軟質の素地に鉛釉をかけた例をあげて，その判定の難しさを指摘している[97]。

　その後，緑釉陶器の窯跡の発掘例が増加する中で，この問題を解決する糸口を示す
資料も見出されるようになり，高橋照彦氏は，各地の窯において軟質で素焼きの製品
の失敗品が数多く出土することがあるが，施釉されていない緑釉陶器の素地の製品が
消費地で出土する例はまれであり，窯跡から出土する未施釉品はその後に施釉される
予定のものであることをあげて，軟質の胎土の緑釉陶器も二度の焼成がなされていた
と論じている[98]。

(4) 灰釉陶器

■**自然釉と灰釉**　　窯業技術の中で，陶器の発生に関係して見のがすことができな
い要素に自然釉がある。これは古墳時代の須恵器に多数見られ，陶器の釉との関係が
議論される資料となっている。自然釉は，焼成中に窯の中に充満した燃料の植物の灰
が，高温になった須恵器の器面に付着し溶融してできるガラス膜のことで，灰に含ま
れるカリウムやカルシウムなどのアルカリ成分が溶媒剤として作用し，灰の珪酸分や
胎土中の長石や石英の一部がガラス化したもので，すなわち灰釉にほかならない。

　こうした植物の灰を主成分とするアルカリ釉を生み出す技術は，須恵器の生産に
よって達成された高火度の焼成技術とともに，胎土の材料とも深い関係がある。たと
えば，花崗岩を母岩とする猿投山の西南部の丘陵地帯を中心に分布する猿投窯では，
カオリン系の鉱物を主体とする良質の粘土，つまり耐火度の高い材料が得られるとい
う条件を備えている。その結果として，須恵器の生産段階からこのような粘土を用い
た高火度焼成の技術が発達し，堅緻な胎土と自然釉をともなう製品が生まれ，そのよ

うな材料と焼成技術の変化の中に，灰釉陶器の製作に必要な諸条件を満たしていく背景があった[99]。

灰釉陶器について楢崎彰一氏は，8世紀後半に年代づけた鳴海32号窯式の内容に触れて，「日常雑器の大半は無釉であるが，薬壺形の壺や双耳壺など一部の器形に灰釉をほどこしたとおもわれるものがあって，灰釉の発生をこの時期にもとめることができるかもしれない。」と，その成立過程を示した。そして黒笹14号窯式の製品について，「胎土は従来の灰黒色にかわって，いちじるしく白くなり，壺，瓶など前代において一部の器形にほどこされた灰釉は，この時期以後にはほとんどの器形にほどこされて，いわゆる「灰釉陶器」が完成する。」と説明する[100]。

灰釉陶器に関しては，高火度の釉を施すという焼成技術が大きな要素となるが，同様に重要な要素として，釉の色調や透明度を支える胎土の発色に関する技術がある。須恵器のような青灰色を避けて胎土を白色にする技術として，灰釉陶器の中に水簸の技術が採用された形跡があり，これについては第6章第3節の「日本の製陶技術における水簸の採用」で詳しく考察する。

■**灰釉の種類**　灰釉は草木の灰をおもな成分とすること，それが透明なガラスに溶解するためには1200℃以上の高い加熱温度を必要とすること，この2点が鉛を主成分として800℃程度までの温度で溶解する鉛釉と大きく異なっている。木灰は植物

表26　木灰類の化学分析例（%）（注101, p.20の表を一部改変）

	SiO_2	Al_2O_3	Fe_2O_3	CaO	MgO	K_2O	Na_2O	MnO_2	P_2O_5
柞灰	34.60	4.38	0.49	47.71	5.99	2.51	0.06	0.33	3.93
〃	33.11	5.29	0.36	47.32	5.11	2.21	0.03	0.92	3.58
〃	37.10	3.91	1.10	51.01	2.37	1.57	0.81	0.57	1.56
楢灰	63.71	3.87	0.88	22.59	1.32	1.35	0.33	1.09	4.86
〃	77.34	2.13	0.56	11.66	0.92	1.28	0.32	—	5.76
松灰	34.39	9.71	3.41	39.73	4.45	8.98	3.77	2.74	2.78
〃	21.35	9.44	2.89	40.17	6.76	0.42	10.31	3.39	2.93
樫灰	39.81	15.11	3.58	23.54	4.09	5.77	1.48	4.32	2.30
〃	39.62	16.73	3.83	23.69	4.14	5.68	1.52	3.24	2.62
土灰	22.40	5.62	3.05	53.60	8.27	2.27	0.84	0.62	3.32
藁灰	80.17	3.25	1.39	4.92	1.53	5.02	0.58	0.62	2.34

資料を焼いて分析したもので，Ig loss（灼熱減量）を除いた数値である。
市販の木灰には30％前後，藁灰には40％前後の残留炭素を含む。

表27　灰釉の成分（%）（注102, 表2）

	SiO_2	Al_2O_3	Fe_2O_3	TiO_2	MnO	CaO	MgO	Na_2O	K_2O	Total
篠岡5号窯	62.5	15.7	1.9	—	—	14.4	tr	0.3	3.6	98.4
瀬戸椿窯	58.30	18.78	2.88	0.09	0.66	11.57	2.50	0.73	1.50	97.01
瀬戸雲興寺窯	56.73	16.27	1.86	0.07	0.99	18.42	2.33	0.98	1.13	98.78

篠岡5号窯の灰釉はこの成分のほかに燐酸（P_2O_5）を1.8％含む。

の種類あるいは幹，葉，根などの部位によっても成分に違いがあるが，代表的な木灰類の成分をあげると表26のような値で[101]，燐酸（P_2O_5）がある一定量含まれること，藁灰を除くと多量の酸化カルシウム（生石灰，CaO）を含む材料が多いという特徴が読み取れる。

これに対して，古代の灰釉陶器の灰釉の成分の一例をあげると表27のような結果となる[102]。両者を比較してみると，灰釉に用いられた原料は，全体に珪酸（SiO_2）と酸化アルミニウム（Al_2O_3）の含有率が高く，酸化カルシウム（CaO）の含有率が低いという特徴をもっている。このことは，古代の灰釉の原料は，植物の灰とともにアルカリ成分や酸化アルミニウムを多く含む長石などの鉱物を混合したものであった可能性を示すものである。

また灰釉の1つである天目釉については，中国福建省の窯跡からプラマーが採集した1点の資料について，山崎一雄氏が分析した結果がある。それによると，マンガンは0.03％，マグネシウムは2.16％と日本の灰釉陶器の値と変わらないが，鉄の含有率が6.18％という高い値で，釉の黒色が鉄による発色であることがわかる。さらに少数の製品に見られるような漆黒の釉の中に大小の斑点と，斑点の周囲に青紫の輝きをもって色の変化を示す，曜変の現象については，水に浮く油膜の干渉色と同じ原理で，釉上にできた1万分の1mm程度の厚さの薄膜によって生じた，光の干渉によるものであると結論づけている[103]。

■永仁の壺の灰釉　　灰釉の発色には，材料とされた灰の種類が大きく影響するが，そのほかに加熱温度や焼成中の環境など，さまざまな要素が複雑に関係するため，製品にあらわれた色や状態だけから，使用された釉の成分を正確に知ることは容易でない。また逆に異なった成分の材料によっても，ほぼ同様の色調あるいは類似した状態の釉が生じる可能性も少なくない。

1948年頃から重要文化財の指定をめぐって賛否の議論がくり広げられた，永仁の壺と呼ばれた製品の偽作の検証は，こうした釉の成分の特徴を化学的に識別することによっておこなわれた。その資料は，1943年1月7日の中部日本新聞に道路改修工事中に発見されたことが報じられ，また同年7月の『考古学雑誌』第33巻第7号に，愛知県東春日井郡志段味村白鳥で出土したものとして発表された灰釉陶器の瓶子であった。この瓶子には右のように永仁2（1294）年の銘があり，それまで年号の記された最古の陶器とされていた，正和元（1312）年の古瀬戸の年代をさかのぼるも

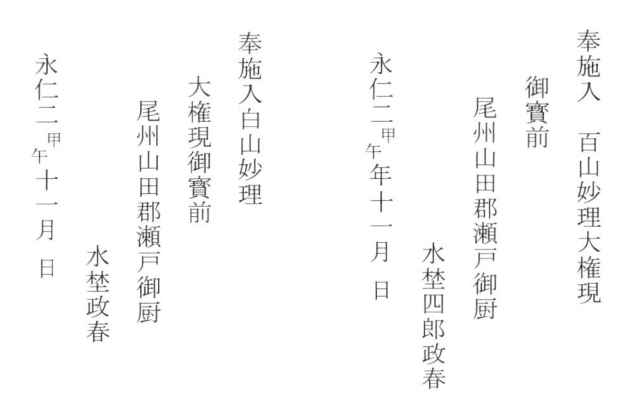

奉施入　百山妙理大権現
御寶前
尾州山田郡瀬戸御厨
水埜四郎政春
永仁二甲午年十一月日

奉施入白山妙理
大権現御寶前
尾州山田郡瀬戸御厨
水埜政春
永仁二甲午年十一月日

愛知県東春日井郡白鳥出土と発表された灰釉陶器の瓶子の銘

のとして注目された（なお，105ページの銘の1行目の「百山」は，白山の刻銘の誤りといわれている）。

一方，正和元年の銘をもつ1対の瓶子は，1933年に当時の国鉄越美南線の敷設工事のさいに，岐阜県白鳥町の白山神社から約100m北東にあたる，旧阿妙院跡付近でおこなわれた土砂の採取工事中に発見された資料である[104]。四耳壺1点とともに常滑の大甕に入った状態で山腹に埋められていたもので，上に示したような銘文が記してあり，古瀬戸の最古の紀年銘をもつ陶器として，1937年7月に重要文化財に指定された。

永仁銘をもつ資料は，この正和銘の陶器の年代をさかのぼるものとして，1948年に重要文化財の指定がはかられたが，「甲午」の干支の斜め書きが鎌倉時代にはないなど，銘文に疑わしい点があることが指摘されて認定されなかった。

この陶器については，「水埜四郎政春」銘の資料が『考古学雑誌』に発表された数年後に，「水埜政春」の銘をもつ別の資料が突然あらわれて1対となったり，その後，「水埜四郎政春」銘の陶器が行方不明になるなど，多くの不可解な経緯があった。さらには，1954年に加藤唐九郎氏が編集した『陶器辞典』の原色図版写真に掲載された「水埜四郎政春」銘の資料に，「水埜政春」銘の所有者の名前が記載されるなど混乱をきわめた。しかし国外への流出を防止する意図から，1959年3月に再度重要文化財への指定が提案され承認を受けて，6月27日の官報に掲載された。

ところが，その後1960年7月頃から，偽作の疑いありとして，瀬戸の文化財関係者などから重要文化財の指定取り消しを求める要望書が国へ提出され，それには，(1)上述の干支の記載の問題，(2)銘文中の「御厨」は瀬戸にはない，(3)貫入部分に薬品のあとがある，(4)焼成温度が関係する比重の大きさ，など13項目の理由があげられた。このような強い取り消しの要望によって，文化財保護委員会は古瀬戸調査班を組織して科学調査をおこなうことになり，キズの形状を位相差顕微鏡分析で，伏角の測定を熱残留磁気分析で，釉の含有元素については蛍光X線分析によって調査が進められた[105]。

その中で蛍光X線分析を担当した江本義理氏は，釉に含まれる15種類の元素を測定し，この時代の窯跡から出土したことが明らかな資料と，出土した経緯が不明な陶器の元素を比較することを試み，ルビジウムとストロンチウムの含有率の比を求めた。その結果，表28に見られる通り，遺

奉施入
　白山権現御寳前
　　中嶋郡奥田安樂寺
　　　住阿闍梨榮秀
正和元年十二月　日

白山権現
奉施入御酒器
　尾州愛智郡住清原
　　　　　　　廣重
○和元年十二月　日

岐阜県白鳥町長瀧出土の古瀬戸の銘
○には「正」の字があてられる。

表28　釉の蛍光X線分析（注106，表3より）

	(Sr/Rbの値)
窯址など出土地が明らかな資料	1.09～2.70
永仁の壺ほか出土地不明な資料	5.08～8.80

跡から出土した鎌倉末期の灰釉陶器の釉とは大きく異なっており，重要文化財の指定を解除するための重要な判定材料として取り上げられた[106]。

そして，新しいものと古いものの傾向が得られた熱残留磁気分析の結果などとともに検討され，1961年3月にこの資料を含めた重要文化財3点の指定解除が決定された。これは釉の質感や色調においては鎌倉時代の優れた製陶技術をよく模倣したものであったが，製品の完成度を重視する陶工の技術をもってしても，材料の成分にいたるまでの，徹底した模倣には配慮がおよんでいなかったことを示した，日本の窯業史に残る大きな贋作事件であった。

〈第4章の注〉

1) H. Frankfort, *Studies in Early Pottery of the Near East. I, Mesopotamia, Syria, and Egypt and their Earliest Interrelations*, London, Royal Anthropological Institute of Great Britain and Ireland, 1924, pp.8～11.
2) W.M.Flinders Petrie, *The Arts and Crafts of Ancient Egypt*, London, T.N.Foulis, 1910（second edition），p.131.
3) A.Lucas, *Ancient Egyptian Materials and Industries*, London, Edward Arnold, 1962（fourth edition），pp.372～376.
4) 周仁・張福庚・鄭永圃「我国黄河流域新石器時代和殷周時代制陶工芸的科学総結」『考古学報』第1期，1964，pp.1～25，表2。
5) Gisela M.A.Richter, *A Handbook of Greek Art*, London Phaidon Prees, 1967（fifth edition），pp.305～310.
   M.S.Tite, M.Bimson, I.C.Freestone, "An Examination of the High Gloss Surface Finishes on Greek Attic and Roman Samian Wares," *Archaeometry*, Vol.24, No.2, 1982, Oxford University, pp.117～126.
6) 中澄博行「染色」『色彩科学ハンドブック』（東京大学出版会）2001年，p.737。
7) 宋應星撰，藪内清訳注『天工開物』（平凡社）1969年，pp.318～329。
8) 山崎一雄「彩色顔料」『醍醐寺五重塔の壁畫』（吉川弘文館）1959年，pp.185～194。
9) 山崎一雄「法隆寺金堂壁畫の顔料及びその火災による変化について」『美術研究』第167号，1953年，pp.32～46。
10) Edward S. Morse, "Traces of Early Man in Japan," *Nature*, Vol.12, No.422, 1877, London, Macmillan Journal, p.89.
11) Edward S. Morse, *Shell Mounds of Omori. Memoirs of the Science Department, University of Tokio, Japan*, Vol. I, Part I, 1879.
12) 蒔田鎗次郎「関東平野に於ける石器時代の朱」『東京人類学会雑誌』第191号，1902年，pp.189～191。
13) 田辺義一「日本石器時代の朱に就いて」『人類学雑誌』第58巻第12号，1943年，pp.453～464。
14) 江本義理「古文化財のX線分析法による材質測定資料II」『保存科学』第5号，1969年，pp.57～67。
15) 小野山節・清水芳裕編『和歌山県北山村下尾井遺跡』1976年，p.46。

清水芳裕「縄文土器の自然科学的研究法」『縄文土器大成』第1巻（講談社）1982年，pp.152～159。
16) 佐藤傳蔵「本邦石器時代の膠漆的遺物に就て」『東京人類学会雑誌』第138号，1897年，pp.471～474，および巻末図。
17) 佐藤初太郎「石器土器ニ附着スル膠漆様遺物ニ就イテノ愚見」『東京人類学会雑誌』第147号，1898年，pp.378・379。
18) 江坂輝弥「天然アスファルト」『新版考古学講座』9（雄山閣）1971年，pp.291～302。
19) 小林行雄『古代の技術』（塙書房）1962年，p.109。
20) 上村六郎・亀田孜・木村康一・北村大通・山崎一雄「正倉院密陀絵調査報告」『書陵部紀要』第4号，1954年，pp.68～85。
21) 管谷通保「土器の補修について」『寿能泥炭層遺跡発掘調査報告書—人工遺物・総括編—』1984年，p.803。
22) 杉山寿栄男「石器時代の木製品と編物」『人類学雑誌』第42巻第8号，1927年，pp.315～322。
23) 杉山寿栄男『日本原始繊維工芸史』原始編（工芸美術研究会）1942年，pp.93・94。
24) 田辺義一「土器にぬられたる塗料について」『加茂遺跡』考古学・民族学叢刊第1冊，1952年，pp.135・136。
25) 清水潤三「顔料および塗料の研究」『亀ヶ岡遺蹟』考古学・民族学叢刊第3冊，1958年，pp.149～153。
26) 見城敏子「縄文晩期の塗装について」『保存科学』第18号，1979年，pp.1～7。
27) 網谷克彦「北白川下層式土器」『縄文文化の研究』第3巻（雄山閣）1982年，pp.201～210。
28) 永嶋正春「縄文時代の漆工技術」『国立歴史民俗博物館研究報告』第6集，1985年，pp.1～25。
29) 中里壽克「米泉遺跡出土陶胎漆器及籃胎漆器」『金沢市米泉遺跡』（石川県立埋蔵文化財センター）1989年，pp.219～250。
30) 門倉武夫「米泉遺跡出土漆塗土器・漆器類の彩色顔料の分析」『金沢市米泉遺跡』（石川県立埋蔵文化財センター）1989年，pp.247～250。
31) 見城敏子「漆工」『縄文文化の研究』第7巻（雄山閣）1983年，pp.285～292。
32) 注30。
33) 注19，p.140。
34) 注20。
なお，この文献の79ページの表については，のちに上村六郎・亀田孜・木村康一・北村大通・山崎一雄「密陀絵の研究」『古文化財之科学』第9号，1954年，pp.15～21の第1表で訂正をおこなっている。ここで関係するのは，顔料名の緑青が岩緑青へ，紺青が岩紺青へ，青代が藍への訂正である。
35) 古谷清「本邦上代硝子に関する新研究（3）」『考古学雑誌』第2巻第12号，1912年，pp.24～30。
36) 中尾万三「東洋古代の硝子と釉」『考古学雑誌』第21巻第4号，1931年，pp.1～24。
37) 中尾万三「東洋古代の硝子と釉（其2）」『考古学雑誌』第21巻第5号，1931年，pp.27～44。
38) P.B.Vandiver, "Egyptian Faience," *Ceramics and Civilization*, Vol. Ⅲ, 1986, Ohio, American Ceramic Society, pp.19～34,Fig.1.

39) 注3, p.155。
40) D.Oates, "The Excavations at Tell al-Rimah 1966," *Iraq*. Vol.29, 1967, London, pp.70 ～ 96.
41) P.R.S.Moorey, *Ancient Mesopotamian Materials and Industries*, Oxford, Clarendon Press, 1994, pp.189 ～ 198.
42) 注3, p.179。
43) J.D.Cooney, "Glass Sculpture in Ancient Egypt," *Journal of Glass Studies*, Vol.2, 1960, Corning, pp.11 ～ 43.
44) H.Carter, et al, *The Tomb of Tut・Ankh・Amen*, Vols. Ⅰ ～ Ⅲ, London, Cassell, 1923 ～ 1933.
45) W.M.Flinders Petrie, *Tell el Amarna*, London, Methuen,1894, p.26, Pl.XIII-62.
46) W.E.S.Turner, "Studies of Ancient Glass and Glass-making Processes. part Ⅰ. Crucibles and Melting Temperatures Employed in Ancient Egypt at about 1370 BC," *Journal of the Society of Glass Technology*, Vol.XXXVIII, 1954, Sheffield, Society of Glass Technology, pp.436 ～ 444.
47) C.M.Jackson, P.T.Nicholson and W.Gneisinger, "Glassmaking at Tell el-Amarna, An Integrated Approach," *Journal of Glass Studies*, Vol.40, 1998, Corning, pp.11 ～ 23.
48) W.E.S.Turner, "Studies in Ancient Glasses and Glass-making Processes. Part IV," *Journal of the Society of Glass Technology*, Vol.XL, 1956, Sheffield, Society of Glass Technology, pp.162 ～ 182, Table I.
49) 1・2 は, R.J.Forbes, *Studies in Ancient Technology*, Leiden, E.J.Brill, Vol.V, 1966（second edition）,p.224.
3 ～ 9 は, W.E.S.Turner, "Studies of Ancient Glass and Glass-making Processes. part Ⅱ. The Composition, Weathering Characteristics and Historical Significance of Some Assyrian Glasses of the Eighth to Sixth Centuries B.C. from Nimrud," *Journal of the Society of Glass Technology*, Vol.XXXVIII, 1954, Sheffield, Society of Glass Technology, pp.445 ～ 456, Table Ⅱ, Appendix.
50) W.E.S.Turner, "Studies of Ancient Glass and Glass-making Processes. part Ⅱ. The Composition, Weathering Characteristics and Historical Significance of Some Assyrian Glasses of the Eighth to Sixth Centuries B.C. from Nimrud," *Journal of the Society of Glass Technology*, Vol.XXXVIII, 1954, Sheffield, Society of Glass Technology, pp.445 ～ 456.
51) P.B.Vandiver, "Glass Technology at the Mid-Second-Millennium B.C. Hurrian Site of Nuzi," *Journal of Glass Studies*, Vol.25, 1983, Corning, pp.239 ～ 247, Table I.
52) Frederick R. Matson, "The Composition and Working Properties of Ancient Glasses," *Journal of Chemical Education*, Vol.28, No.2, 1951, Easton, American Chemical Society, pp.82 ～ 87.
53) C.J.Gadd, R.C.Thompson, "A Middle-Babylonian Chemical Text," *Iraq*, Vol.Ⅲ, part Ⅰ, 1936, London, pp.87 ～ 96.
54) 後半の, year after Gulkishar the king の部分は,「グルキシャール王の即位の次の年」と読み取るべきであるという意見も多い。
55) A.Leo.Oppenheim, "The Cuneiform Texts," *Glass and Glassmaking in Ancient Mesopotamia*（The Corning Museum of Glass Monographs. Vol.Ⅲ）1970, pp.2 ～ 102.
56) W.E.S.Turner, "Studies in Ancient Glasses and Glass-making Processes, part Ⅲ, The Chronology of the Glassmaking Constituents," *Journal of the Society of Glass Technology*, Vol.XL, 1956, Sheffield, Society of Glass Technology, pp.39 ～ 52.
57) R.Koldewey, *The Excavations at Babylon*, London, Macmillan,1914.
58) F.R. Matson, "Grazed Brick from Babylon － Historical Setting and Microprobe Analyses," *Ceramics and Civilization*, Vol.Ⅱ 1986, Ohio, American Ceramic Society, pp.133 ～ 156.
59) 梅原末治「日本上古の玻璃」『史林』第 43 巻第 1 号, 1960 年, pp.1 ～ 18。

60) 山崎一雄「化学的方法」『世界考古学大系』第 16 巻（平凡社）1963 年，pp.129 〜 135。
61) H.C.Beck, C.G.Seligman, "Barium in Ancient Glass," *Nature*, Vol.133, No.3374, 1934, London, Macmillan Journal, p.982.
C.G.Seligman, H.C.Beck, "Far Eastern Glass: Some Western Origins," *Bulletin of the Museum of Far Eastern Antiquities*, No.10,1938, Stockholm, pp.1 〜 64.
62) 山崎一雄「對馬と登呂から出土したガラス玉の化学的研究」『古文化財之科学』第 8 号，1954 年，pp.13 〜 16。
63) 肥塚隆保「古代ガラスの材質と鉛同位体比」『国立歴史民俗博物館研究報告』第 86 集, 2001 年，pp.233 〜 249。
64) 小林行雄「弥生・古墳時代のガラス工芸」『MUSEUM』No.324，1978，pp.4 〜 13。
65) 山崎一雄『古文化財の科学』（思文閣出版）1987 年，pp.275 〜 283，表 2 〜 4。
66) 山崎一雄「飯塚市立岩および春日市須玖岡本関係試料の化学分析」『立岩遺蹟』（河出書房新社）1977 年，pp.403 〜 406。
67) 山崎一雄『古文化財の科学』（思文閣出版）1987 年，p.289，表 12・13。
68) 楢崎彰一「名古屋市熱田区高蔵第 1 号墳の調査」『名古屋大学文学部研究論集』XI, 1955 年，pp.111 〜 131。
69) 小田幸子「水神山，高野山，白山古墳出土のガラス玉類の化学的研究」『我孫子古墳群』（我孫子町教育委員会）1969 年，pp.354 〜 356。
70) 原田淑人・岡田譲・山崎一雄・各務鑛三「正倉院ガラスの研究」『正倉院のガラス』（日本経済新聞社）1965 年，pp.1 〜 60。
71) 山崎一雄「正倉院外の日本の古代ガラス」『正倉院のガラス』（日本経済新聞社）1965 年，pp.82 〜 88。
梅原末治「本尊台座内部の調査」『薬師寺国宝薬師三尊等修理工事報告書』1958 年，pp.69 〜 73。
72) 肥塚隆保・平尾良光・川越俊一・西口寿生「鉛ガラスの研究―飛鳥池遺跡出土遺物からの検討―」『日本文化財科学会第 10 回大会研究発表要旨』1993 年，pp.100・101。
73) 山崎一雄「鉛ガラスとソーダガラス」『MUSEUM』No.154，1964 年，pp.19 〜 21。
74) 京都府八幡市二子塚古墳（5 世紀）出土の紺紫色のガラス小玉は 0.47% のコバルトを含むという報告がある（注 37）。しかしこれについては，測定値が高すぎるのではないかという意見もある（山崎一雄・三輪房子・大橋直子「古墳出土ガラス小玉の化学成分について」『古文化財之科学』第 3 号，1952 年，pp.28 〜 30）。
75) 注 70，p.58，第 4 表。
76) 注 70，p.57。
77) 京都大学文学部考古学研究室編『大谷古墳』（和歌山市教育委員会）1959 年，pp.87・88。
78) 加藤悦三「陶磁器顔料」『窯業協会雑誌』第 66 集，1958 年，pp.52 〜 56。
79) 小笠原好彦「正倉院陶器の製作をめぐって」『考古学雑誌』第 62 巻第 2 号，1976 年，pp.1 〜 20。
80) 山崎一雄「小笠原好彦氏の『正倉院陶器の製作をめぐって』を読んで―技術面での批判―」『考古学雑誌』第 62 巻第 3 号，1976 年，pp.56 〜 58。
81) 注 67，p.259。
82) 注 67，p.262。
83) 高島忠平「ガラス管玉」『吉野ヶ里遺跡展』（朝日新聞社）1989 年，p.53。
84) 由水常雄「吉野ヶ里のガラス」『吉野ヶ里遺跡展』（朝日新聞社）1989 年，pp.54・55。

85) 和田正道氏のご教示に感謝する。
86) 土橋正二『ガラスの化学』(講談社) 1972 年，pp.139・140。
87) 福山敏男「奈良時代に於ける興福寺西金堂の造営」『日本建築史の研究』(桑名文星堂) 1943 年，pp.87～148。
88) 肩野は大阪府枚方市交野，山口は興福寺周辺の春日山付近と考えられている。
89) 山崎一雄「いわゆる正倉院三彩の科学的考察」『世界陶磁全集』第 2 巻　奈良・平安・鎌倉・室町篇（河出書房）1961 年，pp.244～246。
90) 加藤土師萌・山崎一雄「正倉院彩釉陶の技術的ならびに科学的考察」『正倉院の陶器』（日本経済新聞社）1971 年，pp.53～69。
91) 加藤土師萌「唐三彩釉薬考」『古美術』第 1 号，1963 年，pp.38～46。
92) 注 89，p.245。
93) 注 90，p.56，第 1 表。
94) 山崎一雄・飯田忠三「陶片の化学組成・胎土ならびに釉」『古文化財の自然科学的研究』（同朋舎出版）1984 年，pp.193～197。
95) 田中琢「鉛釉陶の生産と官営工房」『日本の三彩と緑釉』（五島美術館）1974 年，pp.217～222。
96) 山崎一雄「篠岡出土の緑釉および灰釉陶片ならびに鳴海出土の緑釉陶片の化学的研究」『愛知県知多古窯址群』（愛知県教育委員会）1960 年，第Ⅰ編，pp.1～4。
97) 小林行雄『続古代の技術』(塙書房) 1964 年，pp.283・284。
98) 高橋照彦「三彩・緑釉陶器の化学分析結果に関する一考察」『国立歴史民俗博物館研究報告』第 86 集，2001 年，pp.209～232。
99) 楢崎彰一「東海地方における窯業の転換期」『セラミックス』第 10 巻第 11 号，1975 年，pp.17～24。
100) 楢崎彰一「土器の発達」『世界考古学大系』第 4 巻（平凡社）1961 年，pp.128～137。
101) 宮川愛太郎『陶磁器釉薬』（共立出版）1989 年，p.20。
102) 注 94，p.196 の表 2 より。
103) 小山冨士夫・山崎一雄「曜変天目の研究」『古文化財之科学』第 6 号，1953 年，pp.19～29。
104) 楢崎彰一「新安海底引揚げの古瀬戸瓶子」『三上次男博士喜寿記念論文集』（陶磁編）1985 年，pp.233～243。
　　林魁一「美濃國郡上郡長瀧発見正和元年在銘の壺」『考古学雑誌』第 27 巻第 12 号，1937 年，pp.60・61。
105) 松井覚進「永仁の壺」朝日新聞『空白への挑戦』1～31（1990 年 1 月 4 日～2 月 17 日）。
106) 江本義理「古文化財の材質研究」『化学教育』第 20 巻第 5 号，1972 年，pp.55～59。

古代窯業技術の研究

第5章
粘土と混和材の選択

1 土器・陶器の材料

　土器や陶器の材料に用いられる粘土は，その成因や堆積の違いによってさまざまな性質のものが生まれるために，成形への適合性や焼成後の質や色調，さらには耐火度などに関係した材料の選択がおこなわれる。日本の製品において材料を選択したことが明瞭になるのは須恵器からで，それは，窯を用いて1000℃を越える高温で焼成されるため，カオリンなどの粘土鉱物を多く含むことや淡水性の粘土であることなど，耐火性に優れていることが要求されるためである。

　また，このような材料を産する地域に古代の窯跡が分布しているのは，製品に適した材料が容易に得られただけでなく，それを焼成する窯の構築にも，同様に高い耐火度をもつ粘土層が求められたことによっている。水や風によって二次堆積したような粘土は，風化が進み細粒化して有機物なども多く含んで可塑性は増すが，鉄分の含有率が高まる環境におかれるために，酸化状態で焼成されると赤色に着色し，還元状態で焼成されると耐火度が低下するなどの条件が加わる。

　素焼きの土器の段階では，こうした材料の選択を必要とする要素は少ない。低火度の酸火焔で焼成されるために，耐火度に留意する必要がないこと，材料の性質によって色調が大きく変わることはなく，また釉を用いないために器面の発色への配慮も要しないこと，などがその理由である。そのため縄文土器，弥生土器，土師器や埴輪などに用いられた材料については，それにあたるものであろうと想像される住居跡に残された粘土塊などの資料が断片的にあるものの，具体的な姿はほとんど明らかになっていない。

　土器の材料との関係が検討されている数少ない事例として，東京都多摩ニュータウン遺跡で発掘された，No.248遺跡のような縄文時代の粘土採掘跡がある。それは縄文中期から後期の集落であるNo.245遺跡の住居跡で出土した粘土塊の成分が，約250m離れたこの採掘跡の粘土に相当するものであること，両遺跡との間で，同一個体の浅鉢の接合資料が発見されたこと，などがその根拠とされている[1]。

　縄文晩期の亀ヶ岡式土器の中には，注口土器に見られるようなきわめて精良な粘土で作られたものもあるが，多くの土器にはそのような特徴はない。しかし，材料の違

いが製品に大きな変化をもたらすことのない素焼きの土器においても，遺跡周辺で採取できる粘土を用いるだけでなく，外観上の特徴や異なった質感を付加するために，さまざまな材料を意図的に加えるなど，材料を調合した痕跡が縄文土器の段階から明瞭に認められる。そのほかに須恵器や陶器には，高火度の焼成に対応した高い耐火度をもつ材料が求められるため，海成粘土を避けるような選択もおこなわれている。

2 混和材

(1) ドルニ・ヴェストニッチェの土偶

　粘土に動物の骨を混和して作られたものとして古くから注目を集めた資料に，チェコのドルニ・ヴェストニッチェで出土した土偶がある。この遺跡はモラビア丘陵一帯に点在する旧石器時代の遺跡の1つで，1924年から1979年まで，アブソロン（K.Absolon）とクリマ（B.Klima）たちによって断続的に調査が進められた。1948年から1950年の調査では，内部に5つの炉をもち，周囲に多数のマンモスの骨が堆積した大型住居が発見され，また1951年の調査では，粘土と砂をつき固めた周壁をもつ，径約6mの円形住居（第2住居）が発見されている。

　住居の構造は柱穴や屋根の材と推定される遺物などから復元され，また内部の炉跡から，焼成された動物像や粘土塊などが約6000点出土したことでも有名になった。放射性炭素年代法によって2万6000～2万9000年前[2]，約2万8000年前[3] などの年代であることが明らかにされ，粘土を用いて焼成する窯業技術が，すでに後期旧石器時代に開始されていたことを証拠づける代表的な資料となっている。

　さて問題の土偶は，調査が開始された当初の1924年に発見された高さ11.1cmの女性像で，シベリア南部のマイニンスカヤで出土した約1万6000年前の焼成土偶[4] などとともに，旧石器時代の窯業技術を具体的に伝える貴重な資料となっている（図31）。さらにドルニ・ヴェストニッチェの土偶は，最古の焼成粘土像であることのほかに，マンモスの骨を混和した特殊な材質であるということから世界的に関心を集め，日本でもこのことを伝える紹介がなされている[5]。

　土偶に動物の骨を混和しているという内容の報告は，遺跡を調査したアブソロンが発表したいくつかの論文に記載されているが，それは分析した化学者カローナー（M.F.Kalauner）からの報告にもとづいて紹介した形をとっており，そのためにいくつかの化学的な内容の誤りや，個々の論文によって表現の違いなどが見られる。「カローナー教授による化学分析で，CO_3，SiO_3，PO_4，SO_4，Ca，Fe，Mgが同定され，骨に

図31　ドルニ・ヴェストニッチェ出土の土偶
　　　（注7，Fig.26）

関係した珪酸塩および炭酸塩を含む材料であることが明らかにされた。」という記載[6]，「一見して粘土製であるように見えるが，焼かれて粉末にされた骨（マンモスの骨を含む）が存在する。」という表現[7] などがあり，後者のようにマンモスの骨を具体的にあげている論文もある。

そのほかにも，珪酸塩および炭酸塩を含む骨が粉砕され，粘性をもった材料にするために黄土と脂肪を混合したもの，と記述した報告もある[8]。このように，当初アブソロンは，骨に関係した材料という漠然とした表現を用いているが，その後あらためて分析がおこなわれたような記載はないにもかかわらず，マンモスの骨，脂肪などをあげて土偶の材質の特徴に言及している。

この特殊な材料で作られたという報告が，広く容認されてきた理由として，土偶の表面に見られる，光沢をもった特有の質感があったことは疑いない。もしこの材料についてアブソロンがいういずれかの内容が正しければ，世界の窯業の一端が開始された旧石器時代の段階に，すでに粘土を焼成するだけでなく，別の材料を混和すると新たな外観や性質をもつ製品ができることを認識していたことになる。そのために，この土偶の材料に関する報告は，古くから強い関心をもって注目されてきた。

しかしその一方で，混和材の存在については疑問視する声もあり，最近になって科学的な調査がおこなわれた。それは，土偶の臀部と足の一部の破片を用いて，顕微鏡による材料の微細組織の調査，蛍光X線を用いた含有成分の分析，X線回折によるアパタイトなどの鉱物結晶の識別，レントゲン写真を用いた混在物の影像による確認，液体クロマトグラフによる脂肪の検出，などをおこなうものであった。そのほかにこの遺跡の主要な堆積物である黄土を用いて模倣品も作られ，成分の比較もおこなわれた。その結果，顕微鏡による検査で骨やそのほかの有機物の混在は認められず，化学分析による調査でもアミノ酸や脂肪に特徴的な残留物はなく，またX線回折分析によっても骨の指標となるアパタイトは検出されなかった。そしてこの土偶を含めた焼成物の化学成分が，表29のような値であることが明らかになり，同時に分析された，遺跡の基盤にある黄土層の土壌の成分と類似していることも判明した[9]。

表29 焼成土製品の成分（%）
（注9，p.35）

SiO_2	60〜76
Al_2O_3	10〜21
CaO	1.3〜4.1
MgO	1.6〜2.7
TiO_2	0〜2.7
P_2O_5	0〜0.8
FeO	4.5〜7.4
Na_2O	1.0〜3.3
K_2O	1.2〜3.2

骨に関係した混和材を用いた土偶であることは，この分析結果から正しくないことが判明したわけであるが，化学の専門家による分析がおこなわれていたにもかかわらず，アブソロンの報告に誤りが生じた理由として，次のような背景が考えられている。それは，一般的な土壌を用いた材料としては五酸化燐（P_2O_5）の含有率が平均で0.6%と高く，アブソロンが調査成果を発表するさいに，分析者から受けた報告の中でこの燐の含有率を過大に重視して，骨の成分に結びつける解釈をしたのであろうというものである。また，マンモスの骨という記載については，この遺跡から出

土した夥しい数のマンモスの骨の存在が無関係でないことは，容易に想像することができる。

(2) ウインドミル・ヒルの土器

イギリス南部のウィルトシャー州にある，新石器時代の遺跡ウインドミル・ヒル（Windmill Hill）から出土した土器については，数種の材料を混和していることが明らかになっている[10]。それらの混和材について，ホッジス（H.W.M.Hodges）は，胎土の鉱物学的な分析から検討し，フリント，石灰岩，貝殻などが含まれている土器は，遺跡のほぼ20マイル（約32km）以内の地域の材料で作られていること，石英や長石のほかに含まれる多量のカンラン石は，この地方には見られない材料で，イングランド南西部の地域のものであることなど，混和材の特徴と土器の産地との関係を具体的に示した。

こうした結果を基礎において，ウインドミル・ヒルの多数の土器の胎土の特徴が，ハンド・レンズによる観察によって分類され，報告者のスミス（I.F.Smith）によると次のような3種類に区分できるという。

(1) フリントおよび砂を含む土器
(2) 石灰岩と貝殻片を含む土器
(3) その他の混和材を含む土器

その中で，フリントおよび砂を含む土器は797個体で全体の69%を占め，この地域の製品であること，石灰岩の砂と化石化した貝殻片を含む土器は339個体で29.5%を占め，この遺跡から少なくとも20マイル離れたフロム・バス（Frome/Bath）地域の堆積物に由来するものであること，などが明らかにされた。

また，そのほかの混和材として，角張った石英，多量の切り藁，白亜の粒子や粉末などを含む土器もあることが報告されている。このホッジスとスミスによる胎土の分類は，遺跡の近くで得られる一般的な砂だけでなく，周辺の地域で産する混和材を選択して加える土器作りが新石器時代におこなわれていたことを，具体的に示した研究として著名である。

(3) 混和材の種類と効果

日本においても，土器製作が開始された縄文時代から，土器の材料には粘土のほかに石英や長石のような一般的な砂だけでなく，特定の鉱物や植物繊維などさまざまな種類のものが混和材として加えられている。混和材と呼ぶものは，意図的に加えた材料のことを意味しているため，採取した粘土にすでに混在している有機物や砂などは，厳密にいえばこれに含めるべきではないが，それを識別することは難しく，また両者は同様に機能するものであることから，とくに区分した記載はしない。

多くの素焼きの土器に混和材として加えられているのは砂であるが，その目的は，

乾燥によって生じる収縮，焼成中あるいは煮沸に利用されたさいの加熱による膨張や収縮，などを小さくおさえて破損を防ぐことにある。そのほかの理由としては，鉱物の色や光沢によって器面に装飾を加えたと考えられるものなどがある。砂の中で多くを占める石英や長石以外の限られた鉱物が選択されるのは，縄文土器に特徴的で，時期や地域を限って認められる現象である。その中で，装飾や製作技術の上で，とくに効果を発揮するものとして選択されたと考えられる混和材もあり，顕著な例をあげると次のようなものがある。

　■植物繊維　　東日本とくに関東地方を中心にして北海道にわたる地域には，縄文時代の早期末から前期の多量の植物繊維を含む土器が分布している。山内清男氏は，繊維が底部を除いて横方向に帯状に走っていることから，粘土紐の中に長い繊維を含ませることによって，土器の成形を容易にさせた効果を指摘している[11]。こうした繊維の多くは，焼成された土器の中では燃えて消失するか炭化して収縮するため，胎土中に多くの空隙ができて気孔を増加させる。したがって，焼成後の土器にこの混和材の意味があったとは考えられず，山内氏が指摘するように，成形における効果に限定されるようである。

　口絵図版8は，東京都吉祥寺南町3丁目遺跡出土の条痕文系土器に含まれている植物繊維の炭化物である。胎土の空隙の中に炭化して収縮した状態で残っており，口絵図版8-1の写真のような細胞の形状から，イネ科植物の繊維であることが明らかなものもある[12]。また，炭化した繊維が空隙の大きさのおよそ1/2程度にまで収縮していること，細胞の形状を残しているものが多いことなどは，乾燥する前の青草の状態の植物繊維が用いられたことを示唆している[13]。このほかに，北海道の縄文前期初頭の中野式土器に含まれているという植物繊維による撚糸の混入も，同様の目的であったと考えられる[14]。

　■黒雲母　　関東および中部地方に分布する，縄文中期の阿玉台式土器や勝坂式土器に特徴的な混和材である。黒色の結晶として花崗岩などの深成岩に一般的に見られる鉱物であるが，風化するとごく薄い板状にはがれて金色に輝き，身近でわれわれが目にするものとしては，海辺の砂浜で水に濡れた足に無数に張りつくあの金色の鉱物がある（口絵図版9-1）。

　雲母の分類の中には，金雲母という名称のものもあるが，土器に含まれているのは風化作用を受けた黒雲母で，土器の表面を金色に輝かせる効果をもち，とくに板状の結晶であるため，撫でや磨きによって器面に張りついた状態になって，その効果はさらに高められる。また水に浮遊しやすいため，二次堆積の過程で地表の上部にとどまりやすいことから，深成岩の風化堆積物があるところでは比較的容易に採取できる。口絵図版9-2は長野県川原田遺跡から出土した阿玉台式土器に含まれる黒雲母であるが，一般の縄文土器に多量に含まれる石英や長石をしのぐ含有量であり，意図的に加えられたことが明瞭な例である[15]。

■角閃石　　大阪府の河内地域を中心とする遺跡の縄文土器や弥生土器に、多量に含まれていることでよく知られている。角閃石は鉱物学的な分類にしたがうと、直閃石やカミングトン角閃石など複数の種類に細分され、それによって土器の混和材の特徴を検討する研究もあるが、ここでは考古学で土器の材料を記載するさいに一般的に用いられている総称としての角閃石を使用する。

　これが多量に加わることと胎土が茶褐色であることの2つの特徴と、土器の材料を産する場所とを関係づけて、近畿地方では一般に「生駒西麓の土器」と呼んでいる。この特徴をもつ土器は、河内地域だけでなく近畿地方の広い地域でも出土することから、生駒西麓地域の遺跡で作られた土器が運ばれたということを前提にして、地域間の交流や集落間の社会的関係を論ずるさいの根拠にされることもある。

　しかし、角閃石は黒褐色の稜をもった柱状の結晶（口絵図版10-1）で、成形や焼成の技術にあるいは製品の機能に、特殊な効果を発揮するものではないため、これを多量に含む土器がとくに求められたとは考えられない。また、深成岩の地域にはきわめて一般的な鉱物であり、したがって、角閃石が多量に含まれることや、胎土が茶褐色であるという特徴が、必ずしも製作地を生駒西麓地域だけに結びつける要素とはなり得ない可能性がある。第3節で検討する大阪府小阪遺跡の縄文土器では、そのことを示唆する分析結果を得ており、「生駒西麓産の土器」と「生駒西麓系の土器」という区分が必要であると考えている。

■滑　石　　九州西北部の縄文時代の前期曽畑式、中期並木式、阿高式などの土器には、多量の滑石が含まれている。長崎県江湖貝塚や対馬の吉田貝塚から出土した曽畑式土器には、胎土の約30%の含有率におよぶものがある[16]（口絵図版11）。これが加えられた土器の表面は強い光沢と滑らかさをもち、混和材として用いられた意図は、この外観と質感にあったと考えられる。

　また、滑石は耐熱性や熱伝導に優れた性質をもっている。西日本の中世や近世の遺跡では滑石を材料とした鍋や羽釜が多数出土していることから、加工しやすいこととあわせてこの性質が熟知されていたようである。これを豊富に産出する地域にある長崎県ホゲット遺跡では、母岩から容器の形にくりぬいたことを示す採取跡が残っている。さらに近世以後には耐火煉瓦の原料などに用いられ、幕末に伊豆の韮山に築かれた反射炉の煉瓦は、伊豆産の滑石に粘土を混ぜた材料で作られたことでもよく知られている。しかし九州の縄文土器の製作にあたって、滑石の耐熱性がどれだけ理解され、土器の機能に生かされていたかについては不明で、九州西北部においても、その後の時期の土器に混和することが引き継がれていないことを重視すると、外観と質感を求めたものと考えられる。

■黒　鉛　　岐阜、長野、富山の各県下の縄文早期押型文土器の中に見られる混和材として黒鉛がある（口絵図版12）。岐阜県沢遺跡の調査で出土した押型文土器に含まれる黒鉛について、大野政雄・佐藤達夫両氏は「胎土に黒鉛を混入することは著し

い特色であって，その混入量の多いものはあたかも鉛筆の心のごとく，銀鼠色の金属的光沢を有し，紙に書くことができる。黒鉛混入土器は本遺跡においてはじめて知見に上ったものである。」「黒鉛の鉱床は飛騨北部から富山県南部及び石川県にかけて，飛騨変成岩地帯に分布している。」と報告している[17]。

　黒鉛は一般には石墨とも呼ばれ，鉛筆の芯には現在では人造のものが多く用いられているが，もとはこの黒鉛と粘土を混ぜて焼成して作られ，その微細な板状の結晶が滑りながら紙の組織に付着していくことを利用したものである。滑石と同様に軟らかく，黒鉛を含む土器は器面に暗灰色の金属光沢をもって滑らかさをもつ。黒鉛は，この外観的な効果を目的として混和されたものであろう。さらに耐熱性に優れており，現在では高熱処理を要する原子炉の設備などの構築材に幅広く用いられているが，このような性質を考慮して縄文時代に意図的に添加されたとは考えられない。

　ヨーロッパのケルト地域を中心とする鉄器文化のラ・テーヌ期の土器には，これを胎土に混ぜるものがあり，その目的は，美観を備えること，あるいは表面を研磨することによって器面の気孔を減少させること，などにあったと考えられている[18]。

　このほか長崎県下の縄文中期の土器には貝殻粉を混和するものがあり[19]，あるいは北陸や東海地方の縄文早期末から前期初頭の土器のドングリや，草創期の土器に認められるという動物の毛など，さまざまな材料が土器の混和材として取り上げられている。しかし，それらが加えられた必然性あるいはその意図など，具体的に明らかになっているものは多くない。また，弥生土器になると，選択して加えたと考えられる混和材の種類はきわめて少なくなり，ほとんどの土器では砂の大部分を占める石英や長石に限られてくる。奈良県唐古遺跡の畿内第1様式の土器では，そのような特徴がきわだっており，第2様式以後の土器に比べて胎土にとくに砂粒を多く含むことが指摘されている[20]。

3 混和材の選択

　縄文土器，弥生土器，土師器などの素焼きの土器に用いられる材料は，ある程度の粘土を含んで成形ができる可塑性をもっていればよく，したがって，遺跡周辺の材料を採取して作ったものが大部分であると，一般に考えられている。しかし，そのような中においても胎土を詳細に見ていくと，意図的に素地を作ったと考えられるような，ある種の砂を多量に含む土器もある。なぜそのような土器が作られたのか，それぞれの具体的な内容を知りうる情報は決して多くはないが，選択された砂が採取できる地域の特徴などに注目すると，その背景を推測できるものがある。このような事例として，大阪府小阪遺跡の縄文土器，岡山県楯築遺跡の特殊器台と長頸壺，香川県中間西井坪遺跡の土師器，などの胎土の特徴をあげることができる（口絵図版13）。

(1) 大阪府小阪遺跡の縄文土器

　大阪府堺市の平野部にある小阪遺跡の縄文土器には，一般的な胎土のものとともに，茶褐色の色調で角閃石あるいは輝石を多量に含む土器がある。後者はいわゆる生駒西麓産と呼ばれている，河内地域を代表する特徴の胎土で，とくに弥生土器について古くから注目されていた。

　佐原眞氏は兵庫県田能遺跡から出土したこの角閃石を含む土器を，河内地域で作られたという意味をこめて「河内の土器」と呼んだ[21]。また藤井直正氏は胎土を詳細に区分し，生駒山地の崩壊土壌を材料とした土器と，沖積地の粘土を使用していたものがあることを指摘し，佐原氏のいう「河内の土器」を「山麓の土器」，東大阪市瓜生堂遺跡など河内平野の土器を「平野部の土器」と呼び分けた[22]。都出比呂志氏は，この特徴をもつ土器が河内だけでなく，近畿地方の全域に広く分布することを取り上げて，摂津や山城の地域にこの河内の土器が運ばれていること，あるいはその逆に動いた土器もあることなどを型式学的に分析して，弥生時代の通婚圏などの社会的な現象を考察している[23]。さらに菅原正明氏は，原田修氏がおこなった生駒西麓の粘土を用いた焼成実験で，色調や胎土の特徴がきわめてよく類似した製品になったことを取り上げて，角閃石という混和材だけでなく，生駒西麓の堆積物を用いたものであると製作地を特定した[24]。また佐原氏は，この特徴をもつ土器を河内地域の山地に近い小地域で作られたものと限定して，摂津や和泉地域で出土する土器を，交易によるもの，あるいは河内の人々がたずさえてきたものであるという[25]。

　縄文土器について，近畿地方でこの特徴をもつ土器が出土する遺跡をあげると，福井県から三重県を含む広い地域にわたり，さらには早期と後期にとくに多く見られるなどの特徴がある。これらについても上記のような弥生土器の研究を踏襲して，生駒西麓の地域から運ばれたものであるという理解が広く浸透している。それはまた同様に，上述のような胎土の色調と黒色の鉱物粒子を含むという視覚的な特徴による区分にもとづいている。

　しかし，ここで注意しておかなければならないのは，黒色の粒子の多くを占める角閃石は，大部分の土器に含まれている一般的な鉱物であるという点で，含有量の相対的な比較によって製作地を限定するには，なお多くの検討の余地を残しているといえる。最近では，生駒山ハンレイ岩に特徴的な構造をもつ角閃石に注目した分析もおこなわれているが，詳細な関係を限定するにいたっていない[26]。

　このような視覚的な特徴を与える混和材として，縄文中期の阿玉台式土器や勝坂式土器に多量に含まれる黒雲母，西九州の前期の曽畑式，中期の並木式や阿高式の土器に見られる滑石などがあるが，これらは地域的な特徴としてよりも，むしろ土器型式との関係を強く示すものである。このように土器製作には多様な背景があり，この生駒西麓産の土器と，その特徴を模倣したと見られる他の地域の土器とを検討する場合

表30-1 胎土中の岩石鉱物（注28，表64・65）

	石英	パーサイトカリ長石	微斜長石	斜長石	黒雲母	白雲母	角閃石	輝石類	ジルコン	カンラン石	緑簾石	緑泥石	深成岩	火山岩	砂岩	泥岩	チャート	結晶片岩	備考
1	4	3	2	3	2		2	1					2					3	結晶片岩多量
2	3	2		2	2		2	1							3	4			
3	4	3	2	3	2		2						1		2	1	2		緻密な胎土
4	4	2	1	2			1								2	3	2	2	
5	4	3		3	2	2	1	2					3						
6	4	3	1	3	2		2	1					2						
7	4	3		3	2		2	1					2						
8	4	3		2	1		1						2		2		2		
9	4	3		2	2		2	1					2		2	2	2		
10	4	3		2	2		2	1					2			2	2		
11	4	3		2	1		1	1				2	2			2	2		
12	4	3		3	1		2	1					2				2		
13	4	2	1	3	1		1	1	1										
14	4	2		2			1												
15	4	3	1	2			2	1					2		1	1			
16	4	3		2	1		1									2	2	2	
17	4	2	1	3	2		1										2		緻密な胎土
18	4	3	2	2			1									2			
19	4			3	2		2	1					2				2		
20	4	2		2	2		2									2	2		
21	4	2		3	2	1		1				1				2	2		
22	4	3		3	2		2												
23	4	2		3	1		2						2				2		
24	4	3	1	3	2		2	1								2			
25	4	2		3	2			1									3		
26	4	3	1	2		1	1								2		3		
27	4	3	1	2	2		1										2		
28	4	3	2	3	2		2	1									2		
29	4	2		2	2			1						2		3			緻密な胎土
30	4	2	1	2	1	1	1		1						2	3	2		
31	4	3	1	2	1		2									2			
32	4	2		3	2	1	2						2						緻密な胎土
33	3	3		2	1											1	2	3	結晶片岩多量
34	4	3	1	2	1		2												緻密な胎土
35	4	2		2	1	1	1	1							2	1	2		緻密な胎土
36	4	2		2	1	1	3	1											角閃石多量
37	4	3	1	3	2		2	1											
38	4	3	2		1								2	1	1	2			
39	4	3	2				1								2		2		
40	4	2		2	2		3	2											角閃石多量
41	4	2	1	2	1	1	1	1					2			2	2		緻密な胎土
42	4	2		3	2		2	1					2*						
43	4	2	1	3	2	1	1												
44	3	2		2	2		2	4									2		輝石類多量
45	3			2	2		2	3					2						輝石類多量
46	4	2		2	1		1		1										緻密な胎土
47	4	2		2	1		1									2	2		緻密な胎土
48	4	3	1	2	1	1											2		
49	4	2		3	2		2				1		2*						
50	3			2	2		3	3					2						角閃石・輝石類多量
51	2	2		2	2	1	3	4											輝石類・角閃石多量
52	4	3	2	2	1												2		

表中の数値は含有量の相対値で，4＞3＞2＞1の関係を示す．詳細はpp.121・122の本文に記載．

表 30-2 胎土中の岩石鉱物（注 28，表 64・65）

	石英	カリ長石	パーサイト	微斜長石	斜長石	黒雲母	白雲母	角閃石	輝石類	ジルコン	カンラン石	緑簾石	緑泥石	深成岩	火山岩	砂岩	泥岩	チャート	結晶片岩	備考
53	3				3	1		4	2					2*						角閃石多量
54	4	3		2	2		1	4	1		1					2	2		2	
55	4	2		2	3	1		2		1	1			2						
56	4	2		1	2		1									2	1	2		
57	3	2			2		2		4	2	1									角閃石多量
58	3				2		2		4	2										角閃石多量
59	4				3	2	1		2	2								2		
60	3				2	1		4	2					2*						角閃石多量
61	3	3			3	2	1	3												角閃石多量
62	4	2			2	2		1		1							2			
63	4	2			3	1		2		1				2						
64	3	2			3	2	1													角閃石多量
65	3	2			3	1											2			角閃石多量
66	3				3	2	1	2												角閃石多量
67	3	2			3			2									2			角閃石多量
68	3	1			3	1		2												角閃石多量
69	3	2			3	2	1	3	2									1		角閃石多量
70	4		1		3	2		2	1		1									
71	3	2			2	2		3	3			1								角閃石・輝石類多量
72	2				2	2		3	3					2*						角閃石・輝石類多量
73	4	3			3	1	1	1												
74	3	3			2	1		3	3			1								角閃石・輝石類多量
75	3	1			2	2		3	3											角閃石・輝石類多量
76	4	2			2			1					1					2		
77	4	3			2										1				2	緻密な胎土
78	4	3	1		2	2		2												
79	4		2		2				1							2	2			
80	4	3	1		2	1		1									2			
81	4	2			2	2	1									2	2	2		
82	4	2			2											2	2	2		緻密な胎土
83	4	3			3	2		2	1							2	2	2		
84	4	3	2		3	2											2	2	2	
85	3				2			3	3								2			角閃石・輝石類多量
86	4	2	1		2	1		1									2	2		緻密な胎土
87	4	2		2	1	1		1	1		1									
88	4	3			3	1		1			1			2*						
89	4	3			2	1										2	2			緻密な胎土
90	4				2		1	1							2	3	2	2		緻密な胎土
91	4	2	1		3	2		1	1					2						

には，角閃石と茶褐色の色調の胎土，という視覚的に類似した土器が容易に作られる可能性をも考慮に入れなければならず，「胎土の特徴」と「地域」という関係を過大に評価するのは慎む必要がある[27]。

このことを示唆する資料が，小阪遺跡で出土し，生駒西麓の特徴をもつ土器として分類されたものの中にある。それは角閃石あるいは輝石を多量に含む特徴と茶褐色の色調という，2つの要素が共存していない土器であり，混和材と元素の含有率の面からその概要を示してみよう[28]。資料は表 30-1,2 の 91 点であるが，資料 75 は表 32 のように体部と突帯部に 2 分して元素の含有率を分析した結果を示している。混和材

表31　土器型式と胎土の特徴

資料番号	時期および土器型式
85	縄文早期末～前期初頭
5・86	縄文中期
1～4・84	縄文中期(船元Ⅰ・Ⅱ式)
6～26・30・32～34・46 83・87・88・90・91	縄文中期末～後期初頭(北白川C式)
27～29・31・41・89	縄文後期初頭(中津式)
35・**36**・37～39・**40**・42・43 **44・45**・48・49・50	縄文後期(北白川上層式)
47	縄文後期(元住吉山式)
51・52	縄文後期(一乗寺K～元住吉山式)
53・54	縄文後期(宮滝式)
55	縄文晩期(滋賀里Ⅲb～船橋式)
56	縄文晩期
57・58	縄文晩期(滋賀里Ⅲb式)
59	縄文晩期(滋賀里Ⅳ式)
68	縄文晩期(船橋式)
60・61・62・64・**66・67** **70・71・72・74・75**	縄文晩期(長原式)
63・**65**・69・73	縄文晩期(船橋～長原式)
76～82	弥生前期

太字が角閃石・輝石を多量に含む土器

の分析は土器の薄片を作成し，岩石鉱物の同定およびそれぞれの含有状態の相対的な比率を求める方法を採用し，岩石と鉱物の種類および成因による特徴から分類したものである。表中の1～4の数値は，土器の薄片中で占める個々の岩石鉱物の相対的な量比を示している。具体的には，薄片中のほぼ半ばあるいはそれ以上の量を示すものを4，微細な粒子で数点が確認できるものを1として，それらの間の量を占めるものをほぼ2分して，多いものを3，少ないものを2とした。

■**混和材**　小阪遺跡から出土した土器は，混和材の特徴から次の3種類に大別できる(表30-1,2)[29]。つまり，①大阪層群の堆積物に特徴的な深成岩や堆積岩に属する岩石鉱物を含む土器，②それに加えて紀ノ川流域の変成岩や二上山(ふたかみ)などの火山岩に由来する岩石片が混在する土器，③角閃石と輝石の両方，もしくは一方を多量に含む土器，である。このうち①と②が多数を占め，③は表31において太字で示した22点である。

この22点の角閃石および輝石を多量に含む胎土は，生駒西麓の土器と呼ばれる特徴をもち，そのほかの土器とは明瞭な違いがある。ところがその中には，資料75のように，体部には多量の角閃石が含まれているが，突帯部は角閃石や輝石類はもちろんのこと，砂粒をほとんど含んでいない淡灰色の精緻な粘土というように，2種類の素地を使い分けている土器もある。

■**元素の含有率**　鉱物の分類に加えて，粘土や砂の成分の特徴を蛍光X線分析によって測定した結果が表32である。含有率の単位は，K，Ca，Feが％でRb，Sr，Zrがppmである。この測定値を用いて個々の土器の成分の違いの大きさを計算し，クラスター分析の方法によって資料間で比較し，成分の含有率の類似しているものから順に結びつけて，房状の群として表現したのが図32である。この中で，資料(75)は資料75につけられた突帯部で，茶褐色の体部とは異なった精緻な粘土で作られている。また，資料64の土器は元素含有率の分析が不可能であったため含めていない。

この分類では，右側の資料番号に近い位置で結びついたものほど，6つの元素の含

表32 胎土の元素含有率（注28，表66）

資料	K (%)	Ca (%)	Fe (%)	Rb (ppm)	Sr (ppm)	Zr (ppm)	資料	K (%)	Ca (%)	Fe (%)	Rb (ppm)	Sr (ppm)	Zr (ppm)
1	1.55	.79	3.18	72.78	137.92	161.15	47	1.63	.35	1.57	78.17	74.19	168.99
2	.72	2.98	4.71	36.90	172.85	151.73	48	1.80	.34	1.49	79.17	86.30	255.12
3	1.54	.60	2.25	75.62	137.53	123.26	49	1.15	1.14	2.68	43.84	157.48	218.38
4	1.46	.38	1.37	50.96	79.10	305.89	50	.46	1.87	8.61	21.45	66.88	88.86
5	1.35	.75	1.25	51.65	147.46	240.88	51	.51	1.99	8.76	21.34	67.24	51.28
6	1.25	.94	3.93	41.86	152.44	155.07	52	2.18	.50	2.75	98.32	114.25	182.51
7	1.55	1.10	3.16	50.62	185.98	138.15	53	.39	3.15	5.33	15.26	216.90	66.79
8	1.77	.44	1.60	89.87	114.01	186.36	54	1.34	.37	3.20	55.97	68.51	198.20
9	1.37	.34	2.64	71.26	76.73	225.00	55	1.96	.62	2.02	81.57	162.26	192.57
10	1.52	.85	2.92	78.32	200.41	168.53	56	1.80	.49	2.51	85.94	108.09	193.70
11	1.14	.63	1.43	66.55	163.68	164.08	57	.78	2.67	10.31	29.70	128.87	88.71
12	1.55	.58	1.52	66.89	150.07	182.04	58	.63	1.94	6.85	26.45	138.04	86.45
13	1.63	.81	1.71	68.23	212.46	182.42	59	1.25	.65	3.30	55.46	144.25	360.58
14	1.55	.41	2.54	55.72	95.75	234.07	60	.41	2.60	8.47	11.13	99.66	64.09
15	1.68	.35	2.38	85.61	83.29	266.35	61	.77	2.86	5.45	26.02	109.51	47.87
16	1.53	.43	3.35	66.58	94.53	209.31	62	1.46	.88	4.36	57.15	197.80	190.14
17	1.37	.75	2.07	53.65	156.58	119.90	63	1.21	1.07	2.04	46.92	191.93	231.28
18	1.44	.48	1.60	70.22	127.60	137.57	65	.65	2.95	5.98	20.76	124.38	48.25
19	1.53	.98	2.63	74.89	233.22	177.16	66	.32	3.26	5.62	4.40	184.43	59.72
20	1.47	.39	1.39	106.28	122.83	175.01	67	.62	3.34	4.57	22.12	108.28	48.34
21	1.62	.36	2.98	68.56	103.19	258.61	68	.71	2.84	6.85	17.93	230.88	105.55
22	1.28	.92	1.78	53.26	228.79	159.20	69	.44	1.90	5.87	17.76	119.45	30.46
23	1.56	.96	2.08	63.95	210.79	151.41	70	1.27	.89	3.65	79.33	132.68	149.03
24	1.04	1.31	5.60	39.71	189.42	229.45	71	1.00	1.99	7.12	48.67	123.59	88.07
25	1.66	.34	4.08	79.68	66.64	248.31	72	.15	1.75	6.10	4.46	115.25	30.60
26	1.95	.45	1.63	92.20	100.13	197.14	73	1.29	.50	1.72	60.77	158.73	172.11
27	1.71	.52	1.49	97.63	117.41	170.07	74	.80	2.73	4.72	29.03	93.55	59.13
28	1.43	.55	1.61	59.07	134.28	146.88	75	1.81	.73	3.08	106.31	100.72	145.33
29	1.67	.51	1.50	111.91	109.13	189.65	(75)	.45	2.30	5.18	14.89	192.62	49.91
30	1.76	.44	1.48	85.12	109.60	188.42	76	1.99	.48	2.38	76.46	83.49	172.14
31	1.30	.51	2.66	67.39	108.96	192.85	77	1.92	.37	2.48	107.16	85.52	175.63
32	1.60	1.14	3.20	86.57	186.61	119.20	78	1.93	.93	1.37	98.69	146.77	213.13
33	1.61	.40	1.98	75.59	94.10	250.43	79	.99	.41	3.01	60.05	63.23	245.12
34	1.27	.60	2.19	63.66	141.39	156.67	80	1.27	.32	3.03	72.08	77.79	231.14
35	1.61	.37	2.34	76.31	116.58	188.73	81	1.49	.39	.96	95.09	113.99	235.39
36	.62	2.53	4.61	14.98	219.92	72.17	82	1.47	.46	2.71	92.96	85.61	175.09
37	1.71	.75	1.89	65.92	190.13	244.03	83	1.31	.44	2.49	76.02	137.16	175.29
38	1.32	.40	1.99	62.01	99.93	132.47	84	1.80	1.07	2.47	86.91	206.05	157.73
39	1.65	.34	1.39	97.11	84.40	234.23	85	.31	2.81	9.72	11.12	139.27	85.08
40	.44	2.60	5.31	12.54	154.70	46.37	86	1.75	.37	2.82	93.97	118.53	275.61
41	1.78	.36	1.99	119.87	94.53	184.03	87	1.34	.14	2.60	71.26	50.48	278.96
42	1.31	1.08	3.28	77.37	181.86	208.96	88	1.59	.60	3.16	72.57	123.02	163.51
43	1.12	1.65	4.01	43.94	181.70	159.48	89	2.19	.43	2.42	99.64	88.15	183.24
44	.35	2.78	6.05	6.71	151.91	43.48	90	1.73	.46	3.52	101.01	89.17	177.56
45	.54	1.83	6.81	23.01	135.08	53.90	91	1.63	.67	2.17	87.84	190.44	129.73
46	1.24	.59	2.63	65.05	128.32	136.23							

(75)は試料75の突帯部
64の元素分析はおこなっていない

有率の違いが小さく，左側の高い位置で結びつくほど違いが大きいという関係にあることを示している。大小さまざまな房状の群が構成されるが，もっとも大きく2つに分けるとA群とB群になる。この両群が大きく分かれる理由は，表33に示した数値のような，元素の含有率の特徴と関係していることがわ

表33 A群・B群の土器の元素含有率

元素	A群	B群
K	0.45 ～ 2.19 %	0.15 ～ 1.81 %
Ca	0.14 ～ 2.30 %	0.73 ～ 3.34 %
Fe	0.96 ～ 4.36 %	3.08 ～ 10.31 %
Rb	39.71 ～ 119.87 ppm	4.40 ～ 106.31 ppm
Zr	49.91 ～ 360.58 ppm	30.46 ～ 151.73 ppm

第5章 粘土と混和材の選択

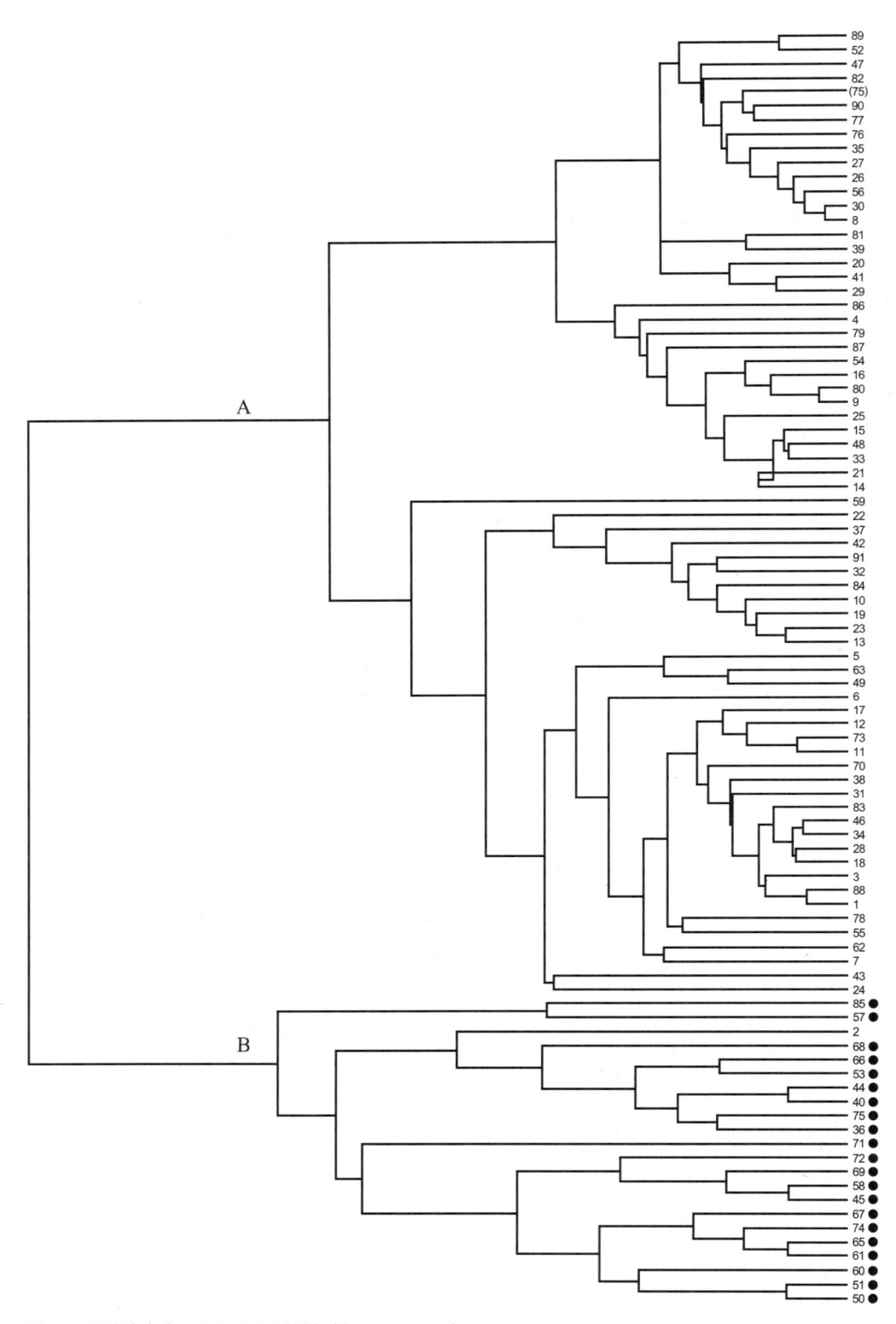

図32　元素含有率にもとづく分類樹（注28, Fig.444）
　　　●は角閃石・輝石を多量に含む土器，(75)は資料75の突帯部

かる。

■**胎土の分類**　図32の番号の右に●印を付したものは，岩石鉱物の分析から，角閃石と輝石の両方，もしくは一方を多量に含む特徴をもつことが明らかになった土器で，そのすべてがB群を構成している。しかしそこに，この特徴とは異なる資料2も含まれている。このことは，土器の製作地を考える上で，胎土の特徴を角閃石と輝石を含むか否かという違いだけによって分類することは，正しくないということを示している。

表33に示したように，A群とB群に分かれる大きな要因となっているのは，K, Ca, Fe, Rb, Zrの含有率の違いであるが，その理由として，鉄を多く含む角閃石や輝石との関係が推測できる。しかし，角閃石を多く含まない資料2の土器については，別の要素を考えなければならず，それは粘土の成分が関係しているということになる。つまり，角閃石が多量に加わってはいないが，鉄を多く含む粘土を用いているため，成分の上でB群の特徴をもつ結果になったもので，これは粘土と混和材が個別に選択された可能性も示している。

このほかに資料75の突帯部の（75）については，体部は角閃石を多量に含み茶褐色の胎土であるが，この突帯部だけは異なった粘土を用いており，元素の含有率による分類樹の上では，同じ土器でありながら体部と大きく異なり，材料を選択したことが明瞭である。このような事例から，胎土を視覚的な要素から区分して製作地と結びつけるには，なお多くの検討を要すると考えている。

（2）岡山県楯築遺跡の祭祀用土器

小阪遺跡の土器で見たように，胎土に特徴をもたせることを意図して，材料を選択した例が弥生後期の吉備地方の土器にもあらわれる。1976年から1988年の間に7次にわたって発掘調査がおこなわれた岡山県楯築遺跡では，特殊器台と長頸壺の一部のものにだけ，角閃石と黒雲母を多量に加えるという特徴がある[30]。また，楯築遺跡に近い倉敷市鯉喰（こいくい）神社遺跡，矢部南向（みなみむこう）遺跡，上東遺跡，岡山市生石神社遺跡，西方の高梁川流域に近い総社市立坂（たてさか）遺跡，伊与部山遺跡，宮山遺跡，および津山市上原遺跡などにおいても，この時期の特殊器台や埴輪にこれと同じ現象が見られることが明らかになっている（図33）。

岡山県南部の土器に一般的な胎土の特徴は，深成岩に起源をもつ岩石片や鉱物を多量に含み，これに少量の火山岩に由来する岩石や変成岩が加わることである。上記の角閃石と黒雲母を多量に含む土器は，この特徴とは異なっており，さらには特殊器台や特殊壺のうちの一部の土器に限られていること，混和材として含まれるこの2種類の鉱物の含有量が，いずれの遺跡の土器においてもきわめて類似していること，などにおいて共通している。

■**混和材の差**　楯築遺跡の特殊器台は胎土の色調から，赤褐色（A類），赤褐色

ないし暗褐色（B類），明るい黄褐色（C類），その他の褐色調（D類）の4種に分類され，長頸壺もこれに準じて分けられた。これらは胎土に含まれる鉱物の特徴によって区分すると，角閃石と黒雲母の含有量から大きく2種類に分類することができる。それは一般の土器と同様の石英や長石を多く含む胎土のA類・C類（口絵図版13-2）と，多量の角閃石あるいは黒雲母を含むB類・D類（口絵図版13-1）である（表34）。

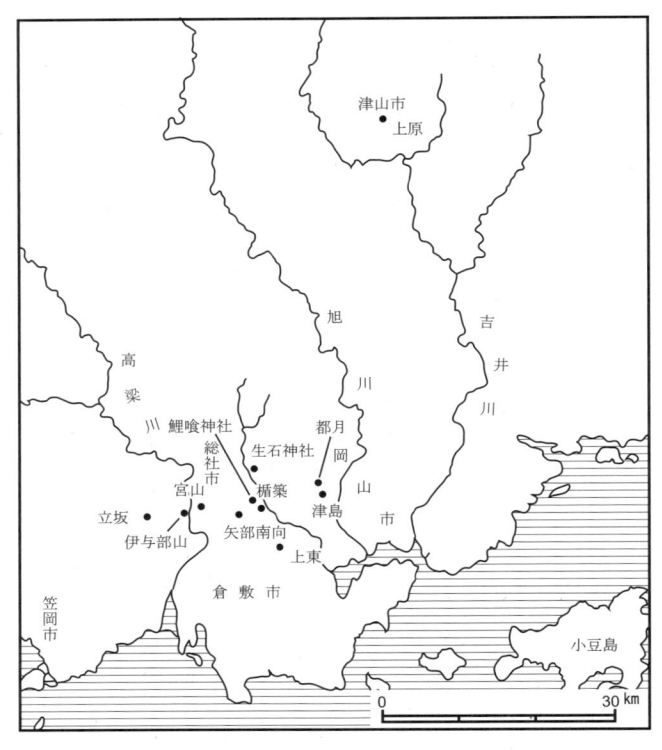

図33　分析土器の出土遺跡

このような特徴にしたがって，上述した周辺の遺跡の土器を対応させてみると，鯉喰神社遺跡の特殊器台（28～30）と生石神社遺跡のそれ（31～33）は，角閃石あるいは黒雲母を多く含む特徴をもつ，楯築遺跡の特殊器台B類・D類および長頸壺の一部の胎土と共通していることが明らかである。

また，西方の高梁川流域の立坂，伊与部山の両遺跡の資料においても同様の現象が見られ，立坂遺跡の特殊器台は，黒雲母と多量の角閃石を含むものと，それらの少ない土器の2群に区分され，そのほかに角閃石が多く加わる小型器台もある。また伊与部山遺跡の特殊器台の3点も，黒雲母と多量の角閃石を含むという特徴をもつ。一方，宮山遺跡の特殊器台の3点や上東遺跡の壺などにはこのような特徴はなく，楯築遺跡の特殊器台A類・C類に近い組成である。

岡山県南部から遠く離れた津山市上原遺跡の特殊器台においても，分析した6点すべてに多くの角閃石が含まれており，楯築遺跡の特殊器台B類・D類および長頸壺の一部と同質の胎土であった。これらの関係を整理すると，表35のようになり，同じ特殊器台においても，異なった材料を用いて作り分けるという共通した現象が，この地域の限られた時期の土器にあらわれている。

胎土に角閃石あるいは黒雲母が多量に含まれるという現象は，この種の鉱物を多く含む母岩が風化した堆積物を選択して用いたか，あるいは鉱物を採取して意図して加えたか，という2つの可能性を示している。ここに示した事例では，母岩に近い堆積物の中から意識的に採取して加えた可能性が高いことが明らかになっている。その理

表34 胎土中の岩石鉱物（注31, 表2）

分析資料	資料番号	石英（波動消光を含む）	カリ長石 パーサイト	カリ長石 微斜長石	斜長石	黒雲母	白雲母	角閃石	輝石類	ジルコン	カンラン石	スフェン	不透明鉱物	深成岩岩片	安山岩	砂岩	泥岩	結晶片岩
楯築 特殊器台A	1	4	3		2	1		2	2		1		2	2				
	2	4	3	3	2	1	1	2	2				2	2				
	3	4	3	1	2	1		2	1				2			1		
特殊器台B	4	4	3		2	2		3	2				2	2				
	5	3	2		2	3		3	1		1	1	2	2				
	6	3	2		2	2		3			1		2					
特殊器台C	7	4	3	1	2	2		2	1				2					
	8	4	2		2	1		2	1				2					1
	9	4	2		2	1		2	1		1		2					
特殊器台D	10	4	2		2	3	1	3	1		1		2					
	11	4	3		2	3		3	1	1			2	2		2		
	12	4	2		2	3		3	1				2	2			2	
築 長頸壺	13	4	2		2	2		3					2	2				
	14	4	2		2	3		3	2				2	2	2	2		
	15	4	2		2	3		3					2	2				
	16	4	2		2	3	1	2					2	2				
	17	4	2		2	3		3	1				2	2				
	18	4	2		2	3	1	3			1		2	2				
	19	4	3	2	2	1		2	2				2	2				
	20	4	2		2	1		2					2	2		2		
	21	4	3		2	1		2					2	2				
高坏	22	4	2		2	1		2					2	2				
	23	4	2		2	1		2	1	1	1		2	2				
	24	4	2		2	1		2					2	2				
矢部南向 高坏	25	4	2		2	1		2					2	2				
	26	4	2		2	1		2					2	2				
	27	4	2		2	1		2	1	1			2	2	3		2	
鯉喰神社 特殊器台	28	4	2		2	2		3	2		1	1	2	3				
	29	4	2		2	2		2			1		2					
	30	3	2		2	2	1	2	1				2	2			2	
生石神社 特殊器台	31	3	2		2	2	1	3					2	2			2	1
	32	4	2		2	3	1	3					2	2				
	33	4	2		2	3		3	1				2	2				1
上東 壺	34	4	3		2	1		2			1		2	2	2			
	35	4	3		2	2		2			1		2					
	36	4	2		2	1	1	2	2	1			2					
都月一号 埴輪	37	4	2		2	1		2			1		2					
	38	4	2		2	2		2			1		2					
	39	4	2		2	2		2					2					
	40	4	2		2	1	1	2			1		2					
	41	4	2		2	2		2					2					
	42	4	3		2	1		2					2					
津島 壺	43	4	3	2	2	2		2	1				2	2				
	44	4	3	3	2	2		2					2				2	2
	45	4	2		2	1	1	2	1				2					
立坂 特殊器台	46	4	2		3	2		3	2	1		1	2	2			2	
	47	3	2		2	2		2					2	2				
	48	4	2		2	2	1	2					2			2		
	49	4	2	2	2	2		2					2	2				
	50	4	2	2	2	1		2	2				2	2				
	51	3			2	2		3	1				2				2	
	52	3			2	1		2					2					
	53	4	2	2	2	2		2	1				2	2				
小型器台	54	4	2		2	3		3	1				2	2				
	55	4	2		2	2		2	1				2	2			2	
伊与部山 特殊器台	56	3	2		3	2		3	1				2	2				
	57	3	2		3	2		3				1	2	2			2	
	58	4	2		2	2		3	1	2			2	2				
宮山 特殊器台	59	4	2		2	2		2					2	2				
	60	4	1		2	1		1					2					
	61	4	2		2	1	1	2					2					
上原 特殊器台	62	3	2		2	2		4	2				2	2				
	63	4	2		2	3		4	2		1		2	2				
	64	4	2		2	3	1	3					2	2			2	
	65	3	2		2	2		2					2					
	66	4	2		2	2		3	2				2	2				
	67	3	2		2	2		3	2		1		2	2				

表中の数値は含有量の相対値で，4＞3＞2＞1の関係を示す。詳細はpp.121～122の本文に記載。

表35 胎土の特徴による分類（注31，表3）

楯築　特殊器台B類・D類　長頸壺（13～18）	楯築　特殊器台A類・C類　長頸壺（19～21）	楯築　高坏
鯉喰神社　特殊器台 生石神社　特殊器台 立坂　　　特殊器台 　　　　　（46・47，51・52） 立坂　　　小型器台 伊与部山　特殊器台 上原　　　特殊器台	上東　　　壺 都月1号　埴輪 立坂　　　特殊器台（48～50） 宮山　　　特殊器台	矢部南向　高坏
黒雲母と多量の角閃石を含む特徴をもつ	石英・長石類を主体として，角閃石と黒雲母を多量に含まない	砂粒はごく少量で非常に緻密な胎土

※津島遺跡の壺はいずれの分類にも該当しない。

　由は，第1にきわめて大きな粒径の鉱物として含まれていること，第2に角閃石がまだ鉱物に分解しておらず，石英や長石類と結合した岩石片として加わっていることなどにある。すなわち，風化や二次堆積があまり進行していない状態を示しているからである。

　楯築遺跡の土器に含まれる角閃石および黒雲母を供給した母岩がどの地域にあるか，地質の上から可能性の高いものをあげれば，遺跡の北方の足守川を数キロメートルさかのぼった，足守町を中心とする一帯の閃緑岩類が考えられる。そのほか，立坂遺跡と伊与部山遺跡の土器に含まれる角閃石は，北西5～6kmにある高滝山の南へ連なる山塊の，変成作用を受けたハンレイ岩などに求めることができる。また上原遺跡の特殊器台の角閃石については，具体的な地域を特定することはできないが，おそらく周辺地域に多く分布する深成岩が風化した堆積物から得たものと考えられる。

　このように，同じ種類の土器を異なった材料を用いて作るという意図が，この地域の祭祀遺跡に共通に存在していたことが明らかになった。それがどのような理由によっておこなわれたのか具体的な背景は不明であるが，かりに祭祀用土器の製作をおこなう工人の存在が肯定できるなら，複数の工人組織の製品が納められた結果と考えることもできる。墳墓の造営や埋葬に関する器物の製作について，このような視点から追究すれば，祭祀用土器の製作をめぐる工人との関係を示す，具体的な資料が得られるかもしれない[31]。

(3) 香川県中間西井坪遺跡の土師器

　楯築遺跡および周辺の遺跡の祭祀用の土器で明らかになった特徴は，同じ種類の混和材が，同じ器種の一部のものに加えられているという現象であった。それに対して香川県中間西井坪遺跡では，異なる種類の鉱物をそれぞれに多量に含む土器があり，

表36　土器の含有鉱物の特徴（注36，第13・15表を一部改変）

資料	器種	多量に含む鉱物	資料	器種	多量に含む鉱物
1	広口壺	角閃石	12	甕	石英・長石
2	高坏	角閃石	13	壺	石英・長石
3	甕	角閃石	14	大型壺	石英・長石
4	甕	輝石	15	大型鉢	石英・長石
5	二重口縁壺	石英・長石	16	広口壺	黒雲母
6	広口壺	石英・長石	17	高坏	黒雲母
7	甕	石英・長石	18	甕	角閃石
8	甕	石英・長石	19	二重口縁壺	火山ガラス
9	甕	石英・長石	20	甕	なし
10	甕	石英・長石	21	小型鉢	火山ガラス
11	広口壺	石英・長石			

それらの混和材の特徴から，いくつかの地域から搬入された可能性が指摘されていた。

　この遺跡から出土した21点の土器の器種と，多量に含まれる鉱物の特徴との関係を示すと，表36のようになる。石英と長石類を多く含む一般的な土器のほかに，角閃石，輝石，黒雲母，火山ガラスの4種の鉱物を多量に含むものがある。角閃石と輝石には粒径の大きな状態のもの，あるいは石英などと結合した岩石片の状態で加わっているものもあり，風化が進んでいないことを示している。

　これら4種の鉱物をそれぞれ多量に含む材料が，遺跡周辺の限られた地域の堆積物から自然に得られたとは考えにくく，この点が，従来から搬入された土器と考えられてきた大きな理由であろう。しかし，いずれもこの地域の堆積物の中でとくに希少なものではなく，火成岩の中ではきわめて一般的な鉱物であることを考慮に入れておく必要がある。

　遺跡周辺の堆積物について概観すると，次のような特徴がある[32]。香川県南部を東西に横断する和泉層群の北側には，閃緑岩あるいは花崗岩のような深成岩類が広く分布し，一部に片麻岩を中心とする変成岩が加わって，この地域の基盤を作るおもな岩石となっている。さらに，その基盤を貫いて噴出した火山岩類が点在し，流紋岩，安山岩，玄武岩などいくつかの種類のものがある。遺跡近くで火山岩の分布を見ると，北西にあたる大平山や国分台，その北方の大崎山や峰の池付近，および北東の方向の石清尾山や紫雲山などがあり，それらは古銅輝石や各種の輝石，角閃石類，カンラン石などを含む安山岩である。

　このような堆積物と土器に含まれる混和材とを比較すると，以下のような点が明らかになる。角閃石，輝石，黒雲母は，閃緑岩や花崗岩などの深成岩の中に多く含まれる鉱物であり，火山ガラスは点在する火山岩の堆積物と関係をもつ。したがって，含まれる量の多少を考慮に入れなければ，この地域の堆積物の特徴と矛盾するところはないが，問題となるのは，これらの鉱物を多量に含むという特徴が，土器によってそれ

表37 資料1の胎土の成分（%）（注36, 第16表）

SiO₂	49.18	TiO₂	1.25	SO₃	0.07
Al₂O₃	23.10	Na₂O	1.08	Cr₂O₃	0.22
Fe₂O₃	16.30	K₂O	1.03	ZrO₂	0.02
CaO	4.00	P₂O₅	0.22	ZnO	0.02
MgO	3.50	MnO	0.20	SrO	0.02

表38 香川県石清尾山の溶岩の成分（%）（注35, p.38）

SiO₂	55.66	CaO	6.90	TiO₂	0.26
Al₂O₃	18.61	MgO	4.82	MnO	0.10
Fe₂O₃	1.20	Na₂O	3.64	灼熱減量	0.86
FeO	6.61	K₂O	1.22		

ぞれ異なっている点である。
　とくに堆積物の多くを占めている石英や長石を上回る量の，角閃石や輝石などを含む土器があることは，岩石の風化物を意図して添加したことを示唆している。それは楯築遺跡の祭祀用の土器に見られた現象と類似しており，楯築遺跡の場合は，胎土の特徴とある器種の一部の土器との間に，相互に関係した作業があったことを示すものであった[33]。これに対して中間西井坪遺跡の4種類の特徴をもつ土器の場合には，土器によって混和されている鉱物の種類が異なっているため，それぞれ異なる地域で作られた土器が搬入された結果であるように見える。しかしこの遺跡付近で，これらの鉱物を採取した地域が特定できるような，地理的な関係を把握することは難しいが，それぞれの混和材が集中して堆積する場所が，比較的多く存在することを考慮に入れると，遺跡周辺で材料を採取して意図的に添加した可能性が高いといえる。

　このことは，表37に示した資料1の土器の元素の含有率からもいうことができる[34]。それは，珪酸（SiO_2）は50%以下と少量であるのに対して，鉄の酸化物（Fe_2O_3）と酸化カルシウム（CaO）および酸化マグネシウム（MgO）の3成分で23.8%の高い値となっている。この数値は有色鉱物を多く含むほど高くなる傾向があり，この土器の場合は，角閃石の含有率が非常に高いことと関係があることを示している。

　これと比較参照できる資料として，塩基性成分の高い石清尾山の溶岩について，地質調査所がおこなった表38のような分析結果がある[35]。資料1の胎土の成分と比較すると，有色鉱物を多く含む土器の特徴と鉄やマグネシウムの酸化物の比率が高い遺跡周辺の岩石が，深い関係にあることを明瞭に示しており，混和材あるいは素地の材料を，必ずしも他の地域に求める必要はないことを示唆している[36]。

4 高火度焼成の製品と海成粘土

(1) 須恵器の焼成と海成粘土

　古代の窯業技術の中で須恵器の材質に触れるとき，海成粘土を用いると溶融して形が崩れる現象があり，その材料には適さないと理解されている。田辺昭三氏が調査し

た陶邑古窯跡群の報告書において，粘土の焼成実験をおこなった結果から，海成粘土が1100℃を越えるような高温のもとでは，発泡して溶融する現象が生じることが紹介され，それによって，高火度の焼成と海成粘土の性質との関係に，このような固定した理解が生まれた[37]。しかし，それがどのような理由によっているのか，あるいはこのことを前提にして，須恵器や陶器に用いられる材料は特殊な性質をもっていると考えてよいか，などについては検討が深められていない。

　須恵器の材料を取り上げて，焼成温度との関係からその性質を解いたものはいくつかある。楢崎彰一氏は，土師器や埴輪の製作に適合するような粘土は，二次堆積あるいは海成層の粘土であるが，山地の粘土に比べて淘汰が進んでおり耐火度が低く，須恵器のような高温焼成に適さない粘土であること，須恵器の製作に使用された粘土は，花崗岩あるいは凝灰岩の風化分解物に由来するカオリン系鉱物を主体とするもので，モンモリロナイトを多く含む粘土は避けられ，選択がおこなわれていたことを指摘した[38]。

　また，田辺氏が焼成実験から導いた粘土の性質に関する考察は，次のような内容である。大阪府南部の地域に分布する，大阪層群の海成粘土層と淡水成粘土層の2種類の粘土について実験をおこない，「三段ガ原丘陵の露頭で採取した3種の淡水成粘土と岩室付近で採取した海成粘土とを等温，等条件の窯内で酸化炎焼成してみた。その結果，1000℃ではいずれも堅緻に焼けしまり，陶器（いわゆる素焼き）の状態となったが，1150℃まで焼成温度をあげたとき，海成粘土は表面が熔融し，内部は海綿状を呈する状態となった。」「すくなくとも海成粘土は耐火度が低く，須恵器の素地として不適当であることがわかった。しかし海成粘土の耐火度が低い原因は，粘土を構成する成分上の問題か，あるいはその他の条件によるものかは，あきらかでない。」と述べている[39]。

　それ以後，このような海成粘土と淡水成粘土の高温焼成のもとでの性質の違い――海成粘土を用いて1100℃を越えるような高温で焼成をすると，粘土が溶融して形が崩れる現象――が生じ，須恵器や陶器の材料には適さないという認識が考古学の中に深く浸透し，一般に了解されてきた[40]。海成粘土と須恵器との関係を記したものは，地質学の分野の著述の中にも見られ，菅野耕三氏は，陶邑古窯跡群がある泉北・泉南丘陵の大阪層群を形成する粘土層には，海底に堆積した海成粘土と湖などに堆積した淡水成粘土があるが，そのうち須恵器に海成粘土を用いて焼くと形が崩れ，淡水成粘土でないと須恵器には使えないと記している。しかし，そこでも海成粘土が高温のもとで変化する理由については触れられていない[41]。

　縄文土器や弥生土器あるいは土師器については，焼成温度との関係で材料の性質がとくに問題にされることはほとんどない。静岡県清水天王山遺跡の，表面がわずかにガラス状に発泡した縄文土器，および大阪府美園遺跡の弥生土器に発泡し変形したものなどもあるが，前者は，一般的な焼成の土器よりもやや高温の加熱を受けたことに

よっており（第3章第3節），後者については，沢田正昭氏らによって，使用時に生じた1200℃程度の一時的な加熱による変化であると報告されている[42]。こうしたものは少数の例にすぎず，低火度で焼成された大部分の土器は，海成粘土と淡水成粘土のいずれを用いても，焼成時の加熱による大きな変化はなかったと考えてよい[43]。

(2) 粘土の耐火度

　海成粘土とはいうまでもなく，過去に海水中に堆積した粘土のことであるが，淡水成粘土との違いがどこにあり，どのような理由で高火度の焼成のもとで溶融するのか，粘土の耐火度と海成粘土の化学的性質との関係から，それらの考察を進めてみることにする。

　窯業技術の変遷においては，高い焼成温度の獲得とそれに適した材料の選択が重要な要素となっており，須恵器の製作においても同様の事情があったと考えてよい。加熱による材質の変化が，製品の性質を異にする大きな要因ともなっているため，土器や陶器を分類するさいにも，釉の有無とともに焼成温度の違いも大きな基準として取り上げられてきた。1100℃を越える高温のもとで，海成粘土が溶融したという現象自体に疑問をはさむ余地はないが，その変化には多量の塩基性成分を含むような，粘土の特殊な性質を想定する必要はなく，低火度焼成の土器とも共通した，粘土の基本的な熱変化の中にその原因は求められる。

　土器や陶磁器が焼成によって堅緻な製品になる過程には，2つの主要な変化がある。それらは，材質の一部が高温のもとでガラスに変化して，製品自体が強固なものになっていく作用と，低火度焼成の土器にも高火度焼成の須恵器や陶磁器にも共通に見られる，焼結という現象による変化である。前者のガラス化は高火度焼成の製品に重要な役割を果たしている。これに対して後者の焼結と呼ばれる現象は，第3章第4節で詳しく触れたように，ガラス化するような高温に達しない温度において粘土が固結する変化で，低火度の土器や須恵器さらには陶磁器などすべてに共通した，ある温度域で生じる一連の作用である。

　一般に粘土と温度との関係から，熱に対して形を維持する程度の大小を，耐火度が高いあるいは低いという表現であらわすことが多いが，その用語が示す内容もこれとほぼ同じで，粘土がどの温度まで溶融せずに焼き固まる作用が続くかの程度，つまりその温度の上限がどこか，ということを示すものである。たとえば耐火度が低いという表現は，粘土が十分に焼結しない段階で溶融する現象を指す。海成粘土の溶融現象は，この耐火度，つまり焼き固まりはじめる段階から溶融するまでの温度域の範囲が小さいことと深く関係している。

(3) 焼結作用

　須恵器の焼成温度が，低火度焼成の土器のそれとは大きく異なった数値であること

は，土器の製作技術の解説においてさまざまな表現で記載されているが，それは製品の状態や窯の遺構から間接的に得られた大まかな推定で，詳細は明らかではない。器面に多量の自然釉が付着して，灰釉陶器とほぼ同じ焼成温度を示す製品がある一方で，焼締まりのよくない製品もあり，また窯の中の位置によっても焼成中の温度に大きな違いがあるからである。

田辺昭三氏は須恵器の焼成温度について，約1100℃から1200℃の間であったといい[44]，同様に窯を用いた灰釉陶器について楢崎彰一氏は，灰の融ける温度が1240℃であり，この程度の温度で焼成されたと述べている[45]。また筆者がX線回折法で調査した，大阪府陶邑古窯跡群MT21号窯から出土した須恵器では，ムライトが生成してクリストバライトがわずかにあらわれている状態であることから，1100℃を越える温度であるが，1200℃を大きく上回るものではないことが明らかになっている[46]。こうした点から，須恵器の焼成温度は，1100〜1200℃を中心とする，ある幅をもった範囲を考えておけばよいことがわかる。

田辺氏の焼成実験では，1150℃まで温度を上げたとき海成粘土が溶融している。それは塩基性の強い材料がガラス化して，胎土中の空隙を埋めていく磁器の焼成過程で生じるような変化とは異なり，材料全体が急激に溶融した変化である。表現を変えると，粘土の焼結作用がおよぶ温度範囲の上限が低下した，耐火度の低い材質に特有の現象であるといえる。一般の粘土であれば，粘土粒子が固着していく段階であるにもかかわらず，この海成粘土の場合には，加熱によって固結した構造を作るはずの粘土自体が溶融している。それは粘土の性質が深く関係した現象で，淡水成粘土とは異なった海成粘土に特有な，粘土鉱物の変化にその要因を求めることができる。この点を陶邑古窯跡群一帯を含む近畿地方の大阪層群の堆積粘土から見ていくことにする。

(4) 海成粘土と淡水成粘土の性質

大阪平野を囲む近畿地方西部の丘陵地域には，第三紀末から第四紀更新世中期に形成された，大阪層群と呼ばれる堆積物が広く分布し，陶邑古窯跡群はこの分布域の南西部にあたる。大阪層群は粘土層，礫層，火山灰などで形成されているが，粘土層に

表39 海成粘土・淡水成粘土の硫黄含有率とpH値（注47b，表2）

資料		硫黄(%)	pH
① 大阪層群淡水成粘土	千里山丘陵火山灰層直上	n.d.	7.2
	千里山丘陵の海成粘土3直上	0.09	6.5
② 大阪層群海成粘土	千里山丘陵の海成粘土3	0.99	3.8
	千里山丘陵の海成粘土4	0.74	3.7
	千里山丘陵の海成粘土5	1.72	2.4
③ 沖積層海成粘土	地表下約15mの梅田粘土層	0.34	8.1
④ 大阪湾海成粘土	大阪湾中心部付近	0.44	8.0

は海水域の環境で堆積した海成粘土と，陸上で堆積した淡水成粘土との2種類がある。この海成粘土と淡水成粘土の化学的性質については，市原優子氏がおこなった，結晶の状態，硫黄含有率，pH（水素イオン濃度指数）などに関する調査結果があり，そこで用いた分析資料は表39に示した4種類である。このうち①が淡水成粘土で，②～④はいずれも海水中に堆積した海成粘土である。

X線回折法によって分析すると，淡水成粘土の①，海成粘土である沖積層粘土の③，海底の粘土の④の3種類の粘土では，ハロイサイト，イライト，モンモリロナイトなどの粘土鉱物の結晶が明瞭にあらわれて，その構造が保たれているのに対して，②の大阪層群の海成粘土においてだけ，モンモリロナイトが消えて他の粘土鉱物も不明瞭となり，全体に結晶が崩れているという。このような，淡水成粘土や同じ海成粘土である沖積層粘土および海底粘土などと比べて，海底で堆積したのちに陸上へ環境が変わった大阪層群の海成粘土だけに，結晶構造の上で大きな差があらわれる現象は，表39のような粘土の硫黄含有率とpHの関係から導かれている[47]。

■**硫黄含有率とpH**　まず硫黄の含有率は，①の淡水成粘土では，検出されないか含まれていてもわずか0.09％という数値である。これに対して，②の海成粘土は0.74～1.72％と高く，同様に海成粘土である③の沖積層粘土と④の海底粘土でも，0.34～0.44％と多く含まれている。この硫黄の含有率においては，淡水成粘土と海成粘土という区分による差が明瞭にあらわれている。

一方pHの値からは，①の淡水成粘土は6.5および7.2とほぼ中性であるのに対して，②の大阪層群の海成粘土は2.4～3.8と非常に強い酸性を示しており，硫黄の含有率と同様に，淡水成粘土と海成粘土との差として一定の関係があるように見える。ところが，③の沖積層粘土と④の海底粘土のpHの値は8.1と8.0で，海成粘土であるにもかかわらず淡水成粘土に近い数値を示している。つまり硫黄の含有率の違いは，淡水成粘土と海成粘土という区分と一致しているにもかかわらず，pHの値との関係は異なっている。

この4種類の粘土における硫黄の含有率とpHの値との関係は，次のようなことを示している。海成粘土において硫黄の含有率が高いことは，海水に多量に含まれる硫黄の影響によるもので，そのことは過去に海底に堆積した大阪層群の海成粘土においても，新しい海底堆積物である沖積層粘土や海底粘土においても同じである。一方，陸上で堆積した淡水成粘土には，当然海水からの硫黄の影響はなく，その結果，淡水成粘土と海成粘土という2種類の粘土の硫黄の含有率に大きな差があらわれることになっている。これに対して，pHの値は硫黄の含有率と密接に関係する要素であるにもかかわらず，海成粘土のうち大阪層群に堆積したものだけが，淡水成粘土とはもちろんのこと，ほかの海成粘土とも異なった値を示している。

■**粘土鉱物の破壊**　このようなpHの値の上で海成粘土が2つに分かれる理由は，一方が現在の丘陵を形成する堆積層の粘土であり，他方は地表下約15mの堆積物と

海底の粘土という，堆積状態の違いによっている。この点に注目すると，海成粘土の中で硫黄の含有率とpHの値に異なった関係があらわれる原因は，長く陸上に堆積したものとそうでないものという，堆積後の環境の差にあるといえる。

つまり海水中に多量に含まれる硫黄は，海底や地中の還元状態のもとでは，硫化鉄のような化合物として存在するが，それを多く含む海成粘土が陸上におかれた状態が長く続くと，硫黄が酸素やそれを含む水に接して，硫黄の酸化物の1つである硫酸（H_2SO_4）に変化する。このことが，強い酸性を示す原因となるわけである。これに対して，同じ海成粘土でも沖積層粘土や海底粘土は，硫黄の含有率の上で高い値を示すにもかかわらず，酸化される環境におかれていないために硫酸への変化は進まず，その結果，中性を示すことになる。

上述した市原氏によるX線回折分析の結果では，陸上に長くおかれた大阪層群の海成粘土においてだけ，モンモリロナイトが消失したり他の粘土鉱物の一部が減少したりし，現在の沖積層や海底に堆積している海成粘土には，こうした変化が生じないという。つまりこの両者の違いは，硫黄が酸化されて硫酸が生成される条件が，あったものとなかったものという差に起因していることがわかる。

陸上に長くおかれた海成粘土において結晶構造が崩れているのは，粘土鉱物の結晶を作る陽イオンが硫酸によって溶出した結果であり，またモンモリロナイトがまず消失するのは，微細な結晶で酸による影響を受けやすいことによっている。日常われわれが目にするものとして，金属が海水に触れやすいところでは錆が急速に進む現象があるが，それも同じような理由によるものである。このように淡水成粘土と海成粘土，あるいは海成粘土の中でも風化状態におかれたものと風化を受けないものとの間では，硫黄の酸化物によって粘土鉱物の性質に差が生じることになる。

(5) 加熱による海成粘土の変化

このような現象から，海成粘土が高温焼成において性状の変化を起こす理由は，海水中の硫黄が硫酸に変化して，粘土鉱物を破壊することにあることを見出すことができる。一般的な粘土においては，温度が上昇して一部の材質がガラス化する以前の段階に，粒子同士が接着しながら骨組みの構造を作っていく焼結作用が働く。しかし，陸上で硫黄酸化物によって結晶が破壊された粘土では，一般の粘土よりも溶融する温度が低下し，そのような低い温度の段階でガラス化が生じる。このことは粘土が本来の性質としてもっている耐火性が失われたことを示しており，田辺氏が焼成実験をおこなった海成粘土は，1150℃で海綿状に変化している。

粘土鉱物の層構造を作る化学的な作用については，第2章でその概要を示したが（「(2) 粘土の化学的性質」pp.12〜16），粘土が硫酸によって破壊されて耐火度が下がる現象は，結晶の中では次のような変化と関係している。

粘土鉱物は珪素，アルミニウム，酸素や水酸基などがイオン結合によって結びつい

て，四面体や八面体と呼ばれる構造を基本とした層構造によって結晶体を作るが，それらの組み合わせによって粘土の種類や性質が定まる。このようなイオン結合による構造の中では，電荷が安定するような組み合わせが重要で，負の電荷の過剰な状態にある部分では Na，Ca，K，Mg などの陽イオンが加わることによって電荷のつりあいをとり，層状の結晶を作り上げている。

このようにして生み出される粘土鉱物の性質は，基本的には淡水成粘土でも海成粘土でもいずれにおいても同様である。しかし海成粘土においては，結晶の中で電荷を安定な状態に保つ重要な役割を果たしている陽イオンが，海水に含まれる硫黄が酸化されてできる硫酸と化学反応を起こすことによって，結晶が破壊されて鉱物の層構造が失われる。その結果，不規則な結晶や非結晶の微細粒子に変質したものとなって，粘土が本来もっている耐火性を失い，比較的低い温度で変化することになる。

市原氏のX線回折分析によると，鉱物の結晶が崩れているのは，陸上の大阪層群の海成粘土であるという。そこでは本来粘土鉱物がもっている耐火性に関係する性質が失われ，単なる非晶質の微細粒子に変化した状態になったものである。つまり珪酸と酸化アルミニウムに塩基性の成分が加わった，たとえば，溶融温度が低下したガラスに近い組成のような状態と考えられ，それが高火度焼成のもとで溶融する現象の大きな要因になっている。このことによって，先に見た焼結作用で骨組みを作るべき粘土鉱物の性質が変化して，耐火性を維持しながら焼結が進行するはずの温度で，溶融が生じたものと理解することができる。このような性質を具体的に示す粘土の資料として，宮城県大蓮寺瓦窯の溶融化した窯壁がある。

■**大蓮寺瓦窯の溶融現象**　1991年に宮城県仙台市教育委員会が実施した，7世紀後半～8世紀前半の大蓮寺瓦窯の調査では，5基の窯跡のうち4号窯と5号窯で，堅緻に焼成された瓦とともに溶融した窯壁が発見され，一部は瓦と密着した状態で出土した[48]。この瓦と窯壁の状態の差は，瓦の製作には高温焼成に耐える粘土を用いているにもかかわらず，窯はその条件を満たしていない粘土層に作られた結果によっている。

窯を用いた高火度の焼成物の製作にあたった工人は，それに適した粘土と適さないものとを，当然識別していたと想像できる。たとえば海成粘土と淡水成粘土の差であれば，淡水成粘土は緑がかった灰色をしているのに対して，海成粘土は暗

1　溶融した窯壁（約1/2）　　2　瓦（約1/4）

図34　仙台市大蓮寺4号窯の出土資料

青灰色で乾燥すると硫酸カルシウム（$CaSO_4$）の針状結晶が析出するなどの状態から，今日地質学の野外調査でも比較的容易に識別できるという。したがって，当時の工人たちも経験によって粘土の差を見分けることができたはずであるが，大蓮寺瓦窯では窯を構築する粘土層に対してそのような知識が生かされていない。

そこでは溶融しているのは窯壁だけで，温度や酸化状態など焼成条件はすべて瓦と同じであるから，窯壁の熱変化が粘土の性質によっていることは疑いない。このことを確認するため，窯壁の発泡した状態の空隙を埋めるように付着していた粉状の結晶を，X線回折によって分析した結果，珪酸（SiO_2）のほかに少量の硫酸カルシウム（$CaSO_4$）と，その水和物である石膏（$CaSO_4 \cdot 2H_2O$）などの結晶が認められた（図34-1）。硫酸カルシウムとその風化によって生成される石膏は，海水中の硫黄に由来した二次生成物であり，この4号窯が構築された地層は海成粘土層であったことを示唆している。

(6) 海成粘土の種類

最後に，海成粘土と呼ばれる粘土は，そのすべてが須恵器など高火度での焼成に適していないと一面的に理解してよいか，考え直す必要がある。淡水成粘土と海成粘土の硫黄含有率とpHの値で見たように，海水の硫黄に起因する硫酸によって生じる粘土の破壊は，地表にあらわれた海成粘土において生じた現象であり，同じ海成粘土でも地表にあらわれない沖積層粘土や海底の粘土では，還元状態におかれているために，pHの値は8.0～8.1である。つまり，硫酸の生成とそれによる粘土の破壊現象は，地表で硫黄の酸化物ができやすい環境のもとで進行し，そうでない状況では硫黄の酸化物は生成しないために，淡水成粘土の性質と変わらない。

したがって，海成粘土において粘土鉱物が破壊される現象は，粘土が堆積したのちの環境に支配されており，硫黄の酸化物が生成しない環境にある海成粘土の性質は淡水成粘土と同じである。このことから高温焼成によって溶融する現象は，必ずしも海水中に堆積した海成粘土に普遍的な性質ではないということがいえる。

したがって，須恵器の製作において，粘土の採取から成形および焼成にいたるまでの工程は具体的に明らかではないが，もし地中の比較的深い場所の酸化が進行していない海成粘土が採取されて，短期間の間に焼成されたり，あるいは採取後に多量の淡水中におかれて，硫黄が希釈されるような条件が存在した場合には，淡水成粘土と同質のものになる可能性がある[49]。

さらにまた，海成粘土の生成にはさまざまな条件の差があり，大阪府泉北地区の大阪層群の海成粘土においては，堆積した当時の地形や環境などの差によって，硫黄酸化物の生成と粘土鉱物の破壊という現象に，異なった状況が生じる可能性があることも，宇野泰章氏らによって明らかにされている[50]。

大阪層群のほぼ中央に堆積するMa1からMa4の4つの海成層の粘土を比較すると，

もっとも古いMa1では淡水成の珪藻化石が優勢で，次のMa2ではそれが半ば近くを示し，Ma3から海産種が圧倒的に多くなり，Ma4では外洋性の珪藻が増加するという[51]。また，その粘土鉱物の結晶の特徴から，Ma1とMa2の海成粘土は，Ma3とMa4のそれと比べて淡水成粘土に近く，一方Ma3とMa4では，モンモリロナイトの減少が著しく，硫化物が多量に存在した環境であったという。このように同じ海成粘土と呼ばれるものでも，化学的な組成にはさまざまな違いがある。

したがって，海成粘土は日本各地に非常に多く分布しているが，すべてが一様に硫黄を原因とする粘土鉱物の破壊を受け，高火度の焼成物に適さない粘土であるとは，必ずしも断定できないことをも考慮に入れておく必要がある。少なくとも田辺昭三氏が焼成実験で用いた粘土は，まさに海水の影響によって粘土鉱物の破壊を受けた海成粘土にあたるものであろう。しかし，その後，考古学において述べられているようなとらえ方，つまり海成粘土というものは須恵器などの高温焼成物の製作には適さない，という固定した理解には検討を要することもまた事実である。

以上を要約すると，次のような点をあげることができる。海成粘土の性質の変化は地質学で説かれているように，海成粘土のうち陸上で長期間風化を受ける環境にあった粘土に特有の現象で，海水中に多量に含まれる硫黄がその酸化物である硫酸に変化し，それによって粘土鉱物が破壊されることに原因がある。高火度焼成の製品には適さないと，自明のことであるかのように論じられてきた，海成粘土の性質と熱による変化との関係は，こうした一連の化学変化によっていることを理解することが重要である。仙台市大蓮寺瓦窯の溶融した窯壁の現象も，こうした性質の海成粘土が原因であった可能性が高い。また，海成粘土は堆積環境にもとづく用語であり，焼成物の材質との関係で用いるさいには，そのすべての性質が必ずしも一様でないことにも留意しなければならない[52]。

〈第5章の注〉
1) 山本孝司「成果と課題」『多摩ニュータウン遺跡—No.245・341遺跡—』（東京都埋蔵文化財センター調査報告第57集）1998年，pp.500〜512。
2) J.Svoboda, "A New Male Burial from Dolní Věstonice," *Journal of Human Evolution*, 16, 1988, London, Academic Press, pp.827〜830.
3) *Macmillan Dictionary of Archaeology*, London, Macmillan Press, 1983, p.146.
   横山祐之『芸術の起源を探る』（朝日新聞社）1992年，p.242。
4) S.A.Vasil'ev, "Une Statuette d'Argile Paleolithique de Sibérie du Sud," *L'Anthropologie*, Tome 89, 1985, Paris, Masson, pp.193〜196.
5) 芹沢長介『古代史発掘』第1巻（講談社）1974年，p.16。
6) K.Absolon, "Une Nouvelle et Importante Station Aurignacienne en Moravie," *Revue Anthropologique*, Vol.37（1-3），1927, Paris, C.Reinwald et Ce, pp.75〜88.
   なお，化学成分の表記にはいくつかの誤りが見られる。

7) K.Absolon, "The Venus of Věstonice — Faceless and "Visored," A Gem of the Mammoth-Hunters' Art, in Powdered Bone and Clay," *The Illustrated London News*, Nov. 30, 1929（Vol.175, No.4728）, London, pp.934 ～ 938.
8) K.Absolon, "Moravia in Palaeolithic Times," *American Journal of Archaeology*, Vol.53, 1949, New York, Macmillan, pp.19 ～ 28.
9) P.B.Vandiver, O.Soffer, B.klima, J.Svoboda, "Venuses and Wolverines: The Origins of Ceramic Technology, ca.26000B.P.," *Ceramics and Civilization*, Vol.V, 1990, Ohio, American Ceramic Society, pp.13 ～ 81.
10) I.F.Smith, *Windmill Hill and Avebury, Excavations by Alexander Keiller 1925〜1939*, Oxford, Clarendon Press,1965.
11) 山内清男「関東北に於ける繊維土器」『史前学雑誌』第 1 巻第 2 号，1929 年，pp.1 ～ 30。
12) 清水芳裕「吉祥寺南町 3 丁目遺跡 B 地点出土土器の繊維状組織」『東京都井の頭池遺跡群吉祥寺南町 3 丁目遺跡 B 地点』1997 年，pp.87 ～ 89。
　　植物の同定については，京都大学の伊東隆夫教授からご教示をいただいた。
13) 清水芳裕「縄文土器の混和材」『国立歴史民俗博物館研究報告』第 120 集，2004 年，pp.219 ～ 236。
14) 吉崎昌一「北海道」『日本の考古学』Ⅱ（河出書房）1965 年，pp.30 ～ 63。
15) 注 13。
16) 胎土の薄片中に占める面積を測定し，その比率を含有率として計算したもので，測定の方法は第 6 章第 1 節に記している。
17) 大野政雄・佐藤達夫「岐阜県沢遺跡調査予報」『考古学雑誌』第 53 巻第 2 号，1967 年，pp.23 ～ 37。
18) 佐原眞「土器の話」(2)『考古学研究』第 17 巻第 1 号，1970 年，pp.93 ～ 101。
19) 桑山龍進「貝殻を混入せる土器」『史前学雑誌』第 10 巻第 1 号，1938 年，pp.40 ～ 45。
20) 小林行雄「土器類」『大和唐古弥生式遺跡の研究』（京都帝国大学文学部考古学研究報告第 16 冊）1943 年，pp.41 ～ 143。
21) 佐原眞「弥生式土器」『田能遺跡概報』（尼崎市文化財調査報告　第 5 集）1967 年，p.27。
22) 藤井直正「摂津と河内」『勝部遺跡』（豊中市教育委員会）1972 年，pp.171 ～ 173。
23) 都出比呂志「古墳出現前夜の集団関係」『考古学研究』第 20 巻第 4 号，1974 年，pp.20 ～ 47。
24) 菅原正明「生駒西麓の土器の胎土観察」『東山遺跡』（大阪文化財センター）1980 年，pp.62 ～ 64。
25) 佐原眞「大和川と淀川」『古代の日本』5（角川書店）1970 年，pp.24 ～ 43。
26) 上田健夫「出土土器の胎土の構成鉱物とその胎土の産地特定」『口酒井遺跡第 11 次発掘調査報告書』1988 年，pp.225 ～ 234。
　　井上巖「小阪遺跡出土土器胎土分析」『小阪遺跡本報告書』（本文編）1992 年，pp.603 ～ 614。
27) 清水芳裕「土器の動き」『弥生文化の研究』7，1986 年，pp.91 ～ 98。
　　黒色の鉱物で一般に角閃石と呼ばれているものの中には，分析によって輝石であることが明らかなものがあり，肉眼によって胎土中の細粒を区分することは難しい場合が多い。
28) 清水芳裕「小阪遺跡縄文土器の胎土」『小阪遺跡本報告書』（本文編）1992 年，pp.595 ～ 602。
29) 表 30 の中で，深成岩に＊印を付したものは，角閃石と輝石類を多量に含むハンレイ岩の岩

片と考えられるもので，この種の岩石が風化すると，角閃石，輝石類の細片を多量に含む堆積物が形成される可能性がある。

30) 近藤義郎編『楯築弥生墳丘墓の研究』（楯築刊行会）1992年。

31) 清水芳裕「楯築弥生墳丘墓出土の特殊壺・特殊器台等の胎土分析」『楯築弥生墳丘墓の研究』（楯築刊行会）1992年，pp.171～177。なお，この文献の表2の分類で，資料47の角閃石と資料62の黒雲母の覧の空白は3に訂正。

32) 経済企画庁総合開発局国土調査課編『土地分類基本調査―丸亀―』1968年。
斉藤実・坂東祐司・馬場幸秋『香川県地質図』および『香川県地質図説明書』（内場地下工業株式会社）1962年。

33) 注31。

34) 島津テクノリサーチがおこなった蛍光X線分析による。

35) 斉藤実・坂東祐司・馬場幸秋『香川県地質図説明書』（内場地下工業株式会社）1962年，p.38。

36) 清水芳裕「中間西井坪遺跡出土土器の胎土の特徴と材料の検討」『中間西井坪遺跡II』（四国横断自動車道建設に伴う埋蔵文化財発掘調査報告　第32冊）1999年，pp.361～369。

37) 田辺昭三『陶邑古窯址群I』（平安学園研究論集第10号）1966年，pp.9・10。

38) 楢崎彰一「須恵器」『古代史講座』第9巻（学生社）1968年，pp.370～385。

39) 注37，p.10。

40) 淡水成粘土の用語については，陸成粘土あるいは淡水性粘土など，異なった表現を用いている場合があるが，同じ内容を示すものであり，ここでは引用文の場合を除いては淡水成粘土で統一する。

41) 菅野耕三編著『大阪自然の歴史』（コロナ社）1993年，p.75。

42) 沢田正昭・秋山隆保・井藤暁子「八尾市美園遺跡出土の変形を受けた土器について」『美園―近畿自動車道天理～吹田線建設にともなう埋蔵文化財発掘調査概要報告―』1985年，pp.655～678。
この現象については，土器に偶発的な高温が加わった特殊な環境が考えられている。

43) 須恵器は土器・陶磁器という区分の上では土器に分類されるが，ここでは，須恵器と他の素焼きの土器とを対比させて記述することが必要であるため，後者については低下度焼成の土器と表現する。

44) 田辺昭三『陶磁大系』第4巻（平凡社）1975年，p.105。

45) 楢崎彰一「日本古代・中世の陶器」愛知県陶磁資料館編『東洋の陶磁』1979年，pp.181～190。

46) 清水芳裕「縄文土器の自然科学的研究法」『縄文土器大成』第1巻（講談社）1982年，pp.152～158，第42図。

47) a 市原優子「海成粘土層にみられる粘土鉱物の風化」『地質学雑誌』第66巻第783号，1960年，pp.812～819。
b 市原優子「海成粘土層にみられる粘土鉱物風化の一例」『粘土科学の進歩』(3) 1961年，pp.178～184，表2。

48) 仙台市教育委員会『大蓮寺窯址―第2・3次発掘調査報告書―』（仙台市文化財調査報告書168集）1993年。

49) このことは水簸の工程を指しているわけではない。少なくとも須恵器においてはその鉄の含有率の上から水簸の技術を採用していない可能性が高い。

50) 宇野泰章・武司秀夫「大阪層群（泉北地すべり地域）の粘土鉱物と生成環境」『粘土科学』第11巻第1号，1971年，pp.25～30。

51) 大阪層群では海成粘土を Ma と略記し，それぞれ古い方から堆積順を示す番号を付して呼んでいる。
52) 清水芳裕「須恵器の焼結と海成粘土」『国立歴史民俗博物館研究報告』第 76 集，1998 年，pp.1 〜 19。

第6章
素地の加工

1 胎土の精粗

(1) 材料の特徴

　日本の土器において，製品に適した性質をもつ材料をとくに選択して用いはじめるのは，前章の海成粘土の性質の考察で触れたように，1000℃を越える高温の焼成に適するような，耐火度の高い粘土が求められた須恵器の製作からである。また陶器においては，精緻な製品をめざして外観や質感を高めるために，素地を加工する技術が加わるようになる。釉を用いた装飾の効果を発揮させるため，胎土を白色化させる技術としておこなわれた水簸もその1つである。

　一方，素焼きの土器の中にも一部に精緻な胎土の製品があることから，材料の使い分けがあったことが知られており，とくに精良な胎土の土師器については，水簸の技術が採用された可能性も指摘されている[1]。こうした素焼きの土器の中に見られる材料の違いは，粘土に砂を混ぜて成形作業を容易にすることや，焼成や煮沸のさいの加熱によって生じる，膨張や収縮に対する耐熱性を与えること，などに関係した加工として理解されている。

　砂は粘土の粘りを調整したり，乾燥による収縮をおさえるなどの効果をもっているため，大型品の成形技術と深く関係して，素焼きの土器だけでなく陶器の製作にも引き継がれている。粘性の高い粘土は水を含みやすく，乾燥すると大きく収縮する性質をもっているために，ひび割れを起こしやすいが，砂が加わるとそれを取り囲む粘土の収縮を分散させる役割をする。こうした目的で用いられる混和材としては，沖積地の堆積物に多量に含まれて容易に採取できる，石英や長石のような鉱物が多くを占めている。

　縄文土器では，一部に非常に精緻な胎土の製品もあるが，多くの土器は0.3〜1.0mm程度の砂を多量に含み，土師器や須恵器の胎土と比べてはるかに粗放である。それは，縄文土器では深鉢など大型の煮沸用の土器が多数を占めているからで，成形する作業が容易なことや，煮沸に利用されるさいの耐熱の機能と深く関係している。したがっ

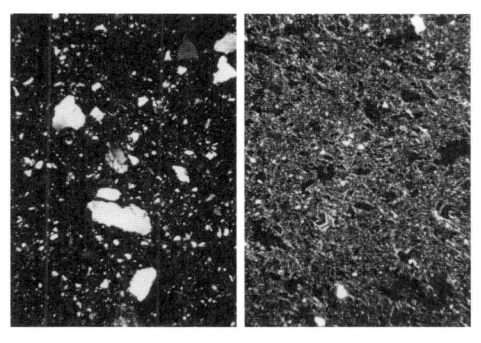

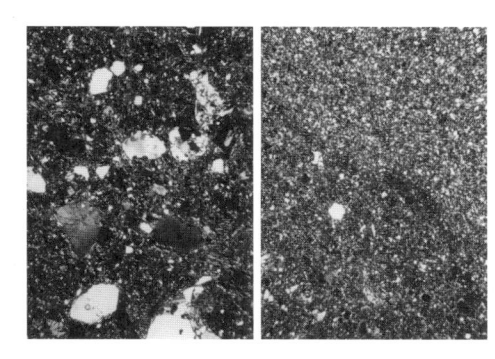

1　縄文土器の深鉢（左）と注口土器（右）
　　岩手県大洞貝塚

2　土師器の甕（左）と皿（右）　15世紀
　　京都大学構内遺跡

図35　土器の器種による胎土の差

て，縄文土器においては，煮沸に用いられる深鉢と加熱をともなわない浅鉢や注口土器の間で，胎土に精粗の差が見られ，このような傾向は弥生土器や土師器ではさらにその差が大きくなり，煮沸用とその他の器種の間で，砂の含有量に明瞭な差があらわれる。とくに土師器では，甕のような煮沸用の土器と皿や坏などの供膳用の器種とを比較すると，胎土の精良さが非常に異なっている。

煮沸用とその他の土器について，胎土の状態を顕微鏡によって観察したのが図35である。図35-1のように，縄文晩期の亀ヶ岡式土器の深鉢（左）と注口土器（右）の胎土を比較すると，深鉢では大小の砂粒を多く含み緻密さに欠けるのに対して，注口土器では砂がほとんど含まれておらず精緻である。また，図35-2は15世紀代の土師器の甕（左）と皿（右）である。甕は縄文土器の深鉢と同様に砂を多く含んで粗放であるのに対して，皿の胎土には砂粒がほとんどなく，亀ヶ岡式の注口土器よりもさらに精良で均質な材料で作られている。こうした違いは，使用中に火熱を受ける煮沸用土器では，砂を多く含む粗放な材料を用いて熱に対する伸縮率を小さくして耐熱性を高め，供膳用の土器では緻密な材料を用いて，撫でや磨きなどの器面調整の効果をより高め，精緻な器面を作り出すとともに，透水性を減少させるなどの意図があったことを示している。

このような簡単な胎土の比較によっても，その用途や技術に関係した素地の加工が，時代を越えておこなわれていたことを知ることができる。また，胎土にあらわれる精粗の関係は，時代とともに緻密なものへと移行するのではなく，器形の大小による成形技術や容器としての土器の機能と関係しており，こうした変化が土師器の段階から顕在化するのは，縄文土器や弥生土器よりも多種類の器形のものが作られ，機能との関係がより明瞭になったからにほかならない。同様の事例は世界各地の土器製作の民俗例においても多く認められ，佐原眞氏による文献の詳細な研究があり，また西田泰民氏による紹介もある[2]。

■**砂の混和材の差**　　胎土が緻密か粗放かを区分することは，肉眼で土器を観察す

図36 調整による器面の差（上，1/2）と胎土の状態（下，×10）
京都市北白川追分町遺跡出土の縄文晩期の土器

ることによっても可能であるが，器面に丁寧な磨きや撫でが施されると，砂粒が沈んで器面だけが緻密であるかのように見えたり，断面からの観察では面積が小さいために十分に判別しにくいものもある。図36は，京都市北白川追分町遺跡で出土した縄文晩期の土器2点について，器面の状態と胎土の組成とを比較したものである。左は丁寧な撫でが施されているのに対して，右は器面の調整がきわめて粗雑な土器である。肉眼観察によって比較すると，左が緻密で右が粗慥な材料で作られていると判断するであろう。ところが，混和材としての効果を発揮する，0.3mm程度以上の大きさの砂の含有率を測定すると，左が15.6％で右が15.9％とほとんど変わらない。右の土器に粒径の大きな砂がとくに多いわけでもなく，顕微鏡で観察する限りにおいては，むしろ左の土器の方が粗く緻密さに欠けるようにも見える。器面の観察だけでは胎土の精粗が判別しにくいことを，この一例によっても知ることができる。こうしたことから，胎土の精粗を区分する場合には，一般に顕微鏡を用いて砂やシルトの含有率を区分する方法が採用されている。

　平賀章三氏は，奈良県纒向遺跡から出土した古墳時代の土師器の胎土について，砂，シルト，粘土という3つの成分の含有率を求め，製作地との関係について考察を試みている。型式学的な特徴から大和系と河内系の2群に区分して，胎土の組成を比較した結果，大和系よりも河内系の方が砂の含有率が高いことに注目し，これによって産地の区分ができるという可能性を示した[3]。しかしこの分析では，砂の含有率が高いとされた河内系の土器は甕に限られていることから，器形の種類による差が関係している可能性が高く，導かれた結論に不明な要素を残した。

　西田泰民氏は同様の方法で，千葉県祇園原貝塚の加曽利B2式を中心に，縄文後期の土器100点を分析し，精製土器と粗製土器の2種類の胎土を比較した[4]。それによると，精製土器の深鉢，鉢，椀と粗製土器の深鉢，壺との間では，加えられた砂の

割合にほとんど差がなく，さらに精製土器に加わる砂の方に粒子の粗いものが多いという。また，それぞれの器種の間で砂の粒度の違いが明確でないことから，材料を得た場所の特徴を示しているのではないかと結論した[5]。ところがこの分析においては，施文や調整によって精製土器と粗製土器とに区分しているため，大型品と小型品あるいは器形の種類による胎土の差などが混在した結果，土器作りのさいの意図と胎土の精粗との関係が不明瞭になったきらいがある。

■**砂の含有率**　胎土の緻密と粗雑の差は，加わる砂の量を比較することによって識別するのが一般的であろうが，それをどのような基準にしたがって区分すれば，技術や機能との関係を示すことができるかについては，一見容易であるように見えるが複雑である。土器の材料は一般に粘土とシルトと砂の3つの要素しかもたないが，自然の堆積物には，粒径の上で連続的に異なるこれら3種のものが混在している場合が多く，土器の製作にあたってそれぞれを採取して混和したような，単純な関係を想定することはできない。

胎土の状態を両極に分けると，砂を含まず緻密な粘土で作られた土器と，砂あるいはシルトを多量に含む土器であるが，実際にはこれらの中間にあたる成分のものが多くを占める。実体に則していながらきわめて感覚的な表現である緻密と粗雑という区分は，あくまでも比較による結果にすぎないため，それだけでは有効な意味をもたない。そのため，砂，シルト，粘土の含有率という数値を用いて，そこから，土器の製作にどのような製品を期待して素地の加工をしたかという関係を見出すことが必要になる。

胎土の精粗の差は，含まれる砂の量に左右されることから，精良な粘土を選択したことが明らかなものと，多量の砂を意図的に加えた可能性の高いものとに，区分をするのが合理的である。それには，ある粒径の大きさをもつ砂に限定して，その含有率から緻密と粗雑の差を読み取るという方法がある。その1つとして，土器の薄片を偏光顕微鏡で観察しながら砂の量を計算して求める手法がある。具体的には，薄片の中で占める砂の面積を点の集合として測定し，粘土の部分を含めた測定点の全体に対する比率から求めるものである。

また，砂が混和材として意図的に加えられたかどうかを確認するには，ある大きさ以上の粒径の砂に注目することが重要である。それは一般の素焼きの土器に次のような特徴が見られるからである。砂に求められる効果が，膨張と収縮の緩和や除粘あるいは装飾のいずれであるにしろ，粒子が微細すぎるとその効果は小さい。また，砂の定義は粒径 0.02〜2mm のものをいうが[6]，0.1mm 以下のような小さい粒径の砂やシルトは，どのような土器にも例外なく含まれている。さらに，混和材として添加されたことが確かな角閃石の例では，0.3〜0.5mm 程度のものが多数を占め，さらに 1mm を越えるものも少なくない。

こうした点から，意図して加えた砂であれば 0.3〜0.5mm 程度以上のもので，少

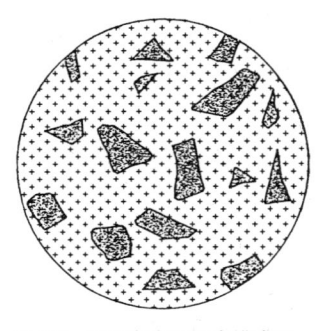

図37　砂含有率の測定模式図
　　　　（含有率20％の例）

なくとも0.3mm以上のものであれば，加えられた砂として，素地の精粗を比較するための最大公約数的な基準となる数値といえる。また胎土に含まれる砂は円形，楕円形あるいは不整多角形，棒状，角状とさまざまである。したがって，粒径の測定法を一定にしておくため，角閃石や雲母など棒状や板状のものでは，幅は0.3mmに満たないが長さは1～2mmにも達するものが比較的多いため，長さが0.3mm以上のものをすべて算定の中に加えるなどの処理が必要である。

　図37は，土器の薄片中に含まれる砂を黒色の粒子として表現し，それに測定点を書き加えた模式図である[7]。砂の含有率は，全体の測定点に対する砂の部分の測定点の比率として求め，測定する点が多数であればそれだけ誤差が小さくなるが，以下に記す砂の含有率の比較では，それぞれの土器について1000点を測定して量的計算をおこなっている。

（2）胎土の精粗と器種との関係

　■砂の含有率による比較　　土器に砂が含まれている状態は一見すると無秩序なように見えるが，その含有率を器形の種類や大小などによって区分すると，製作技術や土器の機能と関係して，時代的な変化があることを見出すことができる[8]。その一例として，千葉県飯合作遺跡の縄文後期と晩期前葉の土器，青森県是川中居遺跡の縄文晩期終末～弥生前期の土器，千葉県番後台遺跡の4つの住居跡から出土した五領式と和泉式の土師器を資料として比較した。ここで用いた器形の名称は，『千葉県文化財センター研究紀要』8[9]と『八戸市博物館研究紀要』第2号[10]で報告された用語にしたがっている。また図38～40ではこれらの報告の図を使用したが，分析した土器の一部のみを図示するにとどめ，また一部に縮尺を変更したものがある。

　これら3群の土器の計126点の砂の含有率を表40に示した。胎土の中では砂の粒径や分布は一様ではなく，測定する位置によって値に差が生じることは避けられないため，この数値は3回の測定による平均値として求めたものである。このような方法によって分類をおこなった結果，以下のような諸点が明らかになった。

(1)　0.3mm以上の粒径をもつ砂の含有率の上から分類すると，大半の土器は20％未満であるが，それを越える土器もいくつかある。

(2)　20％以上の含有率を占める土器7点はいずれも甕で，肉眼的な観察からもきわめて粗傲な胎土という特徴をもつ。

(3)　5％未満の緻密な胎土の個体数を比較すると，縄文土器では2点で全体の個数の5％，縄文晩期終末～弥生前期の土器では8点で17％と増加し，土師器では24点で56％と急増する。

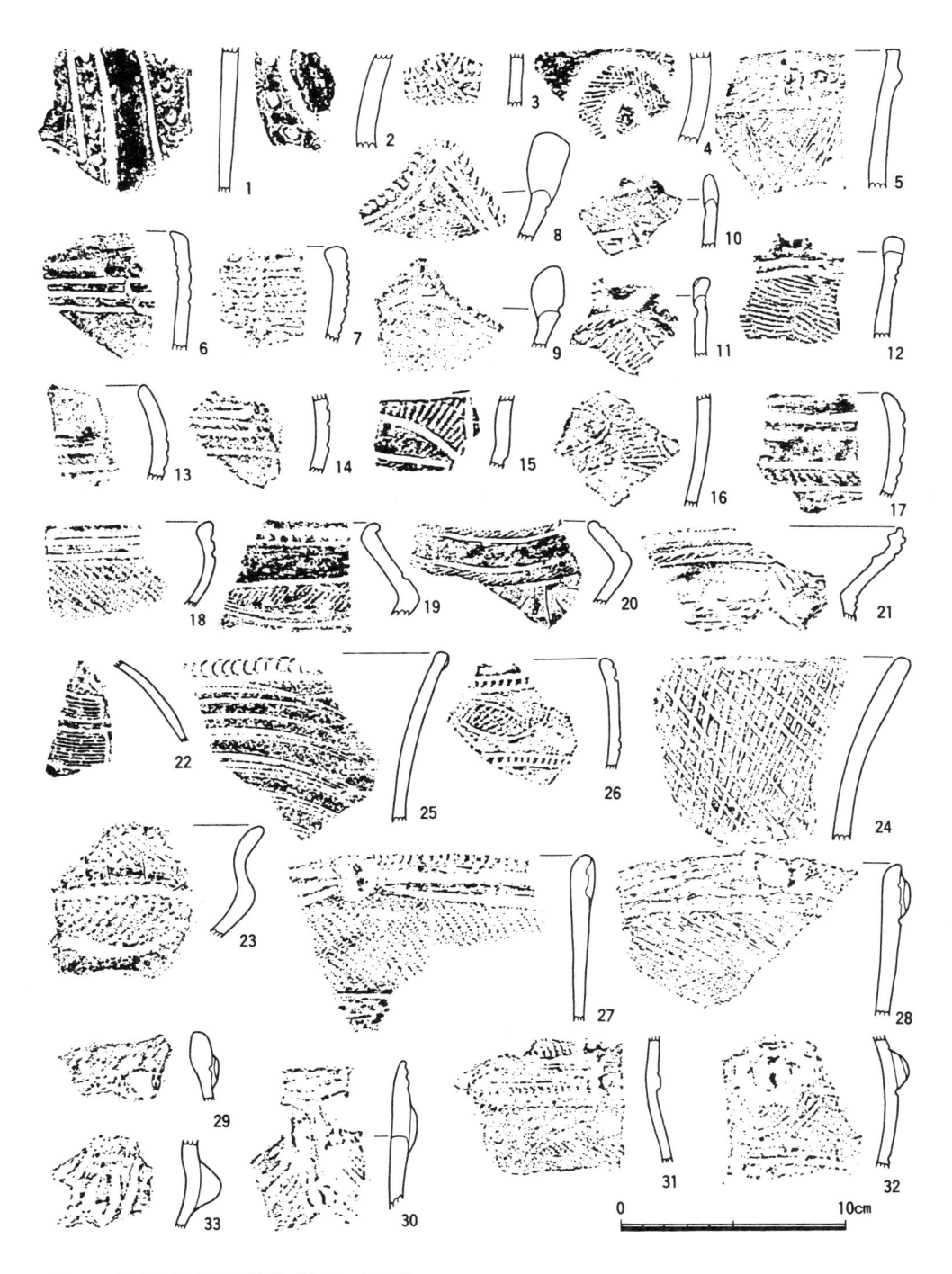

図38 縄文土器の分析資料（注11，図32）

第6章 素地の加工

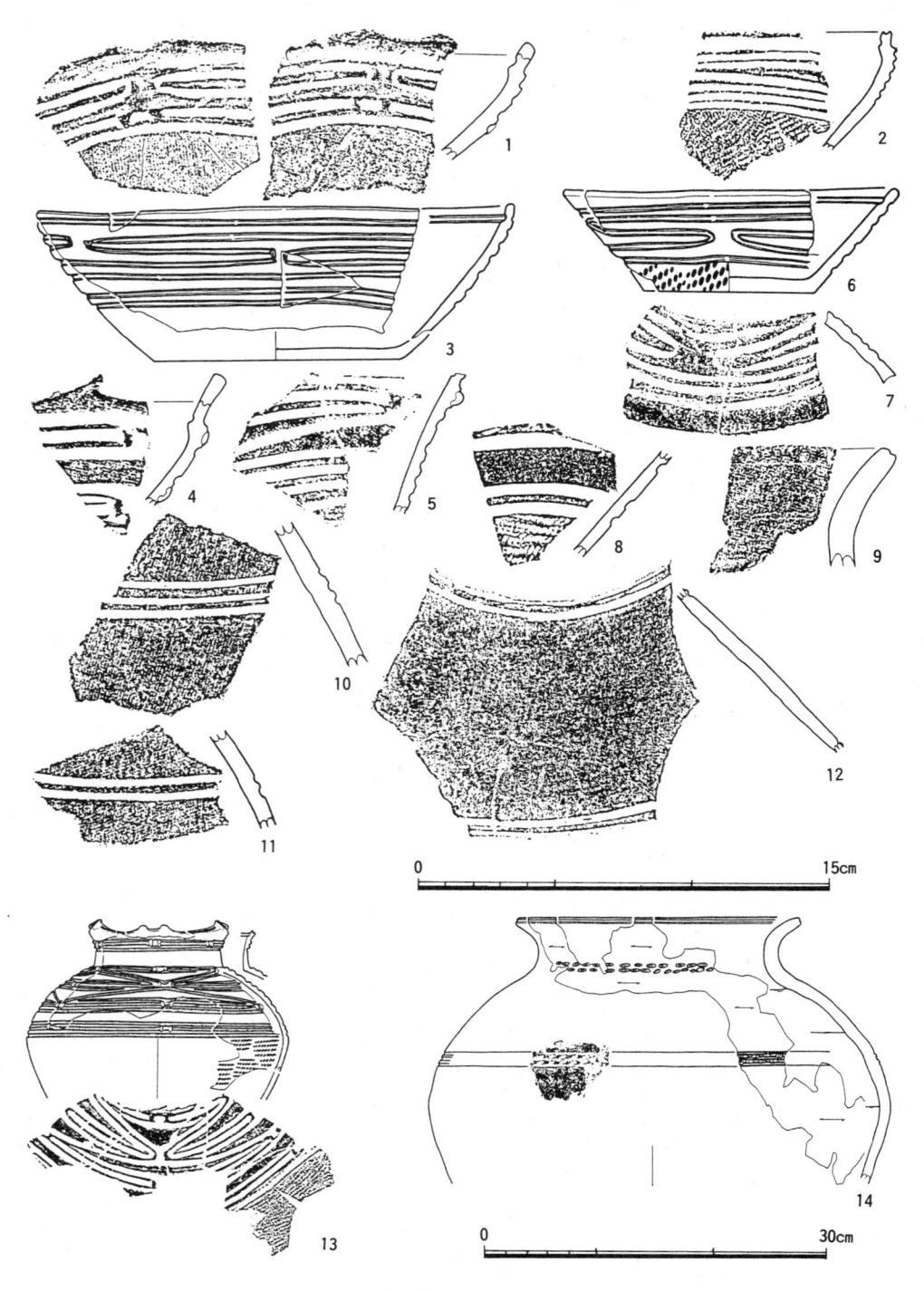

図39 縄文晩期終末～弥生前期の土器の分析資料（注11，図34）

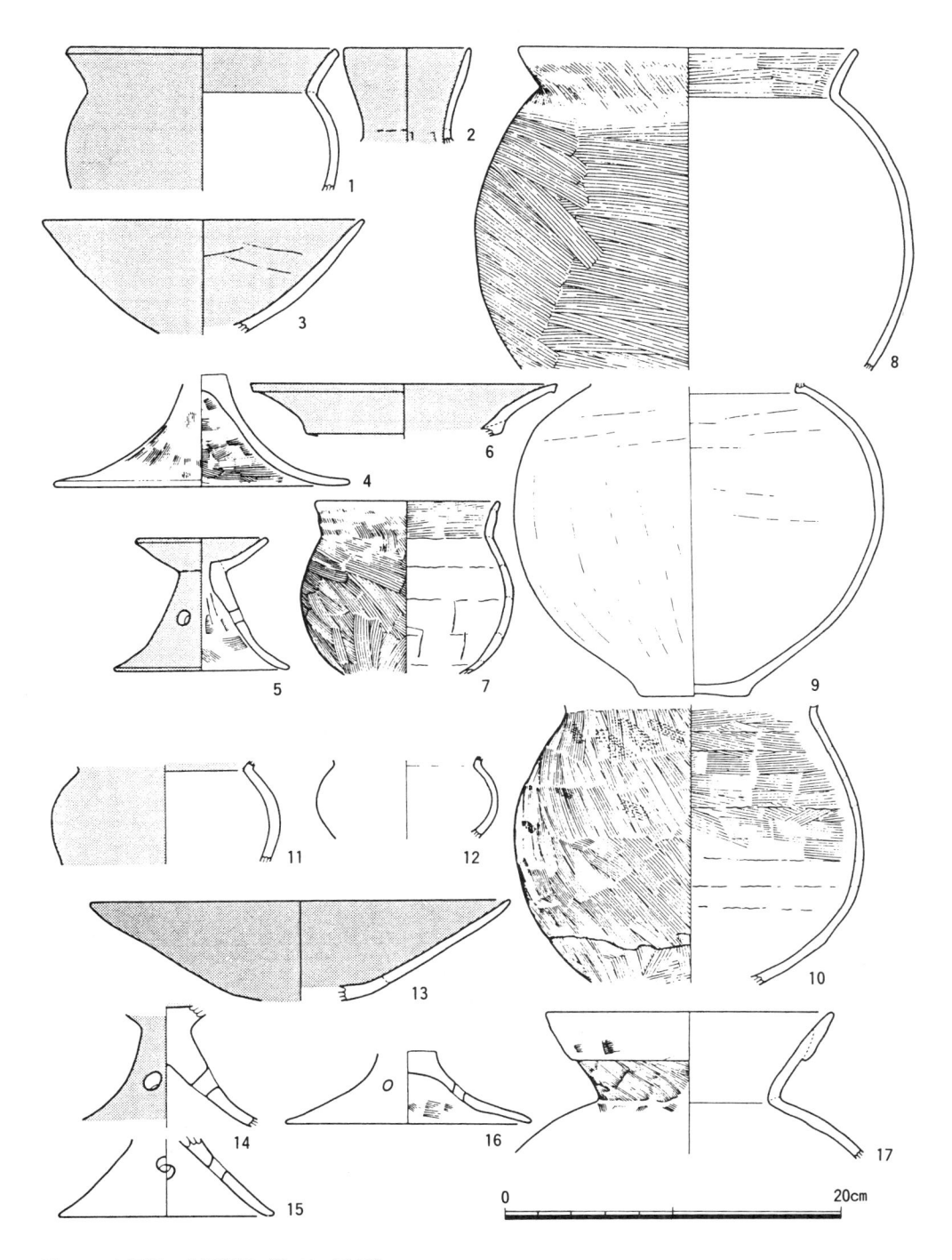

図40 土師器の分析資料（注11，図38）

第6章 素地の加工

表40　土器の砂含有率（注11，表3・4・5）

(1) 縄文土器
（千葉県飯合作遺跡）

資料番号	時期	器種	砂含有率(%)
1	称名寺式	深鉢	9.3
2	〃	〃	10.8
3	〃	〃	13.6
4	〃	〃	13.4
5	加曽利B1式	〃	8.0
6	〃	〃	4.9
7	〃	鉢	5.8
8	加曽利B2式	深鉢	14.9
9	〃	〃	14.8
10	〃	〃	11.0
11	〃	〃	11.0
12	加曽利B2〜B3式	〃	7.4
13	加曽利B1〜B2式	鉢	14.2
14	加曽利B1式	深鉢	14.3
15	〃	〃	18.1
16	〃	〃	11.8
17	〃	〃	5.7
18	加曽利B2式	浅鉢	15.2
19	〃	深鉢	16.3
20	〃	浅鉢	9.4
21	加曽利B1式	注口	5.4
22	〃	〃	5.9
23	加曽利B2〜B3式	浅鉢	15.1
24	加曽利B2式	深鉢	9.1
25	〃	〃	7.3
26	加曽利B3〜曽谷式	〃	4.6
27	〃	〃	11.3
28	〃	〃	13.5
29	安行1式	〃	10.2
30	安行2式	〃	7.4
31	〃	〃	7.7
32	〃	〃	9.0
33	安行3a式	浅鉢	7.7
34	安行3b式	深鉢	9.4
35	安行2〜3a式	〃	15.3
36	安行3a式	浅鉢	5.3
37	〃	〃	11.3

(2) 縄文晩期終末〜弥生前期の土器
（青森県是川中居遺跡）

資料番号	器種	砂含有率(%)
1	浅鉢	11.2
2	〃	9.8
3	〃	0.8
4	〃	2.0
5	〃	2.0
6	〃	15.8
7	壺	6.8
8	浅鉢	1.0
9	壺(大型)	8.8
10	〃	10.0
11	〃	9.6
12	〃	14.0
13	〃	1.4
14	〃	11.6
15	〃	14.6
16	〃	1.6
17	深鉢	15.2
18	〃	7.2
19	〃	15.2
20	〃	12.4
21	〃	4.6
22	〃	4.4
23	〃	8.0
24	〃	10.2
25	〃	15.8
26	〃	6.0
27	〃	12.0
28	甕	19.8
29	〃	11.8
30	〃	20.6
31	〃	25.6
32	〃	15.0
33	〃	14.0
34	〃	21.8
35	〃	20.8
36	〃	22.0
37	〃	11.4
38	〃	15.6
39	〃	6.2
40	〃	10.6
41	〃	18.6
42	〃	17.4
43	〃	10.8
44	〃	5.6
45	〃	12.2
46	〃	11.8

(3) 土師器
（千葉県番後台遺跡）

資料番号	時期	器種	砂含有率(%)
1	五領式	甕	13.0
2	〃	坩	0.4
3	〃	高坏	1.1
4	〃	〃	1.6
5	〃	器台	7.0
6	〃	壺	0.4
7	〃	甕	15.4
8	〃	〃	13.4
9	〃	〃	13.0
10	〃	〃	11.3
11	〃	坩	1.7
12	〃	〃	5.6
13	〃	高坏	4.2
14	〃	〃	2.9
15	〃	〃	3.1
16	〃	〃	0.7
17	〃	壺	0.3
18	〃	〃	5.4
19	〃	甕	20.3
20	〃	〃	22.0
21	〃	〃	2.6
22	〃	〃	16.1
23	和泉式	高坏	2.1
24	〃	〃	2.0
25	〃	壺	5.3
26	〃	坩	0.3
27	〃	〃	0.7
28	〃	〃	0.3
29	〃	高坏	2.3
30	〃	壺	3.4
31	〃	甕	7.6
32	〃	〃	11.0
33	〃	坩	0.0
34	〃	〃	0.0
35	〃	椀	8.3
36	〃	〃	0.1
37	〃	壺	4.0
38	〃	〃	13.1
39	〃	高坏	0.3
40	〃	〃	0.1
41	〃	甕	8.1
42	〃	〃	11.9
43	〃	〃	5.6

これらの現象は明らかに素地が加工されたことを示しているが，さらに縄文土器から土師器の3群の土器の胎土については，器種および器形の大小という要素によって2分して砂の含有率を比較すると，そこから素地が加工されたさいの背景が明らかになってくる。器種は土器の機能と関係し，また器形の大小は成形の技術と関係して，それに適した材料によって作られた可能性がある。したがって，このような土器の要素と砂の含有率との関係は，製作技術や機能における時代的な変化をあらわしていると考えることができる。

　こうした視点から，縄文土器では〈浅鉢，注口〉と〈鉢，深鉢〉に，縄文晩期終末～弥生前期の土器では〈浅鉢，壺〉と〈深鉢，甕，大型壺〉に，土師器は〈椀，壺，坩，高坏〉と〈甕〉に区分して砂の含有率を比較したのが図41で，5％単位に分けて，それぞれに該当する土器の個数を棒グラフで示している。それによると，縄文時代から

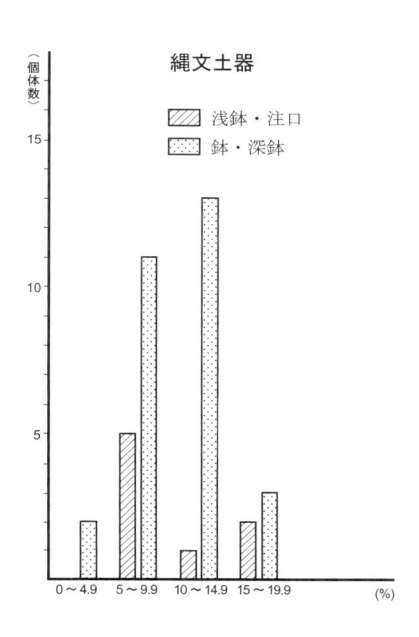

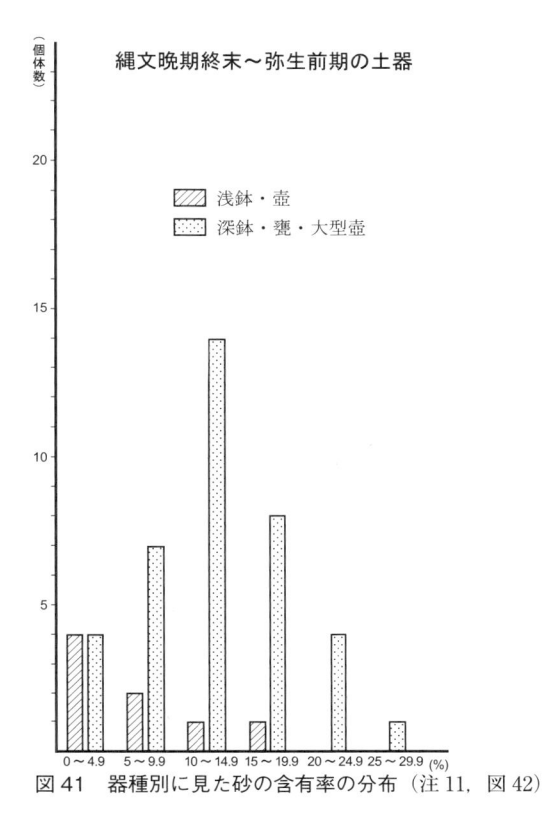

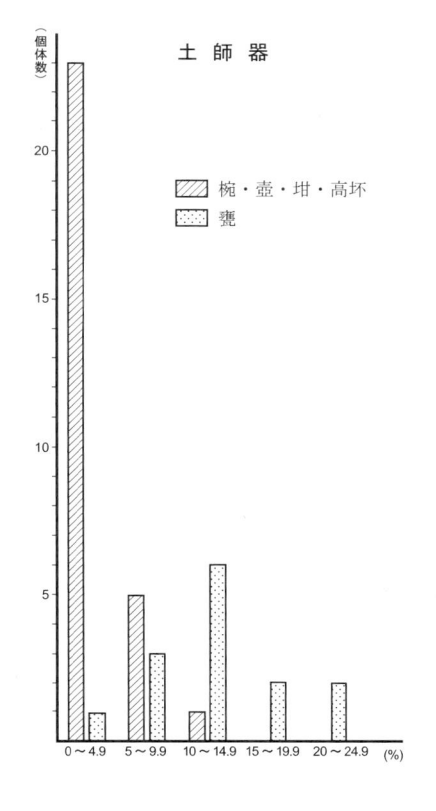

図41　器種別に見た砂の含有率の分布（注11，図42）

第6章　素地の加工　151

古墳時代にわたる3つの土器群には，次のような傾向があることがわかる。

■**縄文土器**　含有率の上で4.6％から最高の18.1％までの幅がある。これを〈鉢，深鉢〉と〈浅鉢，注口〉との2種類の器種に分けて比較してみると，前者は10～14.9％のものがもっとも多く5～9.9％がこれにつぎ，5～14.9％の間に集中する結果となる。それに対して後者では一定の傾向が見られない（表40-(1)）。

■**縄文晩期終末～弥生前期の土器**　〈深鉢，甕，大型壺〉の3つの器種では，縄文土器と同様に10～14.9％までの含有率の土器が多数を占めて，その前後の値の土器は少数となり，ほぼ正規分布に近い状態である。一方，〈浅鉢，壺〉では含有率の低い土器が多数を占めて，両者の間に大きな差が認められる（表40-(2)）。

■**土師器**　縄文晩期終末～弥生前期の2つの群の土器の含有率にあらわれる違いは，土師器において一段と明瞭になる。〈甕〉では10～14.9％の含有率の土器がもっとも多く，その前後の土器は少数となり，縄文土器の〈鉢，深鉢〉および縄文晩期終末～弥生前期の土器の〈深鉢，甕，大型壺〉などと同じ傾向を示す。これに対して〈椀，壺，坩，高坏〉では0～4.9％が圧倒的に多数を占め，5～9.9％，10～14.9％へと少数となり，甕の含有率の分布と著しい違いがある。この両群の間にあらわれる砂の含有率の差は，明らかに土器製作にあたって素地の加工があったことを示している（表40-(3)）。

(3) 器種と素地との関係

さらに，器種および器形の大小という2つの要素を中心において材質との関係を比較すると，次のような点が明らかになる。

(1) いずれの時代の土器においても，煮沸の機能をもつ器種と大型品では，およそ10～15％の砂の含有率のものが多数を占めることが，3群の土器にほぼ共通した傾向として認められる。

(2) 砂の含有率の低い緻密な胎土の土器は，縄文晩期終末～弥生前期の〈浅鉢，壺〉から増加しはじめ，土師器の〈椀，壺，坩，高坏〉において顕著になる。それらは煮沸には用いない小型の製品で，土器の機能と深く関係している。

このように，製作技術や機能に関係した材質の差は，是川中居遺跡の縄文晩期終末～弥生前期の土器の中で，緻密な胎土のものの比率が高まるという現象に明瞭にあらわれており，そこに材料を加工する意図があったことを認めることができる。東日本の縄文土器の一部には，精巧な装飾や丁寧な調整が施され，一般の土器とは異なった材料を用いたような土器もあり，それは器形の種類が変化するとともに増加していく。上記の是川中居遺跡の土器の砂の含有率にあらわれた現象も，一連の変化を示しているのであろう。

それを顕著に示しているのが千葉県番後台遺跡の土師器の椀，壺，坩，高坏などの胎土で，機能や製作技術との関係から，材料を加工することが一般化したことを知る

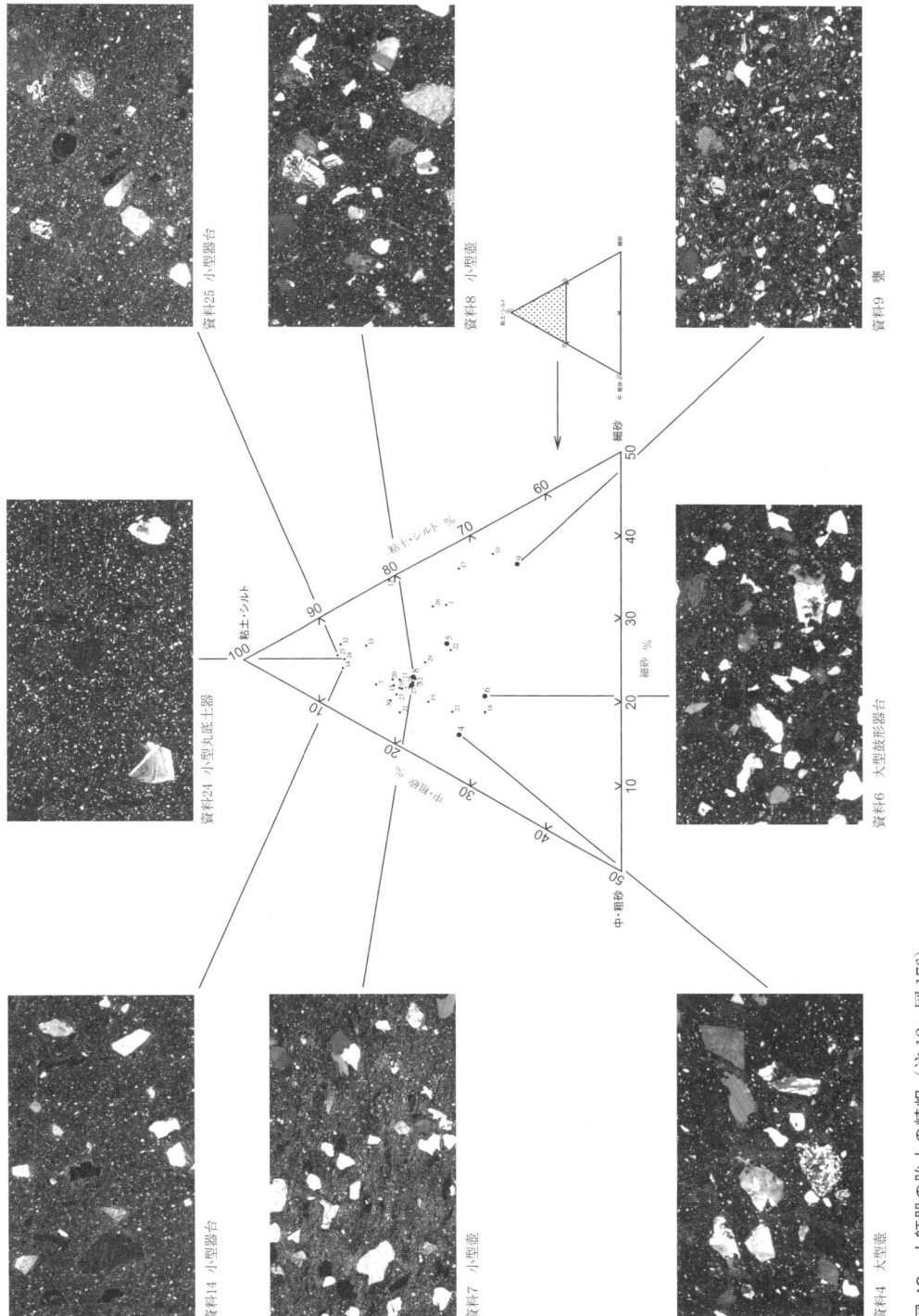

図42 土師器の胎土の精粗（注12, 図176）

ことができる。それは弥生土器にあらわれるような、器種の分化が著しくなる過程の中で、用途に適した材料を加工していった結果であると考えることができる[11]。

同様の現象は、神戸市西求女塚古墳とその周辺の遺跡から出土した土師器についても見られ、図42のように、粘土とシルトの比率が高い土器はいずれも小型品であり、それに対して細砂および中・粗砂の含有率が高い土器は、大型の器形や煮沸用の甕であるという明瞭な差があらわれている[12]。

2 粘土製品の材料の加工

(1) 塑像の構造

粘土をおもな材料としながらも、各部位の機能にあわせて材料を加工して作られたものとして、塑像や土製の鋳型がある。多くのものが大型の粘土製品であることに加えて、塑像は焼成を施さない造形品としての技術が、また鋳型には高温の加熱を受けることに対する材料の加工や技術がともなっている。

塑像は焼成した塼仏とは異なり、乾燥によって造形を完成させた製品で、大型品では木や金属を芯にして縄や藁を巻き、それを粘土で覆う方法が採られている。法隆寺に残る食堂の梵天、帝釈、四天王像や、東大寺の執金剛神像、あるいは滋賀県雪野寺跡から出土した菩薩や童子の像などが著名で、雪野寺跡の塑像のように焼固しているものもあるが、それは寺の火災にともなって加熱を受けた結果である。

粘土は焼成によって固化して強度が増すが、焼成されていない塑像の場合には、大型で重量のある像では心木を用いたり、体内を空洞にするなどの工夫が見られ、材質の面においても形状の維持や乾燥に関係した加工が施されている。こうした塑像は、本体部を作る中心材としての荒土、像の表面を飾る表土、両者の中間におかれる中土という、3種類の材料によって各部位が作り分けられている。

■**塑像の材質**　辻本干也氏がおこなった、法隆寺中門の仁王像の材料の分析によると、表41-1のような加工がなされている。それによると、像全体の形状を維持する荒土は、砂をやや多めに加えた砂まじりの粘土に、スサとして藁を加えた材料で作

表41　塑像の材料の調合（注13, p.61, 注14, 第2表）

1　法隆寺中門の仁王像

	荒土	中土	表土
粘土	70g (43.8%)	40g (43.0%)	16g (29.6%)
砂	70g (43.8%)	40g (43.0%)	37g (68.5%)
砂利	15g (9.4%)	5g (5.4%)	なし
スサ	5g (3.1%)藁	8g (8.6%)籾殻	1g (1.9%)紙
	160g	93g	54g

2　東大寺法華堂内塑像

	表土
粘土	36.9%
砂	61.1%
紙スサ	2.0%

り，中土には荒土とほぼ同質の砂まじりの粘土に，籾殻をスサとして加えている。一方，表土は粘土よりも細砂を多量に含み，さらに紙の繊維を混ぜて練った材料が用いられている[13]。これは乾燥によって粘土が収縮することで生じる亀裂の防止や，表面の平滑さを保つことに対応したものである。

また東大寺法華堂の塑像の表土は表41-2に示したような組成で，法隆寺中門の仁王像の表土とその調合の比率がきわめて類似している[14]。このように主要な材料は粘土であるが，塑像の各部分に多量の砂を加えたり，藁，籾殻，紙などをスサとして混ぜて，各部位の製作に適した材質に加工している。砂は造形のさいの乾燥によって生じる収縮をおさえ，スサはその結合材としての役割を果たしている。とくに表土の紙スサは，砂の多い多孔質の材料に緻密さを与えて，像の表面に平滑さを加える目的で用いられた材料といえる。

塑像と同様の材料の加工は脱乾漆像の原型にも採用されている。塑土で原型を作りその上に麻布をおいて漆液で塗り固めて乾燥させ，のちに内部の塑土を取り除く方法が採られる。そのさいに原型となる塑土に用いる粘土は，漆が硬化したあとで取り除くさいの作業をしやすくするために，塑像の表土に用いるような砂を多く含む脆い材料を用いている。

このように，成形の作業ですべての工程が完了する塑像においては，粘土を用いた土器などの焼成品とは異なった材料の加工があり，そこにはまた，用いる材料の加工にきわめて整然とした技術が採用されていたことを知ることができる。

このような技術は，蝋型を用いた金属の鋳造鋳型にも採用されている[15]。蝋型法によって鋳造された仏像である薬師寺金堂の薬師三尊像では，1953年におこなわれた修理のさいに，中型の剝落片から籾殻が採集されているとともに，銅に接する表土の部分には，東大寺法華堂の塑像の表土よりもやや細かく白みがかった細砂が用いられていることがわかり，表面に耐熱性のある白土が塗ってあった可能性が指摘されている[16]。

(2) 鋳造鋳型

金属の鋳造に用いられる鋳型や溶解炉では，その重量を支える強度や高温に加熱された金属に対する耐熱性，あるいは製品に施される装飾のための緻密さ，などに関係した材料の加工がおこなわれている。福岡県小路遺跡，鉾ノ浦遺跡，宝満山遺跡，宮田遺跡，大分県智恩寺遺跡から出土した梵鐘の鋳型21点について，材質の特徴と使用時の変化を調査した結果，鋳型の各部位を作る材料には，それぞれの機能に対応した，企画性のある調合が施されていることが明らかになっている。また鉾ノ浦遺跡の溶解炉の資料では，表面から5～10mmの部分が金属を溶解したさいの熱で灰白色に変化しており，使用されたさいの被熱温度などに関する情報も得られている[17]。

■**梵鐘鋳型の材質**　鋳型の材質を肉眼的な特徴によって区分すると，表面の金属

に接する部分にあたる泥土層，その内側の微細な砂を含む型砂の層，鋳型全体の骨格を作る粗い砂を多く含んだ荒真土(あらまね)の部分，という少なくとも3つの層が認められる。泥土層と型砂の層は，鋳造のさいに受けた加熱と還元作用によって，一様に青灰色あるいは灰色に変化し，また，荒真土には鋳込みのさいの金属からの熱はおよんでおらず，素焼きの土器と同程度の茶褐色で軟質の状態である（口絵図版14-1・2）。

　鋳型のもっとも表面の部分で金属に接する泥土層は，それが明瞭に残っている鉾ノ浦遺跡の資料1によると，微細な粘土を用いた約0.5mmの薄い層で作られており，その表面には約0.1mmの厚さのきわめて緻密な膜が認められる（口絵図版14-3）。X線マイクロアナライザーによってこの膜の部分の元素の濃度分布を調べると，鉄の濃度の高い範囲が2つの層状に分布しており，それは何回かの水を含む泥土を塗布しておこなった，撫での痕跡を示している可能性がある（口絵図版14-4）。

　型砂の層は荒真土の部分よりも粘土成分が少なく，粗粒の砂もほとんど含まれず，非常に均質な細粒の砂とシルトが用いられている（口絵図版14-3・5）。型砂の厚さは多くの資料では2〜3mm程度であるが，小路遺跡の鋳型はもっとも厚く約5mm，宝満山遺跡の資料はもっとも薄く1〜2mm，など多少の違いがある。

　鋳型全体の形状を支える荒真土の部分には，大小さまざまな砂が加えられ，径2〜3mmの砂も多く含まれている。素焼きの土器の胎土よりもはるかに粗い材料で作られ，さらに炭化した植物繊維を多量に含むものもあり，これは結合材となるスサとして加えたものであろう（口絵図版14-6）。

　鋳型のこれら3つの部分の特徴を比較すると，共通した材料の加工や技術によって作られていることがわかる。たとえば，荒真土と型砂の部分に用いられている材料を，0.06mmと0.3mmの粒径を基準にして〈粘土・シルト〉，〈細砂〉，〈中・粗砂〉の3つの粒度に区分し，胎土の中に占める含有率を比較すると，口絵図版15に示したようなまとまりが認められる。それは青色で示した荒真土の部分には，粘土とシルトおよび粒径の大きな中・粗砂が多く用いられ，赤色で示した型砂の部分には，大きな粒径の砂はほとんど含まれておらず，細砂とそれを固める程度の粘土とシルトで作られていることを示している[18]。

　荒真土の部分に粒径の大きな砂が多く加えられているのは，重量の大きな鋳型全体の形状を維持するとともに，鋳造のさいに受ける高い加熱によって生じる鋳型全体の膨張や収縮をおさえるように配慮したものと考えられ，鉾ノ浦遺跡の溶解炉片に数ミリの砂が多量に含まれているのも同様の理由からである。また型砂の部分は，粘土や粒径の大きな砂は少なく細砂の含有率が高い。表面の泥土層と本体部を作る荒真土の間にこのような粘土分の少ない層が設けられるのは，鋳造にあたって生じるガスを放出することや，加熱による体積変化を吸収することなどに関係した材料の加工のあらわれである。

　鋳型の材料のうち，荒真土と型砂の組成の違いをそれぞれの遺跡の製品について比

較してみると，いずれの鋳型においても共通した性質の材料で作り分けられていることが明らかになる。さらに宝満山遺跡の型砂の層は，細砂の含有率が非常に高い材料を用いているという特徴があり，そのほかの鋳型と大きく異なっているが，これは材料を加工するさいに，微細な砂を丁寧に選択したことを示唆している。また智恩寺遺跡では，型砂と荒真土の材質の特徴が分析資料とした5点の各部分の間でよく類似しており，材料の作成にあたって均質に調整されたことをあらわしている。

■**溶解炉の組織**　鉾ノ浦遺跡の溶解炉片は，表面の一部が約1cmの厚さでガラス状に溶融し，表面から約2cmの部分までは熱による変化を受けているが，その内部は鋳型の荒真土とほぼ同様の状態である。高い加熱を受けた表面の部分では，長石など溶融点の低い鉱物は溶解し，石英の結晶にも多数の亀裂が生じているほか，胎土の空隙の部分には無数の針状結晶が含まれている（口絵図版14-7）。このガラスの結晶は，金属の溶解にともなう加熱によって溶解した鉱物が，冷却していく過程で再結晶したものであるが，急速な温度低下によって生じたことを示している[19]。

もっとも高温となる表面には，微細な気泡を含む多量のガラスを生成して，表面の形状に沿って膜状に固結した部分が残っている（口絵図版14-8）。このような変化から，青銅の溶解のさいに表面部分が受けた温度を推定すると，石英粒が残り長石やその他の鉱物のほとんどが溶解していること，粘土部分の溶融変化が不完全なこと，表面にできた膜状のガラス層が比較的厚いことなどの諸点から，1200～1300℃程度と考えられる。

■**銅鐸の鋳型**　金属の鋳型では，鋳型と金属との接触部分で生じる，鋳込みのさいの熱による変化を観察できることがある。大阪府西浦遺跡で発見された銅鐸では，鋳型の中型片の細片が舞の部分の内面に付着した状態で採取されている。その資料で

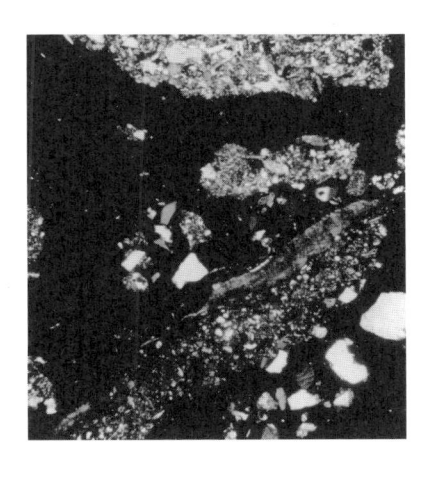

1　中型片表面の熱変化　　2　中型の状態復元図

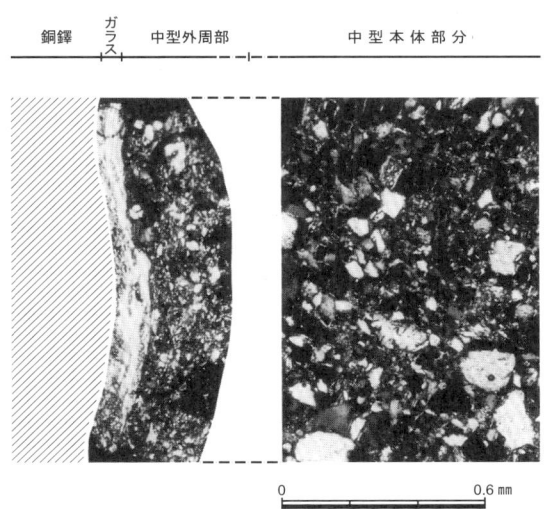

図43　銅鐸中型の熱変化（注20，写真21・22）

は，図43のように銅鐸の製作時に製品に接して生じた薄いガラス膜が層状に見られる。このガラス膜はきわめて薄く，多くは0.05～0.15mmで，とくに薄い部分では0.02mm程度のものもある。このようなガラス化した変化は，鋳型の表面にだけ生じており，そのほかの部分では加熱による変化は認められない。それは銅鐸の器壁が薄く，青銅の鋳込みのさいに受けた加熱時間が比較的短いために，鋳型のごく表面だけの変化にとどまったのであろうと考えられる[20]。

3 日本の製陶技術における水簸の採用

(1) 素地の加工

製陶の技術には，材料の選択，素地の加工，成形，焼成など多くの工程が含まれるとともに，工芸上の嗜好に関する要素も加わる余地があり，さまざまな性質をもった製品が生み出されることになる。それが石器や木製品と大きく異なる点である。材料と焼成技術の違いによって，土器，陶器，磁器と区分されることが多いが，その中にあっても，技術に関係した材料の制約や，製品の色や質に対応した素地の加工など，製作の過程には複雑な要素がともなう。

高火度で焼成される製品には粘土への高い耐火性が求められ，須恵器に海成粘土が適していないという田辺昭三氏の指摘は，こうした焼成温度に関係した材料の制約があることを示唆したもので[21]，それは海水中の硫黄の作用によって粘土の耐火度が低下するという，海成粘土のもつ特有の性質が作用した結果によっている[22]。また陶器においては，器面の釉の色調を左右する，胎土の発色に関係した素地の選択もおこなわれている。

材料の制約がもっとも少ないのは素焼きの土器であるが，そこにおいても，乾燥や焼成による収縮，煮沸のさいの加熱によって生じる膨張と収縮，などを減少させる目的で，あるいは装飾の目的で砂を添加している。また，土師器の高坏や小型品などにおいて顕著にあらわれるように，精緻な製品にすることを意図して，材料を選択していることなども明らかになっている。縄文土器の多くでは，混和材の添加などの素地の加工が盛んにおこなわれる一方で，弥生土器や土師器への変化の中では，砂を含まない良質の土器を作るという行為が，土器の機能が分化していくことと関係して，小型や祭儀用の器種などにおいて明瞭になっていく。

その後，窯を用いた高火度の焼成の製品になると，より高い耐火性や還元焔焼成による発色などと関係した，材料の選択や加工がおこなわれるようになる。しかし，窯業製品の材料と技術にあらわれる変化は，金属器に見られるほど明瞭に発現することがないために，製品の状態から材料と技術の関係を復元することは必ずしも容易でない。その1つが水簸である。

■**水簸の技術**　水簸の技術に関しては,「陶土を泥水にして,粉末の浮沈作用により,その精粗を差別する方法。」[23],「陶土を泥水とし,水の浮力を借りて精粗を分別し,これにより坏土を構成する工程をいう。」[24] などの説明のほかに,「粘土を水中に投じて攪拌すると,砂などの粗粒はしずみ,細粉は泥状にとける。この泥状の細粉を沈殿池にながし,適当に水分を蒸発させて製陶原料にする。」[25] という具体的な解説もある。表現の差はあるものの,いずれもほぼ同様の内容で,水簸は粘土材料の精粗を分別して,精緻な微細粉を得る目的でおこなわれる技術であることがわかる。

　土器や陶器のおもな材料である粘土は,岩石が化学的な風化によって溶解して再結晶したものであるから,それ自体は微細な粒子である。しかし,水や風によって運搬されて二次的な堆積物を作るさいに,微細な粘土とともに粗粒のシルトあるいは砂の層が複雑に形成され,窯業製品の材料の採取にあたって,これらが混在することが避けられない。また,蛙目(がいろめ)粘土のように,粘土化した堆積物の中に未風化の状態で石英粒などが残るものもある。上記の水簸の説明では,このような材料から粗粒の砂を取り除いて,精良な素地を作るさいに用いられる技術として定義している。

■**篩の利用**　材料を加工に適した粒子にそろえる技術としては,水簸のほかに篩を用いる方法がある。正倉院文書の中の,天平6 (734) 年5月1日の日付けをもつ「造佛所作物帳」と呼ばれる記録には,三彩陶器の釉の製作に用いる材料に関する記載があり,その中の釉の調合材料を篩がけするものとして,数種類の布を列挙している。まず鉛釉の材料となる鉛丹を作る黒鉛(金属鉛)に続いて,その鉛丹の和合料として白石,緑青,赤土があげられているが,これらは透明釉を作る石英,緑色釉を作る孔雀石,褐色釉を作る酸化鉄を含む土を指すものと考えられている[26]。その後半には,紗,絁(うすぎぬ),葛布(くずふ)をあげて,それぞれ丹篩料,石篩料,土篩料として記している。

　これらの布は,黒鉛を加熱して製作した鉛丹,それに混合して透明な釉を作る石英と釉の着色剤となる孔雀石,酸化鉄を含む土,などを調合して加工をおこなうさいに,粒度を揃えて均質にするために用いられたものである。細密な絹の織物である紗,太い絹糸を用いて固く織った絁,葛の蔓の繊維を用いた水に強い布である葛布など,材料の性質や粒度に対応した篩が準備されたことを示している。篩を用いた選別は,同じ文書の中のガラス原料の調合に関する記録の中にも見られ,小規模な加工や水との接触を避ける必要のある材料の調合,などの場合に用いられた方法であったことを,これらの諸例から知ることができる。

■**素地の細粒化と焼成効果**　水簸によって生じる粘土の性質を熟知して作り上げた代表的な製品として,ギリシャの黒絵・赤絵土器がある。黒絵土器は装飾となる部分を光沢のある黒色で,背景となる部分を赤色で表現した製品であるが,光沢をもつ黒い発色は,鉄を多く含む粘土を選択するとともに,微細な材料が焼成によって容易に固着するという,加熱に対する微細粒子の特有な焼結効果を巧みに応用して浮かび上がらせたものである[27]。それは,イライトに代表される鉄分を多く含む雲母質の

粘土を用いて，800〜950℃程度の温度で，酸化，還元，再度の酸化，という3回の異なった状態で焼成し，微細粘土の熱変化を利用している。

　はじめに多量の空気を含む酸化焔で温度を上昇させると，素焼きに近い赤色の状態になる。次に窯の中を酸素の供給を減少させた還元焔に変えると，胎土全体が黒く変化するとともに，鉄分の多い化粧土の部分はとくに黒色が増す。それと同時に，化粧土の部分は微細な粘土に特有な現象として生じる焼結によって強く焼き締まり，粗い胎土の部分よりも堅緻な状態になる。これを最後の焼成で再び酸化状態にすると，粗い胎土の部分には酸素が浸透して赤色に戻るが，化粧土による装飾部分は，焼結作用によって微細な気孔も失われて酸素が浸透しない状態になり，第2の段階の還元焔焼成による黒色のままの状態を保つことになる。このようにして赤色の背景に光沢のある黒色の装飾をもった黒絵土器を完成させた。歴史の上で後出する赤絵土器は，この黒と赤の発色を装飾部分と背景の間で逆にさせた製品である。

　釉を用いず水簸した粘土によって装飾効果を生み出す技術は，ローマ時代に地中海沿岸から中部ヨーロッパ地域に広く分布した，鮮やかな赤色の光沢をもつテラ・シギラータ（terra sigillata）にも受け継がれている。この土器の赤色と黒絵・赤絵土器の黒色は，いずれも鉄を多く含む粘土を選択することと，微細な粘土を水簸によって獲得する方法において共通した技術である[28]。赤絵土器の中には土器製作の風景を描写したものがあり，装飾の工程を描いた部分では，材料の塗彩に細い刷毛状の道具を使っている場面が見られ，こうした装飾に用いた粘土は，水分を減らした粘性の高いコロイド状態のものであったと考えられている。

　■**水簸技術の視点**　　水簸の技術が採用され，製品の上にもそのことがはっきりと顕在化するのは磁器においてであるが，それ以前の窯業の歴史の中で，どの段階に採用されはじめたかについてはいろいろな意見がある。製品の質を左右する技術として，比較的わかりやすい工程の1つと理解されているにもかかわらず，それが採用された製品の特定や，製陶の技術として定着した時代などに関しては，意外と不明瞭な部分が残されている。それは，製品を完成する上で大きな制約をもたらす技術ではないために，作業にはさまざまな程度の違いがあった可能性もあり，この工程の有無を製品から明瞭に判別することが難しいからである。

　窯業製品の胎土の状態から，水簸の技術の有無について判断する場合，緻密あるいは粗傲という相対的な比較にもとづいて議論されることが多い。小林行雄氏は土師器の一部のものに，この工程が存在した可能性を次のように説明する。「古代の土器製作には，天然に産する粘土をそのまま使用し，水簸をおこなわないのがふつうである。しかし，土師器はすでにこの方法を用いていたのではないかと想像されている。」[29]。また弥生土器との相違について，「土質の点からいえば，水簸されたかと思われる緻密な粘土を用いて，薄手に形づくられたものの多いことであろう。」ともいう[30]。

また吉田恵二氏は，奈良市平城宮跡出土の奈良時代の須恵器の中に，まったく砂粒を含まず良質の胎土をもつものがあり，それらを水簸をおこなった明らかな資料として紹介している[31]。さらに楢崎彰一氏は「陶土は一般に単味の粘土が使用されていて，他の鉱物を混じることはなかったらしい。しかし，平安時代後期においては，特殊な器物，たとえば愛知県黒笹14号窯出土の花文皿などに使用するばあいには，とくに良質で緻密な粘土が使用されていて，水簸された可能性がある。」という[32]。

　このような水簸に対する指摘は，微細な粘土を分離することによって，精緻な胎土をもった製品を生み出すという，材質の変化におよぼすこの技術の重要な効果に注目したものである。ところが，微細粘土の分離という材質変化との関係に過剰に限定すると，縄文時代の土器や木器の塗彩あるいは漆塗膜の彩色などに利用された，ベンガラや辰砂の微細粒子を得るための加工，弥生時代の金属器やガラス製品の製造にあたって，土製の鋳型の表面に塗布された緻密な泥土の作成など，類似した現象のすべてがこれに該当することになる。こうした一般化した理解は，製陶における水簸という工程のもつ内容を曖昧にし，技術の特徴や採用された製品を把握するための焦点を一層遠ざけるという結果を招く。

　そもそも製陶の歴史の中で，水簸は精良な材料を得るための加工という目的とともに，それとは別のきわめて重要な効果をもたらす技術でもあった。それは，材料に含まれる酸化鉄のような胎土を着色させる金属酸化物を除去する手段として，日本の窯業の中では近世の磁器の生産において，必須の技術として取り入れられていた。つまり陶石に含まれる酸化鉄を粘土の比重との違いを利用して除去し，白色の胎土の製品を生み出すためには欠かせない工程であった。このように材料の精粗だけでなく，発色に関係する素地の性質の変化にも，水簸の技術は重要な地位を占めていたことが明らかになっており，その視点から製品の成分との関係を探ると，水簸を取り巻くいくつかの事例が浮かび上がってくる。

(2) 中国の白色土器

　製陶の歴史の中で，精緻な胎土と製品の発色の特徴からとくに注目されたのは，中国殷代の白色土器である。浜田青陵氏は，東洋における窯業技術の秀逸さを示す資料として，「世界の陶瓷史上の一大驚異」という表現で紹介した[33]。また，殷墟出土の殷代後期の白色土器について，その発色と材料の成分の特徴とを関連づけて考察をしたのは梅原末治氏である。胎土の成分や吸水率の分析をおこなった，商工省京都陶磁器試験場の赤塚乾也氏の所見を，「大体に於いて通有の粘土と云う可きも，鉄分を含

表42　殷墟出土白色土器の化学成分（％）（注34, p.42）

SiO_2	TiO_2	Al_2O_3	Fe_2O_3	MnO	CaO	MgO	K_2O	Na_2O	Ig loss	計
56.94	0.98	34.68	1.56	none	0.80	0.58	2.10	1.04	1.34	100.02

むことの少い点が，地色の白いのと関係あるものとして注意すべきを言ひ，また分析表には現はれないが，所用の其の粘土は細かな沈殿性のもので，通観したところ唐三彩の器の土質と同似を示し，なほそれは後世陶工の水洗を加へた土質に匹敵する良質のものであり，器の地肌の滑らかなことが主としてそれに基づくものであることを指摘した。」と紹介した[34]。なおその成分は，表42に示すような値として記載されている。

梅原氏は，白色土器の成分と製品の特徴との関係について，とくに注目すべき内容を2点列挙している。その1つは，鉄分を含むことの少ない点が地色の白いことに関係するということ，第2は，粘土は細かな沈殿性のもので，後世の陶工の水洗を加えた土質に匹敵する良質のものであるという点である。この2つの特徴は，あたかも個別の内容であるかのようであるが，じつは両者の性質の間に密接な関係があることを，赤塚氏の所見は示唆している。それは後世の陶工の水洗という，きわめて限定した表現を用いていることにあらわれている。

李家治氏は，その後の印文硬陶やいわゆる原始磁器にいたって酸化鉄の含有率が低下し，そのことが焼成温度を高めることを可能にし，透明感と白色度が増す大きな要因となったことなど，中国の窯業技術の変遷を胎土の分析から明らかにした[35]。

(3) 陶石の水簸

我が国では17世紀に磁器の製造が開始されてから，水簸が素地の製作に大規模に取り入れられるようになったが，それには2つの大きな目的があった。磁器の代表的な材料である陶石は，石英，カオリンなどの粘土鉱物，絹雲母，長石の混合物であるが，良質の磁器材料にするためには，カオリンや絹雲母の含有率を高め，過剰に混在する石英粒を除去する必要がある。このさいに採用されたのが水簸であり，第1の目的にあたる作業である。

磁器の材料においてさらに加工を要するのが，発色に大きな関係をもつ鉄分の除去であった。酸化鉄の含有率と発色との関係を見ると，酸化状態のもとでの焼成では，白色の製品に焼き上がる粘土の酸化鉄は1％以下，1～4％含むと象牙色から黄色に，4～7％で赤色になるといわれている。一方，還元状態の焼成では，鉄が少量の場合は明るい灰色，4％以上であったり有機物が加わると暗灰色や青色になるという[36]。磁器の製造において白色の胎土を保つためにおこなわれる脱鉄作業は，近年では磁気による選鉱，浮遊選鉱，塩酸による脱鉄などの方法が用いられているが，それ以前は水簸によっておこなわれていた。

表43 泉山石の原石と水簸物の成分（％）（注37，p.106）

	SiO_2	Al_2O_3	Fe_2O_3	TiO_2	CaO	MgO	K_2O	Na_2O	灼熱減量
原石（一等品）	77.89	14.17	1.02	0.05	0.54	0.20	3.05	0.40	3.20
原石の水簸物	73.80	17.82	0.50	0.06	0.49	0.15	3.03	0.46	3.30

表43は，佐賀県窯業試験場の家長敬三氏の分析による，有田町泉山石の磁器材料の原石と水簸物の成分の比較である。これで明らかなように，水簸をすることによってFe$_2$O$_3$の含有率は大きく低下する[37]。このように，磁器の生産において水簸の技術が採用されたもう1つの大きな目的は，材料の精良さを高めるために微細粒子を分離することとともに，素地に含まれる鉄分を除去することにあり，それは製品の発色をおさえる重要な技術であった。

(4) 水簸による素地の変化

■**鉄含有率の変化**　窯業材料の粘土や陶石に含まれる酸化鉄は，しばしば高い濃度で粘土の中に混在し，こうしたものは比重が大きく，水の中では砂粒と同じ挙動をする。つまり水簸がおこなわれた場合には，粘土や粉砕された陶石に含まれる酸化鉄は，比重が大きいため沈澱して，粗粒のシルトや砂とともに速く沈澱し，緻密な材料の部分から分離する傾向がある。その結果，製品が緻密な胎土になると同時に，酸化鉄の含有量が減少することになり，水簸がおこなわれたか否かを識別する上で重要な視点を提供する。この現象に注目して，磁器の生産を開始する以前の日本の土器や陶器の胎土の成分を中心に，水簸の技術との関係から検討してみることにする。

表44・45は，山崎一雄氏らがおこなった分析による，土器と陶磁器の化学成分の一部を整理したもので，資料の時代や種類および出土遺跡などは，以下の通りである。縄文土器は愛知県吉胡貝塚，天神山遺跡，弥生土器は愛知県高蔵貝塚，朝日貝塚，西志賀貝塚から出土した資料である。須恵器は岡山県寒風1号窯と2号窯，寒田窯，土橋窯，猪子谷窯，大城谷北窯，天堤窯，宮瓰窯，六池窯，および愛知県黒笹7号窯，鳴海48号窯から出土した資料である。灰釉陶器は愛知県黒笹7号窯，黒笹5号窯，黒笹90号窯，折戸53号窯の各窯跡出土，磁器は佐賀県長吉谷窯出土の資料である[38]。

この胎土の化学成分のうち，酸化鉄（Fe$_2$O$_3$）の含有率にとくに注目して見ると，次のような諸点が明らかになる。

(1) 縄文土器では1.67〜7.66％とそれぞれの土器の間で大きな差をもつが，全体に高い含有率を示す（1〜9）。弥生土器も縄文土器よりも低い傾向が見られるが，多くは2％を越える（10〜16）。

(2) 須恵器においては，含有率の上で個体差は少なくなるが，多数のものは縄文土器や弥生土器と同じ程度の値である（17〜70）。黒笹7号窯の須恵器坏蓋（61〜65），鳴海48号窯の須恵器甕（66〜70）にも，酸化鉄を多く含む粘土が用いられており，それ以前の須恵器と同様の傾向を示す。

(3) 灰釉陶器では，須恵器と同様の値である黒笹7号窯の製品（71〜76）を除くと，2％を越えるものは少数で，黒笹5号窯以降の多くの陶器は1％台に集中する（77〜113）。

(4) これに対して，磁器の含有率は1.02％を示すものが1点（123）あるものの，

表44 縄文土器，弥生土器，須恵器の化学成分（%）（注38・b，表1を一部改変）

分析資料				SiO$_2$	Al$_2$O$_3$	**Fe$_2$O$_3$**	TiO$_2$	MnO	CaO	MgO	Na$_2$O	K$_2$O	Total
縄文土器	吉胡貝塚		1	62.41	19.20	**2.41**	0.51	0.02	2.29	0.25	0.99	2.12	90.20
	〃		2	62.97	19.38	**3.66**	0.84	0.02	2.55	0.61	0.91	1.48	92.42
	天神山遺跡		3	58.06	15.95	**7.34**	0.55	0.08	2.85	3.04	0.97	0.99	89.83
	〃		4	62.71	17.40	**2.48**	0.56	0.02	1.82	0.48	1.32	1.95	88.74
	〃		5	66.55	17.04	**1.67**	0.44	0.01	1.93	0.23	2.14	2.12	92.13
	〃		6	59.76	17.93	**2.57**	0.60	0.02	2.08	0.59	1.07	1.83	86.45
	〃		7	60.31	15.31	**4.40**	0.50	0.05	3.08	1.79	1.66	1.56	88.66
	〃		8	68.56	15.05	**3.36**	0.58	0.03	2.15	0.87	1.23	1.70	93.53
	〃		9	66.70	17.63	**7.66**	0.74	0.08	2.97	2.69	1.43	1.41	101.31
弥生土器	高蔵貝塚		10	67.84	15.12	**2.66**	0.46	0.01	1.75	0.25	1.34	2.00	91.43
	〃		11	72.32	16.58	**3.41**	0.50	0.02	0.47	0.50	1.31	2.33	97.44
	〃		12	68.31	19.51	**3.41**	0.64	0.01	0.85	0.35	0.40	1.60	95.08
	〃		13	73.35	14.60	**3.31**	0.48	0.03	1.02	0.46	1.28	2.43	96.96
	〃		14	73.01	16.91	**2.04**	0.53	0.02	1.83	0.74	1.24	2.30	98.62
	朝日貝塚		15	71.94	15.25	**1.33**	0.35	0.05	1.70	0.31	1.11	2.35	94.39
	西志賀貝塚		16	71.93	15.19	**2.11**	0.48	0.04	1.77	0.48	0.53	1.82	94.35
須恵器	寒風1号窯	甕	17	74.26	17.48	**2.73**	0.59	0.02	0.37	0.51	0.54	1.93	98.43
	〃	〃	18	75.17	16.46	**2.78**	0.62	0.02	0.47	0.54	0.54	1.75	98.35
	〃	〃	19	68.00	20.74	**3.91**	0.66	0.02	0.99	0.85	0.95	1.82	97.94
	〃	〃	20	73.84	17.67	**3.00**	0.61	0.02	0.23	0.49	0.46	1.85	98.17
	〃	〃	21	68.99	19.39	**3.64**	0.61	0.02	1.06	0.80	0.93	1.77	97.21
	〃	〃	22	77.86	14.71	**2.16**	0.50	0.01	0.19	0.29	0.26	1.67	97.65
	〃	〃	23	71.07	18.45	**3.29**	0.77	0.02	0.59	0.64	0.69	2.00	97.52
	〃	坏蓋	24	76.35	16.01	**2.32**	0.45	0.01	0.24	0.37	0.30	2.11	98.16
	〃	坏	25	75.46	15.63	**2.46**	0.50	0.01	0.17	0.39	0.27	2.10	96.99
	〃	坏蓋	26	69.29	19.47	**3.25**	0.51	0.02	0.83	0.57	0.93	3.23	98.10
	〃	〃	27	74.67	17.04	**2.43**	0.52	0.01	0.22	0.33	0.21	1.91	97.34
	寒風2号窯	甕	28	75.73	14.79	**3.12**	0.54	0.01	0.21	0.31	0.33	1.84	96.88
	〃	〃	29	68.35	21.93	**2.89**	0.38	0.01	0.34	0.55	0.50	2.75	97.70
	〃	〃	30	76.36	14.71	**2.66**	0.57	0.01	0.25	0.29	0.41	1.91	97.17
	〃	〃	31	74.48	16.67	**2.89**	0.50	0.02	0.32	0.50	0.51	2.15	98.04
	〃	〃	32	68.17	19.81	**3.24**	0.38	0.02	0.39	0.55	0.45	2.12	95.13
	〃	〃	33	68.70	19.62	**3.53**	0.36	0.01	0.44	0.60	0.56	2.24	96.06
	〃	〃	34	70.56	17.52	**2.91**	0.53	0.02	0.38	0.41	0.40	1.90	94.63
	〃	〃	35	78.53	13.95	**1.79**	0.58	0.01	0.25	0.32	0.36	1.77	97.56
	〃	〃	36	70.63	18.77	**2.45**	0.50	0.01	0.34	0.48	0.52	2.84	96.54
	〃	〃	37	75.74	15.25	**2.83**	0.61	0.01	0.22	0.35	0.33	1.86	97.20
	寒田窯	甕	38	67.48	18.68	**5.50**	0.84	0.02	0.47	0.54	0.80	2.07	96.40
	〃	〃	39	66.43	18.41	**6.90**	0.87	0.03	0.89	0.70	0.93	2.05	97.21
	〃	椀	40	73.04	16.05	**2.62**	0.66	0.02	0.65	0.41	0.64	2.14	96.23
	土橋窯	甕	41	74.81	16.23	**2.21**	0.50	0.01	0.31	0.52	0.57	2.78	97.94
	〃	〃	42	67.75	20.85	**2.98**	0.38	0.02	0.51	0.60	0.82	2.85	96.76
	〃	〃	43	68.95	20.02	**3.44**	0.48	0.01	0.43	0.66	0.64	2.70	97.33
	猪子谷窯	〃	44	72.82	16.84	**3.68**	0.61	0.02	0.42	0.48	0.40	2.06	97.33
	〃	〃	45	69.09	19.04	**3.76**	0.57	0.03	1.01	0.71	0.71	2.11	97.03
	〃	壺	46	69.52	18.55	**4.17**	0.53	0.02	0.54	0.61	0.72	2.36	97.02
	大城谷北窯	甕	47	69.75	19.25	**3.73**	0.75	0.03	0.44	0.69	0.84	2.43	97.91
	〃	〃	48	66.34	19.86	**7.13**	0.65	0.02	0.48	0.80	0.89	2.65	98.82
	天提窯	坏蓋	49	75.65	16.53	**2.40**	0.61	0.01	0.16	0.38	0.37	2.03	98.14
	〃	甕	50	75.83	16.79	**2.71**	0.64	0.02	0.28	0.48	0.45	2.22	99.42
	〃	〃	51	73.13	18.46	**2.66**	0.57	0.01	0.13	0.42	0.32	1.78	97.48
	宮凸窯	〃	52	73.99	17.31	**3.64**	0.61	0.01	0.26	0.34	0.47	2.20	98.83
	〃	〃	53	73.24	17.76	**3.13**	0.69	0.02	0.78	0.65	0.75	1.82	98.84
	〃	〃	54	71.09	19.94	**3.44**	0.47	0.02	0.60	0.63	0.66	2.67	99.52
	六池窯	壺	55	78.53	14.84	**2.33**	0.67	0.02	0.14	0.39	0.34	1.82	99.08
	〃	〃	56	70.64	20.13	**3.36**	0.53	0.01	0.23	0.59	0.42	2.59	98.50
	〃	甕	57	72.67	17.60	**4.02**	0.57	0.02	0.50	0.63	0.62	2.34	98.97
	〃	〃	58	68.47	20.39	**4.17**	0.59	0.02	0.76	0.72	0.75	2.76	98.63
	〃	壺	59	69.42	20.68	**2.99**	0.49	0.01	0.28	0.55	0.45	3.19	98.06
	〃	〃	60	68.83	18.86	**4.34**	0.68	0.03	1.01	0.75	1.07	2.53	98.10

表 45 須恵器，灰釉陶器，磁器の化学成分（％）（注 38・b, 表 1 を一部改変）

	分析資料			SiO₂	Al₂O₃	**Fe₂O₃**	TiO₂	MnO	CaO	MgO	Na₂O	K₂O	Total
須恵器	黒笹7号窯	坏蓋	61	70.50	16.40	2.71	0.72	0.01	0.10	0.43	0.29	2.71	93.87
	〃	〃	62	76.61	18.71	3.65	0.79	0.01	0.17	0.51	0.43	2.25	103.13
	〃	〃	63	71.62	15.18	3.79	0.68	0.01	0.18	0.46	0.56	2.44	94.92
	〃	〃	64	69.23	17.47	3.13	0.65	0.01	0.07	0.42	0.29	1.87	93.14
	〃	〃	65	69.35	17.44	4.69	0.77	0.03	0.50	0.44	0.23	1.82	95.27
	鳴海48号窯	甕	66	80.56	13.75	2.41	0.66	0.01	0.19	0.33	0.61	2.17	100.69
	〃	〃	67	78.17	13.80	2.35	0.68	0.01	0.23	0.34	0.62	2.27	98.47
	〃	〃	68	80.19	13.25	2.30	0.65	0.08	0.05	0.26	0.57	2.26	99.61
	〃	〃	69	76.84	12.39	2.22	0.61	0.01	0.16	0.27	0.54	2.17	95.21
	〃	〃	70	80.21	13.73	2.30	0.66	0.01	0.07	0.29	0.48	2.33	100.08
	黒笹7号窯	瓶	71	70.62	15.80	3.39	0.71	0.04	0.12	0.39	0.39	2.25	93.71
	〃	〃	72	78.39	17.30	3.03	0.77	0.01	0.25	0.49	0.52	2.55	103.31
	〃	〃	73	77.62	17.05	3.30	0.82	0.02	0.22	0.48	0.41	2.39	102.31
	〃	〃	74	71.77	16.17	2.58	0.71	0.03	0.18	0.45	0.42	2.34	94.65
	〃	〃	75	70.13	16.92	3.20	0.74	0.01	0.19	0.43	0.32	2.38	94.32
	〃	〃	76	70.00	17.38	2.57	0.74	0.03	1.03	0.54	0.36	2.75	95.40
灰釉陶器	黒笹5号窯	椀	77	78.65	13.47	1.30	0.72	0.01	0.15	0.37	0.34	2.16	97.17
	〃	〃	78	79.23	15.02	1.38	0.70	0.01	0.19	0.37	0.34	2.13	99.37
	〃	〃	79	78.05	13.69	1.24	0.71	0.01	0.07	0.33	0.30	2.15	96.55
	〃	〃	80	78.37	13.62	1.38	0.71	0.01	0.06	0.35	0.30	2.14	96.94
	〃	〃	81	75.33	14.92	1.38	0.64	0.02	0.05	0.36	0.30	2.07	95.07
	〃	皿	82	73.26	14.13	1.50	0.62	0.01	0.08	0.36	0.33	2.09	92.38
	〃	〃	83	77.29	15.13	1.27	0.54	0.01	0.14	0.37	0.32	2.07	97.14
	〃	〃	84	77.62	16.20	1.46	0.64	0.01	0.18	0.42	0.28	2.02	98.83
	〃	〃	85	75.42	12.39	1.19	0.49	0.01	-	0.28	0.31	2.26	92.35
	〃	〃	86	75.10	12.14	1.29	0.53	0.02	0.14	0.29	0.37	2.31	92.19
	黒笹90号窯	椀	87	82.47	15.47	2.06	0.56	0.01	0.24	0.44	0.73	2.67	104.65
	〃	〃	88	79.65	15.01	1.75	0.66	0.01	0.24	0.43	0.63	2.41	100.79
	〃	〃	89	75.64	14.32	1.70	0.52	0.01	0.18	0.36	0.60	2.41	95.74
	〃	〃	90	78.18	13.38	1.45	0.64	0.01	0.18	0.32	0.54	2.42	97.12
	〃	〃	91	77.44	14.18	1.63	0.62	0.01	0.17	0.37	0.64	2.55	97.61
	〃	〃	92	78.67	13.49	1.42	0.66	0.01	0.12	0.30	0.42	2.41	97.50
	〃	〃	93	77.28	14.53	1.55	0.64	0.01	0.19	0.37	0.66	2.62	97.85
	〃	皿	94	78.35	14.79	1.81	0.64	0.01	0.23	0.46	0.67	2.68	99.64
	〃	〃	95	81.16	15.63	1.69	0.71	0.01	0.27	0.47	0.70	2.57	103.21
	〃	〃	96	79.93	14.46	1.44	0.69	0.01	0.07	0.30	0.29	2.24	99.43
	〃	〃	97	79.45	14.59	1.72	0.64	0.01	0.18	0.39	0.64	2.66	100.28
	〃	〃	98	77.13	15.41	1.42	0.55	0.01	0.24	0.38	0.68	2.67	98.49
	〃	〃	99	77.07	13.03	1.44	0.69	0.01	0.12	0.30	0.40	2.52	95.58
	〃	〃	100	79.42	13.53	1.50	0.69	0.01	0.14	0.31	0.47	2.28	98.35
	折戸53号窯	椀	101	76.11	15.10	1.72	0.55	0.01	0.28	0.42	0.50	2.43	97.12
	〃	〃	102	77.86	15.80	1.82	0.61	0.01	0.33	0.46	0.52	2.50	99.91
	〃	〃	103	74.96	15.28	1.67	0.60	0.01	0.18	0.39	0.46	2.57	96.12
	〃	〃	104	73.19	14.55	1.60	0.62	0.01	0.19	0.38	0.39	2.71	93.64
	〃	〃	105	72.52	14.09	1.57	0.56	0.01	0.20	0.36	0.47	2.47	92.25
	〃	〃	106	69.60	15.07	1.68	0.59	0.01	0.21	0.39	0.41	2.47	90.43
	〃	〃	107	77.26	12.66	1.02	0.72	0.01	0.05	0.24	0.29	1.81	94.06
	〃	〃	108	72.37	14.23	1.74	0.57	0.01	0.15	0.34	0.45	2.40	92.26
	〃	皿	109	71.10	13.64	1.56	0.57	0.01	0.30	0.40	0.47	2.64	90.69
	〃	〃	110	77.32	17.05	2.03	0.07	0.01	0.42	0.50	0.46	2.58	100.44
	〃	〃	111	74.53	13.21	1.49	0.60	0.01	0.12	0.30	0.41	2.62	93.29
	〃	〃	112	74.44	13.64	1.50	0.59	0.01	0.16	0.33	0.45	2.53	93.65
	〃	〃	113	75.48	15.39	2.02	0.62	0.01	0.22	0.39	0.36	2.26	96.75
磁器	長吉谷窯	皿	114	77.70	16.12	0.80	0.05	0.01	0.04	0.07	0.75	3.73	99.27
	〃	〃	115	76.08	16.28	0.60	0.05	0.01	0.07	0.06	1.12	4.62	98.89
	〃	〃	116	75.15	16.99	0.53	0.05	0.02	0.28	0.10	1.21	4.94	99.27
	〃	〃	117	77.27	16.13	0.59	0.04	0.01	0.13	0.10	0.79	3.58	98.64
	〃	〃	118	74.38	18.82	0.42	0.05	0.01	0.11	0.04	0.40	4.10	98.33
	〃	〃	119	77.31	15.69	0.72	0.05	0.01	0.07	0.13	0.97	4.01	98.96
	〃	〃	120	76.54	15.71	0.75	0.04	0.02	0.06	0.07	0.93	4.18	98.30
	〃	〃	121	74.47	17.06	0.96	0.05	0.02	0.12	0.14	1.09	4.84	98.75
	〃	〃	122	75.72	16.79	0.61	0.05	0.01	0.08	0.05	0.50	4.41	98.22
	〃	〃	123	75.61	15.62	1.02	0.05	0.02	0.09	0.06	1.02	4.89	98.38

そのほかはすべて1％未満で（114～122），縄文土器，弥生土器，須恵器などとの間に大きな差が認められる。こうした値の違いは，水簸された素地とそれが施されていない素地による製品の差を示している。

(5) 全体にわたって比較すると，縄文土器・弥生土器・須恵器のような土器類，灰釉陶器，磁器のそれぞれの間で，胎土中の酸化鉄の含有率は段階的に変化したことを認めることができる。

■灰釉陶器への水簸の採用　この胎土に含まれる酸化鉄の含有率の差が何を意味しているかについては，いろいろな解釈があろうが，第1には，粘土採取にあたって精良な胎土の灰釉陶器に適した粘土を選択したものと，その吟味がされなかった製品の差であることがあげられよう。他の1つの解釈は水簸の存否である。縄文土器，弥生土器および須恵器の大部分の酸化鉄の含有率は一様に高い。それとともに，灰釉陶器の中でも比較的大型の製品では，黒笹7号窯の瓶の胎土のように須恵器と変わらない値をとり，酸化鉄を多く含む素地が用いられている。それはまだ須恵器の成形や焼成の技法を継承している段階のものであるが，その後も大型の器種には，水簸をおこなわない素地を使用した可能性もある。

これに対して，黒笹5号窯，黒笹90号窯，折戸53号窯の時期の灰釉陶器では，鉄の含有率が2％をわずかに越えるものが3点あるほかは，いずれも1％台である。このように少なくとも黒笹7号窯と黒笹5号窯との間に，胎土の酸化鉄の含有率に大きな差を見出すことができる。後者の低い値をとるものはすべて椀・皿類であり，器形の種類と素地の差について，詳細に検討することができるほどの十分な資料ではないが，黒笹5号窯においては，猿投古窯跡群の中で灰釉陶器の生産がほぼ完成する時期にあたっており，このような素地作成の工程が，部分的であれ定着しはじめたことと深い関係をもっていると考えられる。

黒笹7号窯と黒笹5号窯の段階における素地の変化には，胎土の酸化鉄の含有率から，水簸の技術が関係している蓋然性が高く，少なくともそれは小型の椀・皿類を中心におこなわれたものと考えられる。その後の黒笹90号窯および折戸53号窯の資料においても同様のことがいえる。この黒笹5号窯の製品にあらわれている成分の特徴は，黒笹14号窯出土の花文皿などにとくに良質で緻密な粘土が使用されていると，楢崎彰一氏が指摘する内容とも符合し[39]，この頃を境にして灰釉陶器の小型の器種には広く水簸された素地が用いられたと判断してもよいであろう。

水簸の作業がどのような規模や方法でおこなわれたかなど，具体的には不明な部分が多いが，少なくとも磁器の生産においては，粗粒の砂を取り除くと同時に，発色に関係する素地の酸化鉄を減少させる手段として大規模に採用されていた。ここでは，日本の窯業生産の変遷の中で，水簸の技術が採用された時期を検討するにあたって，後者の現象からとらえることができることを示したが，水簸と呼ぶ内容もその程度はさまざまで，比較的簡便な施設で粘土を分別するようなものが，初期の水簸の実態で

あったかもしれない。奈良時代の緑釉や三彩の陶器においても，釉の色調を考慮して素地の酸化鉄を除去する工程があった可能性もある。また，中世の土師器に見られるきわだった白色を示す椀・皿類の鉄の含有率が，黄橙色の製品のそれと明らかに異なっている点にも注意を要する[40]。

〈第6章の注〉
1) 小林行雄「すいひ」「はじき」『図解考古学辞典』（東京創元新社）1969 年，p.506，pp.802・803。
2) 佐原眞「土器の話」(1～13)『考古学研究』第 16 巻第 2 号～第 21 巻第 2 号，1970～1974 年。西田泰民「土器録」(1)～(12)『東京の遺跡』No.11～No.24，1986～1989 年。
3) 平賀章三「素地作製の技法解明」『奈良教育大学紀要』（自然）第 27 巻第 2 号，1978 年，pp.99～113。
4) 精製土器と粗製土器の用語は，施文や調整の精粗という要素から区分する立場と，胎土の精粗を重要な要素として加えて区分する立場とがあるが，西田氏は明らかに前者の内容による区分によって，精製土器と粗製土器の2種に分けている。
5) 西田泰民「精製土器と粗製土器」『東京大学文学部考古学研究室研究紀要』第 3 号，1984 年，pp.1～25。
6) この数値は土壌分類学の区分のうち国際法によるものである。同じ土壌の分類でも国によって若干の差があり，また岩石学でいう砂岩の粒子区分では，0.06～2mm のものを指すが，ここでは粘土やシルトと共存する堆積物の砂という点から，土壌の分類値を示した。
7) 田中憲一・片田正人「カラーインデックス」『地質調査所月報』第 17 巻第 5 号，1966 年，p.130。実際の測定は，視野の中心点が記された接眼レンズと土器のプレパラートが前後左右に一定の間隔で自動的に移動する装置を用いておこない，中心点の位置が 0.3mm 以上の砂の一部にあたっているか，それ以下の砂や粘土であるかを区分する方法をとる。
8) この分析では，土器の用途や製作技術と胎土の材質との関係をとらえることが目的であるために，資料とした土器については，装飾を意図したと考えられる黒雲母などの混和材を多量に含むものは除いている。
9) 千葉県文化財センター編『千葉県文化財センター研究紀要』8，1984 年，pp.73・74，77・78。
10) 工藤竹久・高島芳弘「是川中居遺跡出土の縄文晩期終末期から弥生時代の土器」『八戸市博物館研究紀要』第 2 号，1986 年，pp.1～31。
11) 清水芳裕「土器の器種と胎土」『京都大学構内遺跡調査研究年報 1988 年度』（第Ⅱ部紀要）1992 年，pp.59～77。
12) 清水芳裕「胎土からみた西求女塚古墳の土器」『西求女塚古墳発掘調査報告書』2004 年，pp.271～280，図 176。
13) 辻本干也「奈良時代の塑造技法（上）」『佛教藝術』73，1969 年，pp.58～72。
14) 小口八郎・沢田正昭「天平塑像の科学的研究」『東京芸術大学美術学部紀要』第 6 号，1970 年，pp.39～69，写真Ⅰ～Ⅳ，第 2 表。
15) 香取秀真『続金工史談』（桜書房）1943 年，p.145。
16) 注 13，p.65。
17) 清水芳裕「梵鐘鋳造鋳型の材質と組成」『流川地区遺跡群』（福岡県文化財調査報告書第 171

集）2002 年，pp.137 〜 147。
18) 薄片中で占める面積を点の集合として求める方法によって，含有率を算定し比較した。測定点は多数であるほど誤差は減じるが，型砂の部分の断面積は非常に小さく測定の限界があるため，荒真土と型砂の部分のそれぞれについて，1000 点を測定して 3 要素の含有率を求めた。測定部分によって砂の分布が異なり，また人為的な測定誤差などもともなうため，それぞれ 2 回の測定による平均値を採用した。
19) 京都大学の森健氏からご教示をいただいた。
20) 清水芳裕「銅鐸中型片の組成と被熱変化」『重要文化財 西浦銅鐸』（羽曳野市埋蔵文化財調査報告書 24）1991 年，pp.59 〜 61。
21) 田辺昭三『陶邑古窯址群Ⅰ』（平安学園記念論集第 10 号）1966 年，p.10。
22) 清水芳裕「須恵器の焼結と海成粘土」『国立歴史民俗博物館研究報告』第 76 集，1998 年，pp.1 〜 19。
23) 鹽田力蔵「水簸」『陶器講座』第 3 巻（雄山閣）1935 年，p.99。
24) 加藤唐九郎編『原色陶器大辞典』（淡交社）1972 年，p.490。
25) 小林行雄「すいひ」『図解考古学辞典』（東京創元新社）1969 年，p.506。
26) 山崎一雄「いわゆる正倉院三彩の科学的考察」『世界陶磁全集』第 2 巻（河出書房）1957 年，pp.244 〜 246。
27) G.M.A.Richter, *A Handbook of Greek Art* (fifth edition), London, Phaidon Press,1967, pp.305 〜 310.
28) M. Bimson, "The Technique of Greek Black and Terra Sigillata Red," *The Antiquaries Journal*, Vol. XXXVI, 1956, London, Oxford University Press, pp.200 〜 204.
29) 注 25。
30) 小林行雄「古墳時代の土器」『日本考古学概説』（東京創元新社）1968 年，pp.209 〜 216。
31) 吉田恵二「須恵器」『考古資料の見方〈遺物編〉』（柏書房）1983 年，pp.138 〜 152。
32) 楢崎彰一「須恵器」『世界考古学大系』第 4 巻（平凡社）1961 年，pp.128 〜 137。
33) 浜田青陵「殷墟の白色土器」『民族』第 1 巻第 4 号，1926 年，pp.101 〜 108。
34) 梅原末治『殷墟出土白色土器の研究』（東方文化学院京都研究所研究報告第 1 冊）1932 年，pp.39 〜 45。
35) 李家治「我国古代陶器和瓷器工芸発展過程的研究」『考古』1978 年第 3 期，pp.179 〜 188。
36) 素木洋一『セラミックスの技術史』（技報堂出版）1983 年，p.13。
37) 内藤匡『新訂古陶磁の科学』（雄山閣）1986 年，p.106。
38) a 楢崎彰一「古代・中世・近世陶磁器の材質・技法に関する研究資料」『古文化財の自然科学的研究』（同朋舎出版）1984 年，pp.186 〜 192，表 1。
    b 山崎一雄・飯田忠三「陶片の化学組成・胎土ならびに釉」『古文化財の自然科学的研究』（同朋舎出版）1984 年，pp.193 〜 197，表 1。
39) 注 32，p.136。
40) 清水芳裕「日本の製陶技術における水簸の採用」『田辺昭三先生古稀記念論文集』2002 年，pp.293 〜 304。

第7章 土器の移動

1 考古資料の産地同定

　人類が道具の製作技術を発達させてきた背景として，それに適した材料を獲得するという大きな制約を克服してきた歴史を無視することはできない。石器や金属器のように産出地が限られた資源によって作られたものがあるからである。それと比較すると，土器は多くの地域で豊富に得られる材料を用いたものといえる。したがって，材料が採取された場所と道具が作られた場所を問題とするさいには，石器や金属器では，材料の産出地と製作した場所との関係を考慮しなければならないのに対して，土器の場合には，両者は大きく異ならないということを前提にして産地の検討が進められる。

　考古資料の産地同定では，理化学的な分析をおこなって，材質の特徴とそれに該当すると考えられる地域の原料のそれとを比較する方法が採用されることが多い。このような調査によって材料や製品の移動が明らかになると，そこから人の移動に関係するさまざまな現象が見えてくる。

　一方，産出地がきわめて限定されているもの，あるいは良質の材料が採取された遺跡などが明らかになっているものについては，こうした分析をおこなうまでもなく，道具や装飾品の材料として広範囲にわたって移動したと，古くから語られてきたものがある。バルト海沿岸から地中海に面する地域にまで運ばれた琥珀，イギリスのグライムズ・グレイヴス（Grimes Graves）やフランスのグラン・プレッシニー（Grand Pressigny）などで産するフリント，などはその代表的な例である。

　琥珀は，青銅器時代以後，中部ヨーロッパ地域のいくつかのルートを経由して，地中海地域へ運ばれたことが知られており，それらは地中海地域の金属器がバルト海地域へもたらされた流通路，いわゆる「琥珀の道」としても著名である。またフリントの産出地では，新石器時代に大規模かつ計画的に採掘された遺構が残されており，石器の専業的な製作活動と交易の存在などが指摘されている[1]。

　このような材料は，限られた地域でしか産しないこと，一見してその材質を識別できることなどの特徴があるために，製品や材料が産出地から遠く隔たった地域に分布している場合，交易あるいは交換によって運ばれたものとして，一般に諒解されてき

た[2]。

　また土器においては，形態の特徴や製作技術から年代の変化や地域の違いを識別することが古くから深められ，異なった地域の特徴をもつ土器が共存することがあると，製品が移動したこととともに，両者は同じ時期のものであることを示す資料とされてきた。たとえば，ミケーネとエジプトとの間の土器や石製品の移動にもとづく年代の併行関係や，西日本で出土する亀ヶ岡式土器の年代観の認識などは，両地域間でのものの移動が示す文化の同時性を重視したものであった。

(1) 金属器

■**クラプロートの研究**　金属器の製作地に注目した研究は，18世紀末から19世紀初頭にかけてヨーロッパ随一の分析化学者と評された，ドイツのクラプロート（M.H.Klaproth）による材質分析を嚆矢とし，それはバルト海地域で出土するローマ時代の青銅器について，その製作地がローマ地域にあることを明らかにする目的でおこなった分析であった[3]。さらに，ギリシャ，ローマ，中国などの古代の貨幣を分析して，金属器の流通や製作技術の伝播の関係を考察したほか，紀元1世紀頃のローマの打ち抜き貨幣は，銅あるいは真鍮を材料としたもので，青銅でないことなども明らかにした[4]。

　1789年にはウランを発見して，ナポリのローマ時代の遺跡から出土した緑色ガラスに，多量のウランが加わっていることを化学分析から導いたほか，砂鉄や鉄鉱石から得られる鉄と隕鉄とは，ニッケルの含有率の違いから区分することができることを示したことでもよく知られている。ニッケルを7.5%含むエジプトのゲルゼー（Gerzeh）で発見された鉄製ビーズや，10.8%含むイラクのウル（Ur）の580号墓から出土した鉄器片などが，隕鉄である可能性が高いと指摘されているのは，彼の研究の結果に依拠している。このようにクラプロートは，専門とした化学の分野で多くの業績を残しただけでなく，考古資料の材質に関する重要な分析をおこなうなど，広範囲に活躍した多彩な化学者であった[5]。

■**ニムルド，トロイ，ミケーネの調査**　その後の古代の金属器の成分に関する研究は，19世紀半ばから本格的にはじまった発掘調査の出土資料で実践されるようになり，その成果は調査の報告書の中に詳しく記載されはじめた。レイヤード（A.H.Layard）によるニムルドの青銅器[6]，シュリーマン（H.Schliemann）によって発掘されたトロイ（Troy）の青銅器[7]およびミケーネ（Mycenae）の金，銀，青銅の製品[8]，などが定量的に分析され，原料の成分が報告書の付編としておさめられるようになる。

　これらの分析は化学の専門家の手によっておこなわれたものであるが，少なくともシュリーマンの場合には，ミケーネの報告に見られるように，同じ青銅器でも容器や装飾品と，高い硬度が求められる武器との間では，銅と錫の比率に違いがあったことを見出そうとする意図がはっきりと記載されており，トロイ出土の青銅器の成分との

比較にまでも言及している[9]。

■**鉛同位体比** 近年おこなわれている青銅器の原料の産地に関する分析は、遺跡から出土する製品と原料とされた可能性のある鉱山の鉱石の特徴とを、鉛の同位体比によって比較するもので、多くの成果が得られるようになった。アメリカのコーニングガラス社のブリル（R.H.Brill）たちは、ローマ時代に採掘されていたギリシャなど地中海地域の銅や鉛の鉱山を調査し、同一地域では鉛同位体比のばらつきが小さく、離れた地域の間では大きく異なることをとらえた[10]。その上で、イギリス、エジプト、トルコなどの鉱山の資料を比較するとともに、ヨーロッパ各地で出土した青銅器の鉛同位体比を求め、この方法によって原料の産地を同定することが可能であることを指摘した[11]。

鉛には質量の上で違いをもつ、^{204}Pb、^{206}Pb、^{207}Pb、^{208}Pbという4つの同位体があるが、そのうち^{204}Pb以外の3つの同位体では、地球が生まれたときに存在した量に対して、ウラン（^{235}U、^{238}U）とトリウム（^{232}Th）からいくつかの原子核の崩壊を経て、最終的に鉛へ変化したものが加わっている。したがって、これら3つの同位体の量は時間の経過とともに増え続けており、各同位体の量の違いは、鉛や鉛を含む銅の鉱床が生成された年代、ウランとトリウムの濃度の差、などを示していることになる。青銅器の材料の産地の同定では、こうした鉛を含む鉱石の生成過程に注目して、同位体組成の違いを鉱床の差、つまり地域差としてとらえようとしているわけである。さらに、同位体の組成は熱による溶解や腐食などによって変化しないため、考古資料への応用に障碍が少ないことから、とくに青銅器の材料の産地を考えるさいの有力な方法として採用されている。

地中海地域の青銅器時代の資料について多数の分析がおこなわれており、とくにオックスフォード大学のゲイル（Noël H.Gale）たちは、地中海沿岸およびアナトリア地域の鉛と銅の鉱山から1500以上の資料を収集し、産地の同定が可能なことを示した。また、トロイ第Ⅱ層出土の金属製品について、エーゲ海地域の鉱山の鉱石との比較をしている。このほか地中海沿岸の広い地域で発見される、青銅器時代後期のインゴットの製作地とその流通にも視点を広げ、サルジニア島からキプロスにおよぶ範囲の遺跡の青銅器の特徴について調査するとともに、ギリシャのローリオン、トルコなどの鉱山との比較もおこなっている[12]。

また、弥生時代から古墳時代に大陸から輸入された、日本の青銅器の分析結果によると、華北産、華中・華南産、朝鮮半島産の鉛という3つの分類ができ、それらは日本産の鉛とも区分が可能であるという。さらに弥生時代には華北産と朝鮮半島産の鉛を用いた青銅器が、古墳時代には華北産とともに華中・華南産の鉛を用いた青銅器があらわれ、日本産の鉛は7世紀以降から用いられていることなども明らかにされている[13]。一方、産地がさらに細分されていく可能性があるか否かについては、平尾良光氏は日本で出土する青銅器の中には中国の2つの産地のほかに、遼寧省方面

の材料が含まれている可能性もあることを示唆している[14]。

鉛同位体比による分析は，鉛の産地を青銅器の材料の産地として考えようというものであり，その根拠となるのは，銅と鉛とは類似した性質をもつ金属であり，鉱床としては近い場所に存在する可能性が高いこと，また鉛を銅の不純物として考えることができること，などである[15]。こうした鉛に注目した方法に対して，ではなぜ青銅器の主成分である銅，あるいは一般に鉛より多く含まれる錫，などの同位体を分析しないのか，という疑問が出てきそうである。たしかに銅には^{63}Cuと^{65}Cuという2つの同位体があり，錫にも10種類のものがある。しかし，そのような研究がおこなわれないのは，いずれもきわめて安定した同位体で，これらの組成の変化から年代や地域の差を識別することは，非常に困難であることが明らかになっているからである。

次に，石器や土器では大きな問題とならないが，金属器は再利用されて複数の原料が混在する可能性があることを，つねに考慮に入れておかねばならない。混合された場合には同位体比の平均の値をとることになるなど，方法の上では言及されることがあるが，日本の青銅器においては重要な問題としてとくに指摘されてきたことはない。それは今までのところ，上記のような中国，朝鮮半島，日本のそれぞれの測定範囲から大きくはずれる結果があらわれていないこと，青銅器の多くが墓や古墳の副葬品であり，鋳直しによる再利用を考慮する余地が少ないこと，などが関係しているのかもしれない。しかし前述した地中海地域においては，青銅器時代後期にはインゴットが流通しており，また実用の青銅製品では破損したものが再加工された可能性が高いことなどから，複数の鉱山の金属が混合された製品が多数出現することが予想されている。今後，このような複数の鉱山の材料による製品の分析値がどのような結果としてあらわれ，どのように解釈されるか注目される。

(2) 石器

■2つの分析手法　石器の産地同定の調査は，均質な化学組成をもち原産地の比較資料が採取できる，黒曜石とサヌカイトについて多く試みられ，おもに2つの手法が用いられている。

その1つは，黒曜石について鈴木正男氏が採用した，フィッション・トラック法を用いて，原産地の岩石と石器の石材とを生成年代の上から比較する方法である。黒曜石に微量に含まれるウランには，質量が235と238の同位体があり，後者は時間の経過とともに自然に核分裂を起こして崩壊していき，そのさいに周囲の石に傷跡を残す。この現象を利用して石に残された痕跡の数，ウラン238の崩壊率，含まれるウラン濃度，などを測定すると黒曜石の生成年代を算出することができ，それによって石器と原産地との関係を年代の上から結びつけることが可能になる。この方法によって，関東地方の縄文時代の遺跡から出土する石器には，伊豆諸島の神津島産の黒曜石が多く用いられていることなどが明らかになっている[16]。

他の１つは，東村武信と藁科哲男の両氏が採用した，岩石の化学成分の差から判別する方法である。黒曜石やサヌカイトには，噴出した火山によって元素の含有率に差があることから，それを指標にして石器の石材と比較するものである。日本と朝鮮半島から採集した原石および製品の元素含有率を蛍光Ｘ線分析によって測定したところ，近畿・中国地方の旧石器時代から弥生時代の遺跡で出土する石器において，サヌカイトは大阪と奈良の県境にある二上山や香川県の金山から，黒曜石は隠岐島から運ばれたものがあることなどがわかっている[17]。

　■**西アジアの黒曜石**　イギリスの考古学者レンフリュー（C.Renfrew）は，分析化学の専門家たちと共同研究を続け，化学成分に注目した方法によって，西アジアの紀元前6500～5000年頃にあたる新石器時代の遺跡から出土する黒曜石を分析し，原産地からの流通の関係を具体的に導いた。

　アナトリア地域の２つの大きな原産地のうち，中央アナトリアの産地のものは東地中海地域の遺跡へ，東アナトリアのものはザグロス山脈に沿った地域の遺跡へというように，供給された地域を区分することが元素の分析から可能であることを示し[18]，それぞれの遺跡で出土する石器の総量に対する黒曜石の比率を求めた[19]。その上で，黒曜石の出土率を原産地からの距離との関係から検討し，「原産地」，「供給地帯」，「接触地帯」などの区分によってモデル化し[20]，先史時代の物資の供給の背景を具体的に示唆した研究として高く評価された。しかし，原産地からの流通の関係を示した図がやや複雑であるために，結果として導き出された実態が，必ずしも考古学の分野で正しく把握されていないなど，若干の問題を残している。

　この研究は，出土する黒曜石の比率が石材全体の80％以上を占めて，原

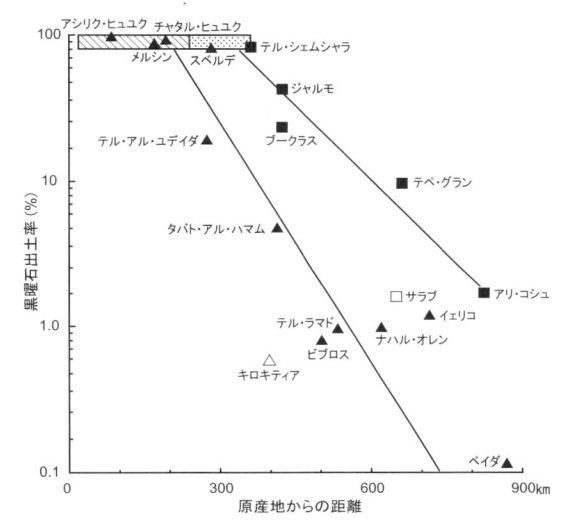

１　レンフリューらによる図（注20，Fig.2）

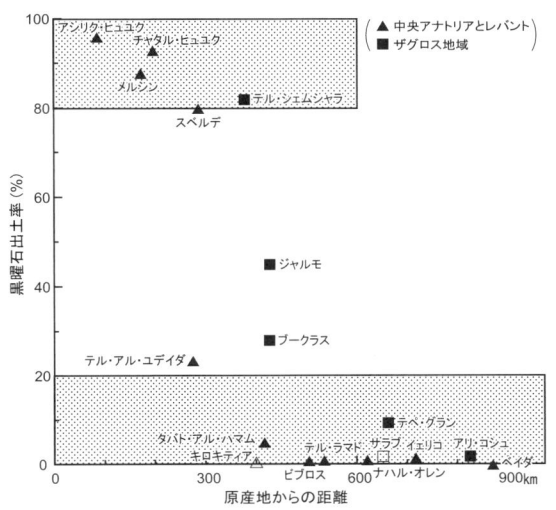

２　自然数のグラフによる表示

図44　黒曜石の出土量と原産地からの距離との関係

産地から定期的に黒曜石を求めた可能性の高い遺跡と，近隣集落との交換によって少量ずつしか入手していない遺跡との差を定量的に分類し，黒曜石の減少率と原産地からの距離との間に，深い関係があったことを明らかにしようとしたものである。そして，結果を図44-1のように示した。これは結論が視覚的に理解しやすいように表現されているために，考古学の分野に広く受け入れられ，またレンフリュー自身もしばしば用いてきた[21]。

ところがこの図は，縦軸に対数目盛りを，横軸に自然数目盛りを用いた，片対数表示であることに注意する必要がある。この表現では黒曜石の減少率が距離に比例しているように見えるが，両軸を自然数目盛りであらわすと図44-2のようになり，それらの関係は必ずしも明瞭であるとはいえない。後者の図を用いてあらためて分析の内容を確認すると，18遺跡のうち5遺跡が80％以上，10遺跡が20％以下の範囲に集中し，その間の比率を示すのは，ザグロス地域で2遺跡と中央アナトリアとレバントの地域で1遺跡があるにすぎない。さらに，ザグロス地域で80％以上を占めるテル・シェムシャラと，40％台のジャルモおよび20％台のブークラスとの距離の差はほとんどなく，また中央アナトリアとレバントの地域で約80％を占めるスベルデと20％台のテル・アル・ユデイダとの間の距離も，ほとんど同じであることがわかる。

レンフリューの他の論文の中に両軸を自然数であらわした図もあるが，それは供給の型を示す模式図で，遺跡間の距離や供給率についての具体的な表示は何も加えられていない[22]。このように結論を表現した図に，大きな誤解を生む要素が含まれ，さらに2つの原産地からの距離と減少率の関係を，2本の直線を加えてあらわしているために，そのことがさらに誤解を増幅させる原因ともなっている。しかし，このような諸点を考慮に入れてもなお，この論文は非常に精緻な分析に支えられた説得力のある研究として，高く評価され広く受け入れられている。

(3) 土器

金属の製作技術や流通の状態を明らかにすることを目的とした分析が，18世紀末から19世紀初頭に開始されたのに対して，土器の製作地を問題とした研究は，1930年代になって，ドイツのブットラー（W.Buttler）とオーベンアゥアー（K.Obenauer），アメリカのシェパード（A.O.Shepard）によって胎土の岩石学的な分析からはじめられた[23]。金属器に対してよりも研究が遅れた原因は，材料が岩石の風化物であることから母岩の特徴がとらえにくいこと，堆積の過程で移動するために異なる場所の風化物が混在している可能性があることなど，分析結果と地域の特徴との関係を把握することが難しいという点にあった。しかし1960年代に入ると，分析機器の発達にともなって，粘土を構成する多数の元素に注目した研究も世界各地で広くおこなわれはじめ，製品の移動や流通を検討するための具体的な情報が得られるようになった。

土器や陶器の材料である粘土や砂は，いずれも岩石の風化物であり，元素の含有率

や鉱物の結晶の特徴はそれらの母岩と共通している。したがって，母岩の性質に大きな違いがある地域の間では，粘土の成分にも砂の結晶にも異なる要素があらわれ，それによって材料の，つまり製品の地域差がとらえられることがしばしばある。このことが製作地を推定する上での大きなよりどころになっている。

そのさいに，とくに限定された粘土を必要としない低火度焼成の土器と，高い耐火度を備えた粘土が要求される高火度焼成の須恵器や陶器の間では，製品の移動や流通をとらえる視点には大きな違いがある。前者の場合には，多くの地域に堆積した一般的な粘土や砂を用いているため，集落内あるいは小地域で製作と消費がおこなわれたと考えることができる。一方，後者の場合には，材料の性質が限定されるとともに，大規模な窯の構築や燃料を必要とするため，製作地はその条件を満たす地域に限られることになり，製作地と消費地ははっきりと分離して，さらに移動や流通の範囲も拡大する。

分析の手法は，胎土に含まれる砂の種類や性質を，結晶の特徴から母岩のそれと比較する岩石学的な方法と，胎土の化学成分あるいは元素組成によって地域差を調べる方法の，大きく2種類に分けられる。いずれにおいても，粘土や砂は二次的な堆積物であるため，複数の母岩の風化物が混在している場合が多く，個々の地域の基盤を作る岩石系あるいはそれらの化学組成と，単純には結びつけることはできないという要素をもっている。したがって土器や陶器の場合には，この点が製作地を推定する上で大きな障碍となることが多いことも事実である。

2 粘土と砂の地域差

(1) 砂にあらわれる地域差

■人の手による移動　1974年7月10日午前8時頃，宮城県気仙沼港の沖合200m付近で，ビニールシートにくるまれた男性の他殺死体が発見された。所持品などから，被害者は北海道から群馬県へ向かっていた運送会社運転手Hさんと判明した。宮城県警察本部鑑識課は，殺人現場を特定する手段として，死体の着衣やくるまれていたビニールシートに付着した土砂と，気仙沼湾内で採取した土砂とを比較する岩石学的な鑑定をおこなった。その結果両者は一致しなかった。

気仙沼湾付近の堆積物は，北上山地を中心に広く分布する深成岩に起源をもつ砂がおもな要素であるのに対して，殺人現場で付着したと考えられる着衣やビニールシートの土砂は，これとは種類が異なり，鑑識記録には「第三紀の岩石で，緑色凝灰岩を含む凝灰岩，凝灰岩質砂岩，安山岩などからなり，これは北上河谷，奥羽山脈などに多く認められるものである。」と記されている[24]。この結果と岩手県岩沢の国道4号線で発見された被害者のトラック走行記録の解析とから停車場所を推定し，殺害現場

が岩手県花巻市内であると断定して聞き込み捜査を続けた。そして，2名の共犯者が半月後に逮捕された[25]。

　砂は岩石が風化して細粒化したのちに，多くは水によって流されて移動するために，複数の岩石に由来するものが混在する可能性がある。地形とも関係するが，二次的に堆積した砂の性質について一般にいえることは，同じ種類の母岩が広い地域にわたって分布する場合にはこれと共通し，逆に複数の種類の母岩が接近して分布する地域では，それらの要素が混在するという傾向がある。いずれにしても母岩に近いところの砂には，その影響が強くあらわれるという原則は基本的に存在する。ところが砂や粘土が人の手によって運ばれると，この原則が崩れる。胎土分析によって土器の製作地を同定する方法は，この現象を識別することに主眼をおいており，上記の事件の鑑識もまさにこの手法を用いたものであった。

　■**河川堆積物の地域差**　　母岩と沖積地に堆積する砂の組成との関係は，現在の河川の砂にも共通して見られる現象である。それは，静岡県を南流する，藁科川，安倍川，興津川，由比川の4つの河川から採取した砂粒を，火山岩，深成岩，堆積岩，変成岩に属する岩石鉱物という区分によって比較してみると，上流域に分布する母岩の特徴を反映し，火山岩の含有率にその関係があらわれることなどによって，確かめることができる[26]。

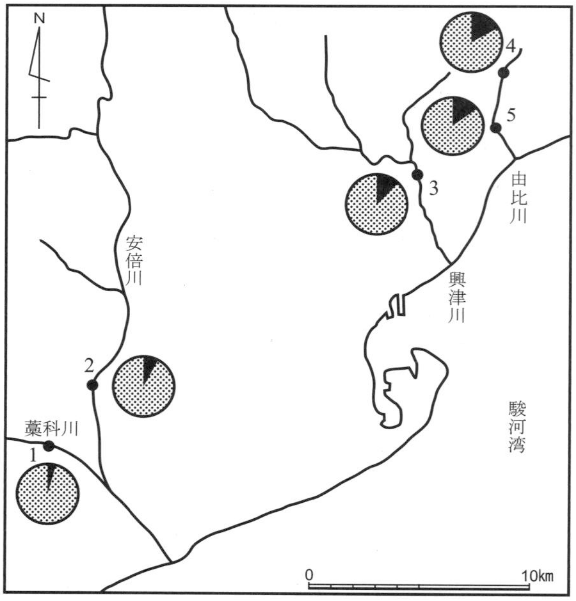

　藁科川では1.5%，安倍川では1.6%と火山岩がわずかであるのに対して，静岡県東部の興津川では10.8%，由比川の4では16.4%，5では13.8%とその比率が高まっていく（図45）。この現象は静岡県の中央部と東部との間で，上流域の火山岩の堆積物に大きな差があり，それが下流域の堆積物へ影響を与えていることを示している。

図45　河川堆積物の地域差（注26，第3図）
　　　グラフの黒地部分が火山岩の比率

(2) 岩石学的方法による分析

　上の2つの事例は，母岩の成因や成分が異なると，砂や礫のような風化物にもそれを反映した地域差が生まれることを示している。したがって，土器や陶器に含まれる岩石片や鉱物にも，材料として採取した地域の特徴があらわれることをも意味して

いる。このような地域ごとの岩石の状態を知る上で参考になるものとして、日本では長年にわたって蓄積された全国の地質調査の結果がある。また、土器の材料の地域的な特徴を探る場合には、型式学の上で在地製と判断できる土器の胎土の特徴と比較することも効果がある。もちろん土器の材料となる砂は、水によって広い範囲に二次的に堆積したものであるため、複数の母岩の風化物が混在している場合が多く、そのため、近接した集落間や同じ水系の遺跡の間で、胎土の特徴の違いを求めることは難しくなる。

さらに素焼きの土器には、第6章で触れたように、混和材として砂を加えるものが多い。こうした砂の中には、意図的に特定の鉱物を選択したものもあるが、多くのものは土器が作られた遺跡付近の堆積物に由来するものと考えられる。したがって、胎土の砂の特徴を遺跡付近の地質学的な要素と比較することによって、在地の製品であるか他地域からの搬入品であるかの判別が可能になる。とくに、母岩の種類に明瞭な違いがある地域間、たとえば1種類の岩石でできた島と、それとは異なる種類の岩石の地域との間で比較する場合には、この方法による判定はきわめて有効である。

分析には、1×2cm程度の大きさの土器片を0.02～0.03mmの厚さにした薄片を用意する。この程度の厚さにすると大部分の鉱物は光を通すようになり、偏光顕微鏡を用いて光学的な特徴を分析すると、岩石や鉱物の種類や成因を同定することができ、母岩に関する情報が得られる。そのさいに複数の鉱物の集合体つまり岩石の状態で加わっている場合には、母岩の特定が容易にできる。それらの情報のいくつかを具体的に示すと、次のような事例をあげることができる。

岩石は成因によって大きく火成岩、堆積岩、変成岩に分類されるが、それらは含まれる鉱物の種類や形状の違いによってさらに細分される。火成岩は生成されるときの成分、温度、圧力などの違いから、火山岩や深成岩などに区分され、さらに石英、長石、角閃石や雲母などの有色鉱物の含有率によって、火山岩は安山岩（図46-1）や玄武岩、あるいは深成岩は花崗岩（図46-2）や閃緑岩、などに小分類される。また火成岩の風化物が集合した堆積岩は、鉱物の粒径や集結構造によって、砂岩（図46-3）、泥岩（図46-4）などに、変成岩（図46-5）は圧力や温度による変成の受け方の違いや鉱物の種類によって、それぞれに岩石名が区分される。

鉱物の中にも、結晶が作られるときの条件によって固有の特徴をもつものがある。多くの土器の砂に見られる一般的な例をあげると、石英には結晶構造のゆがみによって、光の透過が部分的に異なる波動消光という現象を示すものや、結晶が作られるときの急速な冷却によって、虫食い状の結晶となった融食形と呼ばれる特徴を示すもの（図46-6）などがあり、前者は深成岩の、後者は火山岩の特徴として区分できる。さらに、カリ長石のパーサイト構造（図46-7）や微斜長石（図46-8）のような結晶の形をもつものは、深成岩の特徴であることなど、母岩の種類や性質との関係がわかるものがある。

このような特徴にしたがって、土器に含まれる砂を分類すると、材料を採取した地

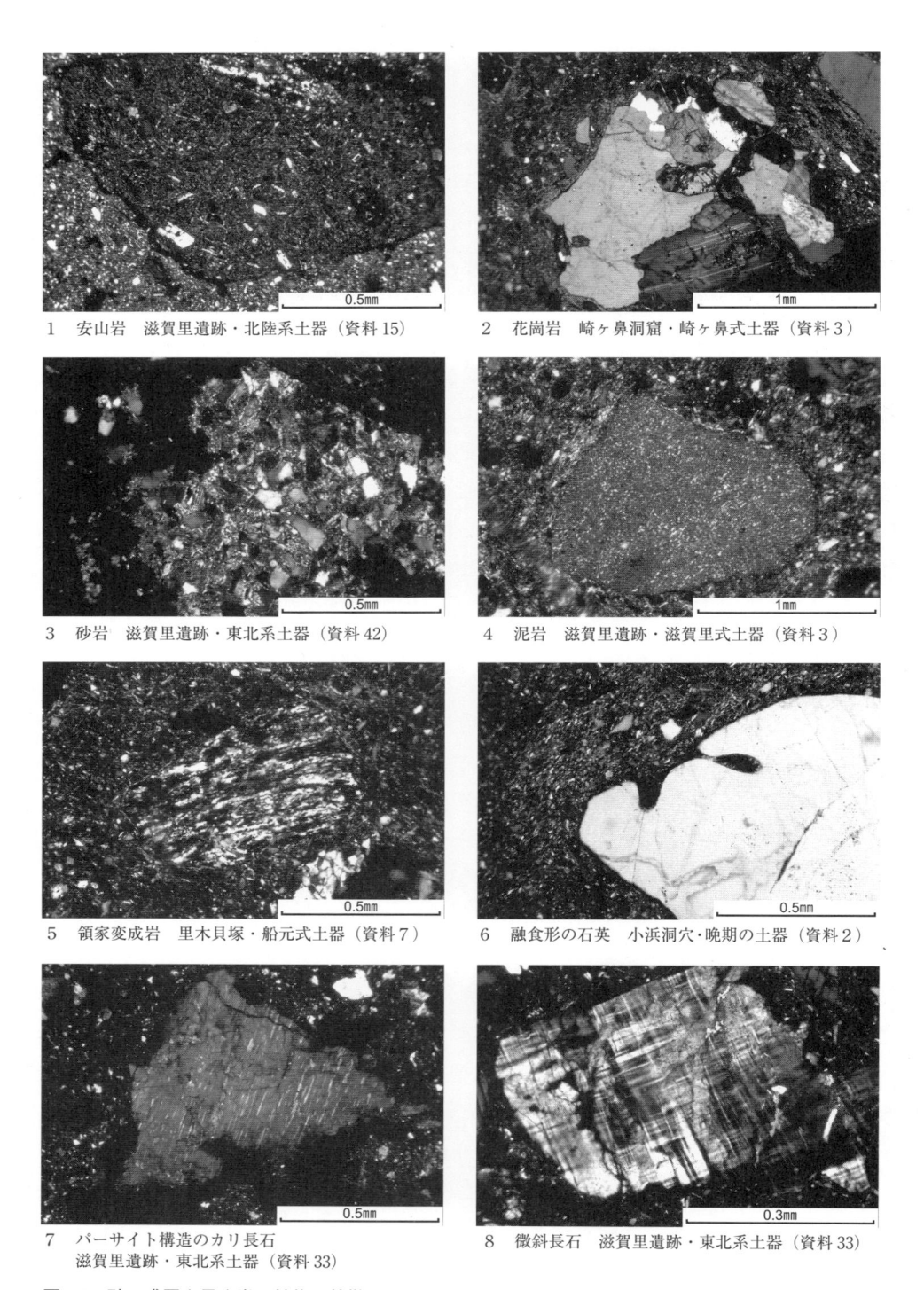

1　安山岩　滋賀里遺跡・北陸系土器（資料15）
2　花崗岩　崎ヶ鼻洞窟・崎ヶ鼻式土器（資料3）
3　砂岩　滋賀里遺跡・東北系土器（資料42）
4　泥岩　滋賀里遺跡・滋賀里式土器（資料3）
5　領家変成岩　里木貝塚・船元式土器（資料7）
6　融食形の石英　小浜洞穴・晩期の土器（資料2）
7　パーサイト構造のカリ長石　滋賀里遺跡・東北系土器（資料33）
8　微斜長石　滋賀里遺跡・東北系土器（資料33）

図46　砂の成因を示す岩石鉱物の特徴

域を推定する情報が得られる。ただし，焼成温度が高い須恵器や陶器では，熱によって結晶が変化しているものが多いため，母岩の特徴を知ることが難しくなる。そのため，この岩石学的な方法は，素焼きの土器においてとくに効果を発揮するものといえ

る。この分析法が土器の製作地を判断する上で有効であることを，広く認知させた２つの事例をあげてみよう。

■コーンウォール地方の土器　第５章で混和材の調査例として紹介した，イギリス南部のウインドミル・ヒル出土の２点の土器については，含まれるカンラン石が，コーンウォール半島一帯の堆積物に特徴的なもので，その地域で製作された土器が運ばれたことがホッジスによって指摘された。

この混和材を含む土器は，さらにメイヅン・キャスル，ヘムベリーなど，イギリス南部の広い地域の遺跡からも出土しており，ピーコック（D.P.S.Peacock）は，混和材の原産地とそれを含む土器の分布に関する考察をおこなった[27]。まず特徴とされるカンラン石は，コーンウォール半島のリザード岬で約11km四方にわたって露出した，ハンレイ岩から供給される鉱物で，周囲にはその風化した多量のカンラン石を含む黄色粘土が堆積しており，厳密には混和材としてではなく，粘土の構成要素になっていたものであるという。

また，イギリス南部の遺跡で出土するこの特徴をもつ土

表46　リザード岬の粘土で作られた土器の出土状況（注27, p.148）

遺　　　跡	リザード岬からの距離	観察点数	リザード産の比率(%)
カーン・ブレア（Carn Brea）	24km	11点	100
グイシアン（Gwithian）	29km	2点	100
ハザード・ヒル（Hazard Hill）	105km	27点	約30
ハードン（Haldon）	129km	8点	約25
ハイ・ピーク（High Peak）	145km	138点	4
ヘムベリー（Hembury）	153km	198点	10
メイヅン・キャスル（Maiden Castle）	201km	115点	9
ロビンフッヅ・ボール（Robin Hood's Ball）	257km	230点	1.3
コーフェ・ミュレン（Corfe Mullen）	233km	15点	13
ウインドミル・ヒル（Windmill Hill）	274km	1156点	0.2

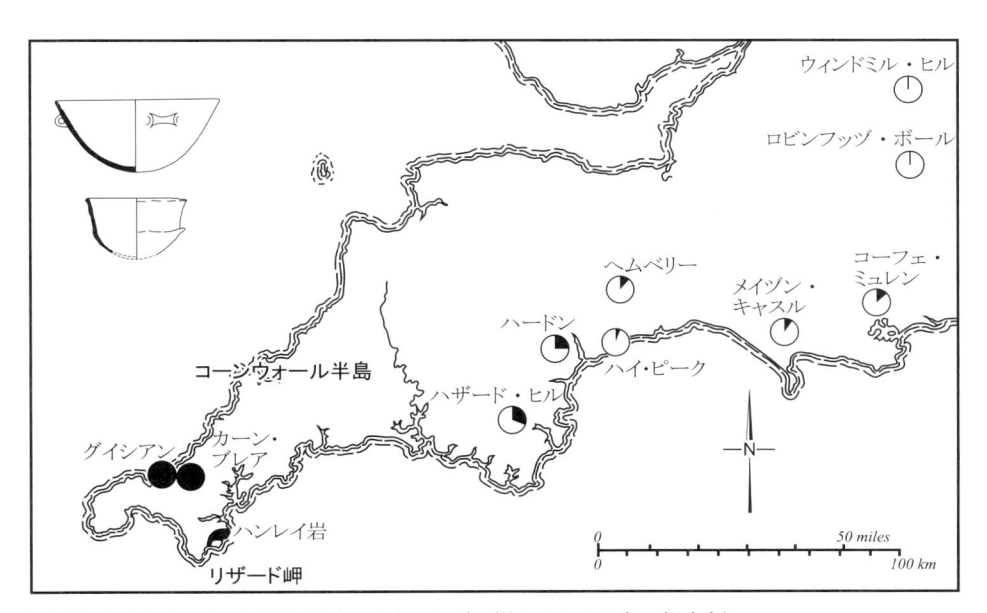

図47　リザード岬の粘土で作られた土器の分布（注27, Fig.1を一部改変）

器は，リザード岬付近で作られたものが流通した可能性が高く，遺跡の分布とそれらの土器が全体の中で占める比率との関係が，表46および図47のように示された。それによると，供給地と考えられるコーンウォール半島に近い遺跡ほど，この特徴をもつ土器の出現頻度が高く，約100km以上離れた遺跡からは急激に減少することも明らかになっている。

■リオ・グランデの彩釉土器　土器の分析調査の中で，その規模と成果において特筆すべきものは，1936年以後シェパードによっておこなわれた，リオ・グランデ（Rio Grande）地域の glaze paint ware についての一連の研究である。このシェパードのいう glaze paint ware は，全面に施釉するのではなく，文様部分に限って釉を用いていることから彩釉土器と呼ぶべきものである。シェパードはキダー（A.V.Kidder）によって発掘された，ペコス（Pecos）の彩釉土器の分類を基礎において，ニューメキシコ州のリオ・グランデ川上流域に分布する遺跡から出土した土器の胎土を調査した。

従来からこの地域の土器については，各遺跡群の土器がそれぞれの地域で独自に製作されたという仮説にもとづいていたため，外部からの技術的な刺激はあったとしても，土器型式の変化はそれぞれの地域内で生じたものと考えられていた。シェパードは，679点の土器を薄片にして偏光顕微鏡で岩石鉱物の分析をおこない，さらに170ヵ所に上る遺跡から採集した約1万7000点の土器を，実体顕微鏡によって観察して混和材の特徴を分類し，リオ・グランデ地域内で土器が移動した状態を具体的に解明した。その結果，およそ13世紀から16世紀の間のこの地域の集落では，土器が交易によって大規模に移動していたという事実が明らかになり，従来の編年上の見解を大きく変えた[28]。シェパードの研究が大きな成果をおさめた要因は，調査した資料が多数であったこととともに，この地域の岩石が多くの種類のもので構成されているために，遺跡付近の母岩の特徴と別の地域で作られた土器の混和材との関係が識別しやすかったことと，それに対する有効な分析法を適用したことにあった。

（3）化学成分にあらわれる地域差

■化学成分の特徴　土器に加えられている砂が，結晶の上で母岩と共通した特徴をもっているように，粘土や砂は化学成分の上でも同様の特徴を示す。したがって，二次堆積によって大きな混在が生じていない土器の材料においては，それを生み出した岩石と化学成分の特徴に類似した関係があらわれる。三辻利一氏は，日本各地の窯跡から出土した須恵器に含まれる元素の含有率を，蛍光X線分析と放射化分析によって求め，カリウム（K），カルシウム（Ca），ルビジウム（Rb），ストロンチウム（Sr）の4元素が地域を区分する上で有効であることを導き，須恵器の材料の地域的な特徴を求めた。そのうちRbの含有率に注目すると，日本列島の中で次のような地域差があらわれることを見出した[29]。

（1）　ほぼ中央構造線を境にして，西日本の須恵器は東日本のそれに比べてRbの

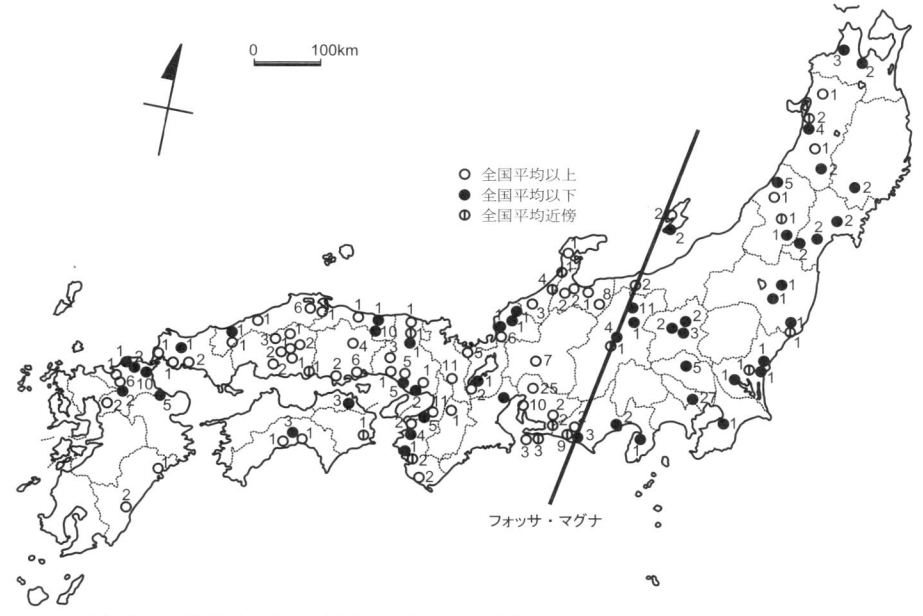

1 Rb分布量の地域特性分布図（数字は調査した窯の数）

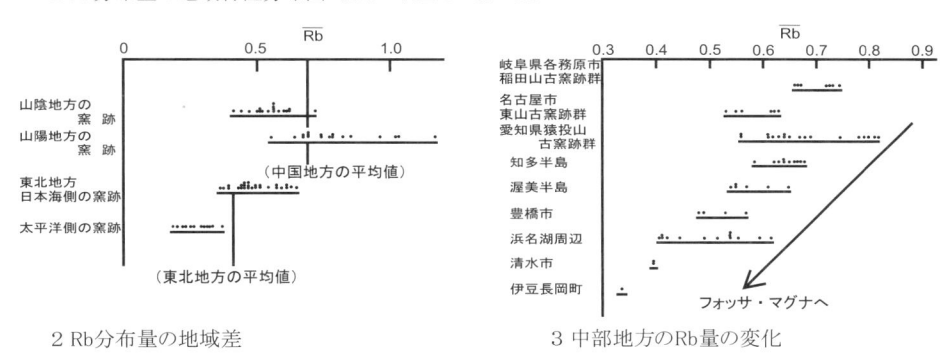

2 Rb分布量の地域差

3 中部地方のRb量の変化

図48　須恵器の元素含有率の地域差（注30a，図45・50・51）

含有率が高い。その関係は，大阪層群の粘土や大阪府陶邑古窯跡群の須恵器と東京都の多摩丘陵に分布する粘土や窯跡の須恵器，の間においても認めることができる（図48-1）。

(2) 東北地方では太平洋側よりも日本海側が，関東地方では太平洋沿岸地域よりも内陸部の方が，また中国地方では山陰地方よりも山陽地方の方が，それぞれRbの含有率が高い（図48-2）。

(3) 東海地方では岐阜県から東方の静岡県へ向かって，Rbの量が減少する傾向がある（図48-3）。

このほかに，福井県敦賀半島の海岸部の砂については，半島の北部ではSrよりもRbの量が多く，半島基部ではその逆の現象があらわれるという。これは，敦賀半島のほぼ全体が中生代の花崗岩で，その基部の付近が古生代の粘板岩や砂岩であること

第7章　土器の移動　181

に由来している。つまり Rb には ^{87}Rb と ^{85}Rb の 2 つの同位体が，それぞれ 72.15％と 27.85％の比率で存在し，放射性の ^{87}Rb は約 520 億年の半減期で崩壊して ^{87}Sr に変わることから，生成年代が古いほど Rb が減少して Sr の量が増すという，岩石の生成年代と関係していることが明らかになっている。

地域差を求めるには Na，K，Fe などの元素も有効で，それらを組み合わせる方法によって，大阪，東海地方，山陰，北九州などの地域ごとの区分も可能であることが示されている。また，日本各地の古墳時代の遺跡から出土する須恵器の中には，5 世紀に大規模な生産が開始された大阪府の陶邑窯から運ばれたものがあり，それは東日本を含む本州だけでなく，西は鹿児島県の古墳から出土するものにもあるという[30]。

■**分析法の有効性**　化学分析には，成分を酸化物の形でとらえる方法と，元素によって求める 2 つの手法がある。前者は結果を求めるのに多くの時間と労力を要するため，分析数がおのずから限られてくる。これに対して元素に注目する方法では，分析機器の発達によって短時間に結果が得られ，多数の処理が可能である。いずれの手法においても，化学成分には熱による変化を考慮する必要がないため，原則としてどのような土器や陶器にも適用できるが，その反面，縄文土器や弥生土器のような，混和材を混入するなど人為的な加工がなされたものについては，化学成分や元素からだけでは地域的なまとまりをとらえることが難しい。したがって，比較的精良な材料を用いた製品に有効であり，窯跡に残る製品の化学成分を，地域ごとの粘土成分の特徴として扱うことができるという点から，須恵器や陶器を中心に実施されることが多い。

化学成分に注目して，製作地を検討して成果を上げた代表的な調査をあげると，その初期の研究として，オックスフォード大学のアシュモリアン博物館を中心にしておこなわれた，クレタ島やギリシャ本土を含む，エーゲ海周辺地域の後期青銅器時代の土器の分析がある。胎土に含まれる元素の含有率に大きな差を見出し，この地域内における移動と交流の関係を具体的に示唆した[31]。その後，オーツ（J.Oates），ダヴィドソン（T.E.Davidson），カミリー（D.Kamilli），マカーレル（H.Mckerrel）らは，西アジア先史時代のウバイド（Ubaid）式土器について岩石学的分析のほかに，中性子放射化分析，X 線マイクロアナライザー分析などを用いて検討し，土器が移動している事実を証明すると同時に，その移動の状況からシュメール文明の起源論にもおよぶ，社会的な背景の解釈にも積極的に取り組んだ（本章の第 3 節参照）。

3 土器の移動

（1）伊豆諸島の土器

■**伊豆諸島の遺跡**　たび重なる火山の噴火や黒潮の波に洗われる，苛酷な自然のもとにあった伊豆諸島にも，先史時代から人が居住した痕跡が数多く残されている。

相模湾から南へ連なる伊豆諸島は、太平洋の海底火山の活動によってできた島として知られ、北部の伊豆七島は、北西から南東の方向へ大島、利島、三宅島、御蔵島が列をなし、これと方向を異にして北東から南西へ新島、式根島、神津島が連なっている。この2つの島群を形成する地質には大きな違いがあり、前者は富士山と同じ玄武岩系の塩基性に富んだ岩石によって、後者は流紋岩系の酸性に富んだ岩石によってできた島である。神津島で黒曜石が産出するのは、この酸性に富んだ地質が関係しているからである。

　伊豆諸島を舞台に先史時代の人々が活動したことの一端を示すものとして、関東地方の遺跡から出土する石器に、神津島産の黒曜石が用いられていることをあげることができる。神津島産であることは、フィッション・トラック法による黒曜石の生成年代の分析などから導かれ、それによると、すでに後期旧石器時代の石器に使用されているといわれている[32]。しかし小林達雄氏は、伊豆諸島では旧石器時代の遺跡が発見されていないこと、丸木舟の製作に該当するような石器も見られないことなどから、この分析法による結果に対して、未知の産地が残されているのではないかという疑問を投げかけている[33]。

　伊豆諸島ではこれまでの調査によって、ほぼ諸島全体の状況が把握されており、それによると、縄文時代の遺跡は比較的小規模であるが大部分の島に残されている。これらの土器の特徴として、本州では異なった地域に分布する型式の土器が、混在していることをあげることができる[34]。早期の山形押型文土器や平坂式とされている無文土器が出土する、三宅島の西原B遺跡や大島の下高洞遺跡などが現在のところもっとも古く、下高洞遺跡では海に面した海蝕崖に炉をともなった住居跡が1棟発見されている[35]。この時期の後半になると、遺跡は伊豆諸島の北部全域に分布するほか、さらに八丈島の湯浜遺跡には隅丸方形の2棟の竪穴住居跡が残されているなど、南部にも活動がおよんでいる。そこでは神津島産の黒曜石も発見されており、八丈島の北を時速約7ノットの速さで東に流れる黒潮をわたった優れた航海術の一端を示している。

　縄文前期になると遺跡の数が増加し、出土する土器は、諸磯式から十三菩提式の関東系の土器に加えて、北白川下層式や鷹島式など関西系の要素をもつ土器も混在するなど、本土の広い地域との関係が明瞭になる。中期には遺跡数や遺物の出土量もさらに多くなり、前期末から中期御領ヶ台式まで継続する八丈島の倉輪遺跡では、5棟の竪穴住居跡とともに、石製垂飾具をともなって埋葬された3体の人骨も発見されるなど、定住的な生活の証拠も残されている[36]。しかし後期以後は遺跡数も遺物も減り、晩期には現在のところ発見されているのは、新島の渡浮根遺跡と田原遺跡、三宅島の友地遺跡と島下遺跡だけであるなど少数となる。

　弥生時代の伊豆諸島の状況は、発掘調査による資料が少なく不明な点が多いが、中期から後期の遺跡が大半を占めることが明らかになっている。弥生前期については、

新島の田原遺跡と渡浮根遺跡，大島の下高洞遺跡，三宅島の島下遺跡などがある。西日本の遠賀川式に相当する土器が田原遺跡から出土しているが，それは関東地方での数少ない発見例で，田原遺跡を調査した杉原荘介氏らは，「包含層には黒曜石がおびただしく発見され，この遺跡の性格を考える上での，有力な資料になると思われた。」と述べ，またその土器については「その本来の製作地は東海道西部とすべきであろう。」と記している[37]。

■**土器の移動**　伊豆諸島の各地にその痕跡を残した先史時代の人々の活動については不明な点は多いが，出土した縄文土器や弥生土器の胎土の特徴から製作地を求めると，本州の多数の地域で作られたものであり，それは航海術を生かした縄文・弥生時代の人々の活動とその背景を具体的に示す証拠となっている（表47，図49）。

分析した土器が出土した3つの島を造る岩石は，海底火山の活動によって生まれた火山岩で，式根島は全島が黒雲母を含む流紋岩，新島は角閃石や黒雲母などが加わる流紋岩，利島はオリーブ石を多く含む玄武岩である[38]。これらの島の岩石と土器に加わっている砂の特徴を比較すると，製作地

表47　分析土器と出土遺跡

1	縄文前期諸磯C式土器	式根島	ヘリポート遺跡
2	縄文前期北白川下層系土器	新島	田原遺跡
3	縄文中期阿玉台式土器	利島	大石山遺跡
4	縄文中期阿玉台式土器	利島	大石山遺跡
5	縄文後期田原式土器	新島	田原遺跡
6	弥生前期遠賀川系土器	新島	田原遺跡

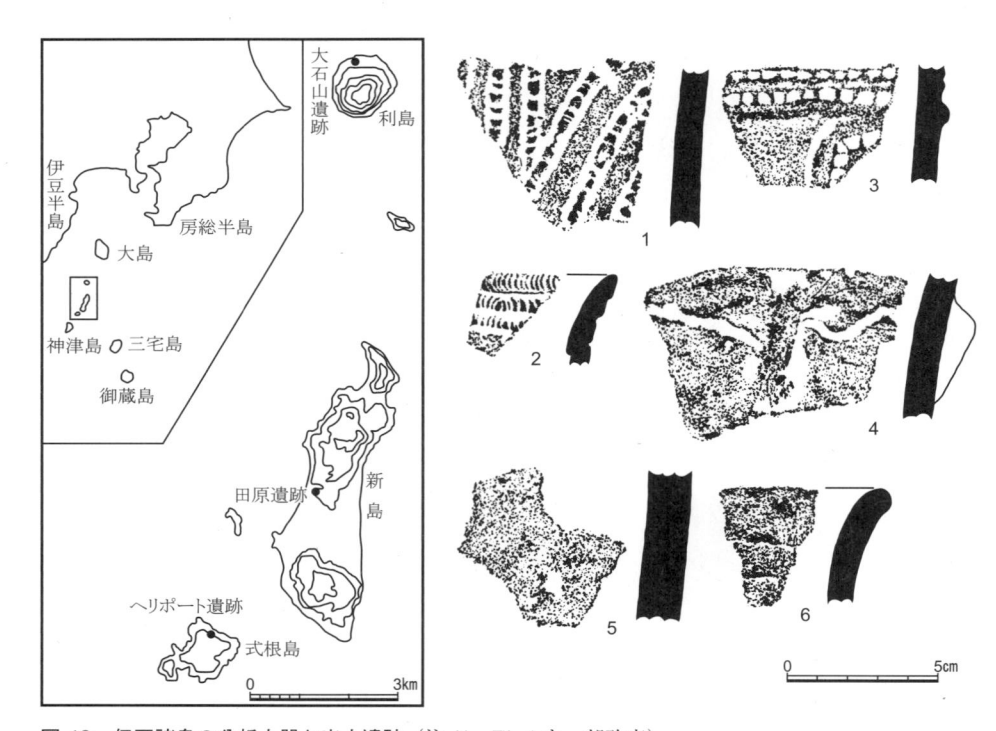

図49　伊豆諸島の分析土器と出土遺跡（注41，Fig.1を一部改変）

に関係する情報を得ることができる。

　表47の1～4の式根島，新島，利島の縄文土器，6の遠賀川系土器では，それぞれの島で作られた土器であれば当然含まれているはずの，流紋岩や玄武岩などの火山岩の特徴をもつ砂が皆無である。その一方で，これらとは成因が異なる深成岩の岩片のほか，パーサイト構造のカリ長石，微斜長石など深成岩の特徴を示す鉱物を含んでいる。このように島の堆積物と胎土に含まれる砂の間で種類が異なっており，それは本州の深成岩を母岩とした堆積物が分布する地域で作られた土器が，これらの島へ運ばれたということを示している[39]。

　それに対して5の新島の田原式土器だけは，融食形の石英，火山性ガラス，火山岩の岩片など火山岩の成因であることを示す砂を含み，この島の岩石の性質と一致している。さらに，深成岩など性質の異なる要素が混在していないこと，この土器は厚手で多孔質な特徴をもち新島以外では知られていないこと[40]，などから新島で採取できる材料を用いて作られたと考えられる土器である（表48）。

　以上のように，新島の田原式土器のような島で作られたものが一部にあるものの，その他の多くの土器は搬入品で，型式の要素から本州のいくつかの地域で作られたものが運ばれたことが明らかになっている[41]。それらの製作地についていえることは，胎土の砂に深成岩の性質が顕著で火山岩の特徴が見られないという点を重視すると，少なくとも関東平野の南半部は該当しない。土器型式と関係づけてみると，式根島の諸磯C式と利島の阿玉台式土器の2点は，関東地方の西部や北東部あるいは東海地方の東部に分布する，深成岩の地域と結びつけて考えるのが自然である。

　一方，新島の遠賀川系土器は，その型式の分布範囲が伊勢湾付近を東限とし，胎土の砂の種類もその地域と矛盾しないことから，東海地方西部から運ばれた可能性が高い。同じ新島の北白川下層系土器も型式の分布圏を重視すると，東海あるいはさらに

表48　胎土に含まれる岩石鉱物（＋＋：多量，＋少量）（注41，第1表）

岩石鉱物＼資料	石英 一般形	石英 波動消光	石英 融食形	カリ長石 一般形	カリ長石 パーサイト構造	微斜長石	斜長石	角閃石	黒雲母	普通輝石	紫蘇輝石	緑簾石	不透明鉱物	ガラス	花崗岩	火山岩	砂岩	結晶片岩
1	++	++		+			+	++	++				+		+			
2	++	+		+	+		++	+	+				+					
3	++	+		+	+		+	+	++				+				+	
4	++	+		+	+	+	+	+			+		+				+	+
5	++		+				+						+	+		+		
6	++	+		+			+	+		+			+					

西方の地域から運ばれたものといえる。伊豆諸島の縄文土器の製作地に関しては，このほかに今村啓爾氏による分析結果もあり，それによると三宅島の西原遺跡と神津島の上の山遺跡の28点すべてが本州からの搬入土器で，製作地としては多くのものが神奈川県平野部の可能性が高いという[42]。

■**土器移動の契機**　この伊豆諸島に土器を運んだ人の移動の契機は何であったのであろうか。何らかの物資を運ぶ目的で使用されたこと，あるいは土器自体を煮沸や貯蔵のために必要としたことなどが考えられるが，土器は破損しやすいため，固体の運搬であれば植物繊維による網や籠の方が機能的である。それにもかかわらず多くの土器が運ばれている理由を，伊豆諸島で作られた数少ない田原遺跡の粗製土器の存在から推測することもできる。

この田原式土器は，非常に多孔質で型式の上でも他の地域には類例がなく，新島での出土量も多くない。おそらく，ここで生活を続けた縄文人が，本州からもち込んだ土器の不足を補うために，あえて土器に適さない火山灰質の土壌を用いて作ったものと考えられる。煮沸や液体の貯蔵に適さないために多くは製作していないことが，出土量が少ないという現象にあらわれているのであろう。したがって，これらの島を活動の場とした人々は，煮沸や貯蔵の容器としての機能を果たす土器には，本州の地域で作ったものを利用することを経験上の知識としてもっており，これが土器の移動という現象を生み出したともいえる。

土器の移動に関係する人の移動については，神津島産の黒曜石を求めた人の活動とを結びつけて語られることが多い。前述したように，関東地方の縄文時代の遺跡では，石器の分析から神津島産とされる黒曜石が多く発見されており，これを採取する活動を通して，本州の土器が運ばれたという考え方である。これについては，大部分の土器が本州から運ばれていることから，縄文人の活動については大きく2つの意見がある。

1つは，それぞれの島に定住的な生活をする集団がいて，本土との間で物資を交換した痕跡であるという見方で，小田静夫氏は，神津島の黒曜石の搬出活動に携わった交易集団があり，本土からの交換物資に縄文土器があったことを指摘している[43]。今1つは，本州との間を季節的あるいは一時的に移動生活をして，その間の必要資材として土器や石器が運ばれたという見方で，永峯光一氏は，黒曜石について「原産地での採取権を専有する先史集団の存在など考えない方が穏当であって，本土と島々の間とを含めた回帰性移住の過程で，おのずから神津島から他の島々へ，または本土に搬出されたと考えたい。」という[44]。

伊豆諸島の先史時代の遺跡は，多くが小規模なものであるが，その中にあっても御蔵島のゾウ遺跡や八丈島の倉輪遺跡のように複数の住居が確認されているものや，三宅島の西原遺跡のように，縄文早期から中期にわたる遺跡もある[45]。また縄文前期終末から中期初頭の倉輪遺跡では，イヌやイノシシが運ばれ，複数の埋葬人骨の中に

壮年女性の人骨も発見されているように，ある程度の定住的な人の活動を考えさせるものもある[46]。しかし，比較的規模の大きな集落とその周辺に散在する小規模な遺跡が混在する，本州の一般的な遺跡の状態と対比してみると，かなり異なっている。

神津島の黒曜石は，伊豆諸島での広域の活動を促す大きな契機となった資源であることに違いないであろう。神津島の上の山遺跡では4.8kgに上る黒曜石片が出土し，石器製作に関係するものと考えられているが，これが1つの集団による長期にわたる活動の痕跡であるか，あるいは他の島に遺跡を残した複数の集団が関与したものかなど，採掘や運搬にかかわる具体的な事象を考古資料から導くことは難しい。重要な点は，縄文時代を通して伊豆諸島に分布する遺跡には，関東地方だけでなく関西系の土器の搬入が示すように，本州のきわめて広範囲な地域のさまざまな集団が移動をくり返しているという点である。それは物資の交流にあたって，伊豆諸島の集団の中に，このような広大なネットワークを取りまとめて黒曜石を搬出したり，見返りの物資を個々の集団に配布するような機構が存在したとは考えにくいことを示している。

むしろ伊豆諸島の遺跡の時期的な継続性が希薄である点に注目すると，本州の沿岸部の規模の大きな集落に居住していた集団が関係した活動であると考えることができる。後述する瀬戸内沿岸部の遺跡と島嶼部との関係と同様に，本州の多くの縄文集団が関係した流動的な活動領域の一部であり，生活に良好な条件がともなう遺跡では，比較的長い期間の居住が可能であったと理解することができるであろう。また縄文中期には遺跡が増加し，後期から晩期にきわめて少数になることも，関東や東海地方の遺跡群の形成過程と深く関連をもった変化と考えることもできる。

伊豆半島の静岡県段間遺跡では，500kgにも達する黒曜石片と原石が出土しているが，それは本州への第1次の荷揚げ場所と考えられており，本州の集団が入手するさいの搬送の方法とともに，安定した交易ルートの存在を具体的に示しているともいえる。南関東から東海地方にかけてこのような拠点がいくつも存在し，それが伊豆諸島と本州の集団の交流を支え，情報源を与える機能を果たしていたとも考えられる。

ここに示したのは黒曜石の獲得が大きな要因となった，伊豆諸島と本土とのきわめて広範囲な人の移動をともなう活動であるが，これによく類似した現象は，西アジアのアラビア湾沿岸地域の先史時代の土器の分析からも明らかにされている。

(2) アラビア半島のウバイド式土器

1960年代後半から，アラビア半島東部の海岸沿いの先史時代の遺跡で，南メソポタミアの地域のウバイド式土器と非常によく似た土器が出土することが知られるようになり，19世紀中頃から続けられてきた，シュメール人問題あるいはシュメール文明起源論とも呼ばれている論争に，深く関係する資料として注目されはじめた。それは，メソポタミア文明の初期にあたるシュメール文明を築いた民族つまりシュメール人が，どこから来たどのような民族であったのか，また彼らがもたらした文化が，そ

の後の歴史とどのような関係にあるのか，などの問題を解きあかす手がかりを与えるものとして期待された。

ところが，アラビア半島でウバイド式土器が出土することは，シュメール文明の起源を担った人々の故地が，アラビア半島にあったことを示しているのではないかという意見がある一方で，それらの土器は南メソポタミアの地域から人の手によって運ばれたものであるという，相対する解釈もあり，このシュメール文明の起源の問題に関して大きな課題を投げかけていた。これに応えるため，オーツ，ダヴィドソン，カミリー，マカーレルたちは，土器が作られた地域をとらえるために，土器や土壌を資料として理化学的な分析をおこなった。

■**シュメール人問題**　このアラビア半島で出土するウバイド式土器の製作地が，シュメール人の問題と具体的にどのような関連をもっているのか，その背景となる事項についてもう少し補足し整理しておこう。

紀元前4千年紀のウルク期から南メソポタミアの地域に定住し，絵文字を生み出して都市文明を築き，また楔形文字を完成させてエリドゥ，ウル，ニップールなどに都市国家を建設したのは，シュメール人であるといわれている。しかし，その人種や言語系統，南メソポタミアへの移動経路などについては，長い間の論争によっても明らかにされなかった。そこで注目されたのが，彼らがこの地に定住をはじめる前にあたるウバイド期の，周辺地域の文化の内容がどのようなものであったのかという点で，それを明らかにしうる考古資料があれば，この問題への手がかりを与えるものと期待されたわけである。

ウバイド期の文化は，灌漑農耕の発達やテペ・ガウラ（Tepe Gawra）の銅製品に見られるような，金属器の使用などによって特徴づけられ，その時期のウバイド式土器は，前半期には南メソポタミアの地域だけに分布するが，後半期には南北メソポタミアのほかアナトリア南部からイラン高原の広い範囲に拡大する。ここで議論の対象となるアラビア半島のウバイド式土器も，その後半の時期のものである。したがって，このウバイド期の後半の時期を源流とした文化の内容を把握することができれば，シュメール文明の基礎を築いた民族や彼らの移動に関する問題について，解決の手がかりが得られると多くの人が考えた。

■**湾岸地域のウバイド文化**　アラビア半島でウバイド式土器が出土することは，サウジアラビアのアメリカ人学校で教えていた，考古学に関心の深い女性教師バーコルダー（G. Burkholder）たちが，アラビア半島東海岸のハサ（Hasa）地方で，ウバイド式土器の破片を発見したことによって明らかになった。そして1968年にビビー（G. Bibby）の調査によって，約200点のウバイド式の特徴をもつ土器片が発見された[47]。またバーコルダー自身も1972年に，ダーラン（Dhahran）の地域に分布するウバイド式土器が出土する遺跡についての報告をおこなっている[48]。

これをきっかけにして，湾岸地域の広い範囲でウバイド式土器を出土する遺跡が

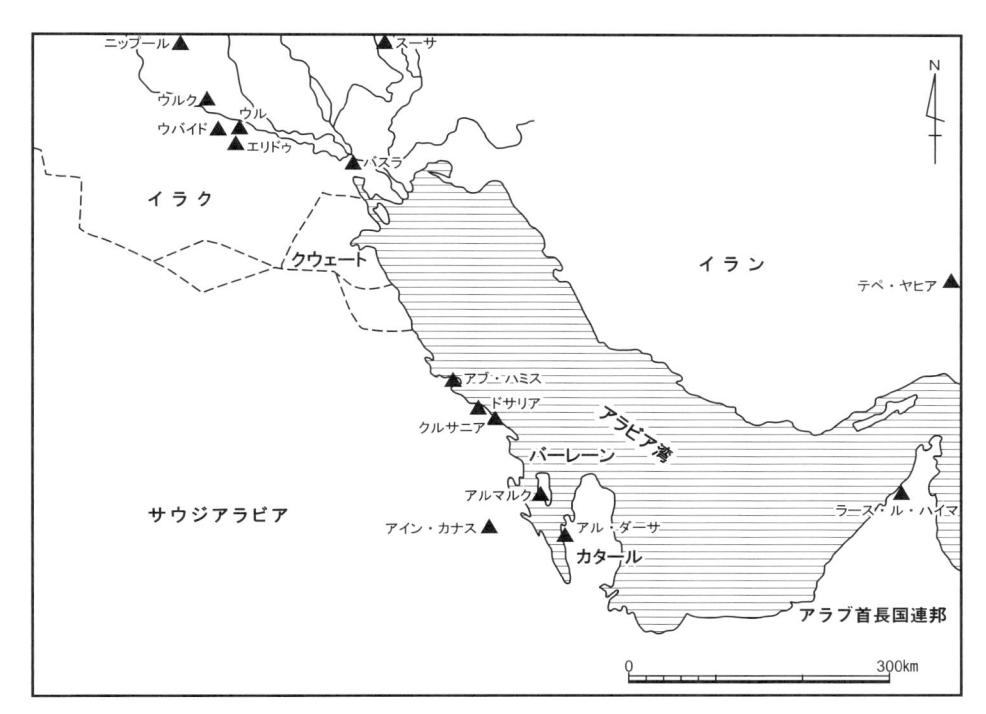

図50 アラビア半島のウバイド式土器の主な出土遺跡（注51，Fig.1を一部改変）

次々に発見され，バーレーン（Bahrain）島，カタール（Qatar）半島などを経て，東方のアラブ首長国連邦にいたる地域にまで分布することが明らかになっていった（図50）。今日ではこの地域の新石器時代の遺跡は，小規模なものを入れると数百ヵ所に上るが，このうち40〜50遺跡でウバイド式土器が確認されており，それらの分布を見ると，メソポタミアにもっとも近い遺跡がサウジアラビアのアブ・ハミス（Abu Khamis）であり，もっとも遠い東の遺跡はアラブ首長国連邦のアッ・ズフラ（Az-Zuhra）で，将来はさらに東の地域で発見される可能性もあるといわれている。しかし，ウバイド式土器が多量に出土する遺跡はそのうちの1/10程度で，さらに明瞭なテルを形成しているのはアブ・ハミス，ドサリア（Dosariyah），アイン・カナス（Ain Qannas）の3遺跡にすぎない。

さて，メソポタミア地域においてこのウバイド式土器が分布する範囲の南限にあたるエリドゥと，アラビア半島で現在この土器が確認されている遺跡の最北端にあたるアブ・ハミスとの間には，およそ400km以上の空白地帯がある。そしてウバイド文化が農耕文化であるのに対して，湾岸地域の遺跡ではこれまでの発掘調査で，石鏃や石槍などの狩猟具や石錐などの工具の出土が大部分で，農耕の痕跡は見られない。またこの地域で出土するウバイド式土器の完形品はこれまで1点もなく，出土量も非常に少ないという共通した特徴をもっている。このような状況から，この時期のメソポタミア地域のウバイド文化と関係をもった土着の文化として，「ウバイド系文化」

あるいは Ubaid-linked Culture などとも呼ばれている[49]。

　遺跡の内容については，現在のところウバイド式土器を出土するアラビア半島の最北端にあるアブ・ハミスを例にあげてみると，遺物を含まない間層をはさんで8つの文化層が確認され，多量の地元製と考えられる赤色粗製土器とともに，ウバイド式土器が少量ずつ出土している。また，貝殻の加工具と考えられている長さ1～2cmのフリント製の小型石錐とともに，大量の魚骨や真珠貝の貝殻などが出土し，海洋資源との深い関係を示している。

　同様に規模の大きなドサリアでも，間層をはさんだ7つの文化層からウバイド式土器，無文土器，赤色粗製土器，フリント製の石器，貝製品や動物骨などが出土する。このように多数の石錐，石鏃などの打製石器や多量の貝殻が発見されているが，しかしこのアラビア半島の遺跡では，土製の鎌や金属器のようなウバイド文化に特徴的な遺物はともなっていない[50]。

　■**ウバイド式土器の製作地**　アラビア半島でウバイド式土器が出土する遺跡の大半は，海岸に沿った地域あるいは過去に水辺であった場所に立地しており，またアブ・ハミスやドサリアのように，遺物包含層と遺物を含まない層とが互層になっているという特徴がある。土器については，各遺跡ともに多くが赤色粗製土器で（全出土量の60～70%。ただし内陸のアイン・カナスでは出土していない。），ウバイド式土器の出土量はごくわずかである。

　オーツたちが分析の対象としたのは，問題となっているアラビア半島の遺跡のウバイド式土器，それにともなって出土する赤色粗製土器，南メソポタミアの遺跡から出土するウバイド式土器，ウルとカタール半島の土壌などであった。土器と土壌に含まれる元素は，中性子放射化分析によって含有率を求め，統計学的な計算を用いてその類似性を比較する方法をとり，また胎土に含まれる砂については，岩石学的な分析によって結晶の特徴などの調査をおこなった。

　その結果，アラビア半島のカタール，バーレーン島などから出土したウバイド式土器は，胎土と顔料の両者の成分の上から，ウバイド，ウル，エリドゥなど南メソポタミアのウバイド式土器と同様であることを確認した。それに対して赤色粗製土器は，南メソポタミアのウバイド式土器や土壌の成分とは異なり，その地域からもたらされたものではないということが明らかになった。

　後者の赤色粗製土器の具体的な製作地をあげるための証拠は乏しいが，南メソポタミアの地域からの文化的な影響を受けていない時期には存在しないなど，遺跡での出土状況から，ウバイド式土器と密接不離の関係があることを重視して，アラビア半島の地域で作られたと判断した。また，遺物の包含層とそれを含まない層とが互層になっているという遺跡に見られる特徴から，さらに加えて次のような解釈をおこなった。つまり，アラビア半島の遺跡で出土するウバイド式土器は，南メソポタミアの地域の住民がそれを自らの私用に供しながら，季節的にこの地域へ移動した証拠であり，赤

色粗製土器については，日用の土器を自給しなければならないほどの期間，彼らがアラビア半島の地域に滞在していたことを示すものであるという．

■**土器の移動とシュメール文明起源論**　オーツたちはまた，土器が交易されたという可能性を排除している．それは，アラビア半島でウバイド式土器が発見されはじめた当初に，マスリー（A.Masry）によって論じられた解釈で，アラビア半島内陸の遊牧民がハサ地方へ移動し，そこで南メソポタミアの集団と交渉をもった結果であるという説明であった．オーツたちがその考えを退けた理由は，次の3点にあった．第1にこの時期のアラビア半島東部の集落において，とくにウバイド式土器の需要があったと認めることは困難であること，第2にアラビア半島で出土するウバイド式土器は少量で，器形の種類なども多様であり，ある産物がそれによって運搬されたということを想定するのは難しいこと，第3にアラビア半島で作られたと判断した赤色粗製土器は，この地が南メソポタミアの地域と接触があった時期にだけしか存在していないということ，などである．

南メソポタミアのシュメール人が，アラビア半島東部へ一時的に移動した目的については，遺跡が海岸部の良好な漁場の近くで発見されていることから，海洋資源との関係が注目された．アブ・ハミスでは小型の石錘と穴があけられた多量のカキの殻が，またアル・ダーサ（al Daasa）やラス・アバルク（Ras Abaruk）などでも，多数の石錘や貝殻が出土しており，それは海産物の採取が盛んにおこなわれたことを示しており，オーツたちは，後世にこの地域とメソポタミアの地域との間でおこなわれた商業活動である，ディルムン交易と呼ばれているものに類似した形態をとっていた可能性があることをも示唆している．

このような土器の分析から明らかになった人の移動の現象が，シュメール文明の起源論に対してどのような意味があるかについて，オーツたちは次のような考察を加えた．そこでは，第1に問題のウバイド式土器は，南メソポタミアの地域で製作されて人の移動によって運ばれており，シュメール文明の起源を南方に求める説には否定的な材料を与えるものであること，第2にシュメール文明が発展する上で主要な刺激の1つとなっていた交易事業に注目すると，その先駆けとなった人々がまさにこうした海洋資源を求めた航海者たちであったかもしれないこと，などをあげている[51]．

このアラビア半島における土器の移動の現象と，そこから解釈された，海産物の採取を目的とした人の移動の状況は，前項で述べたような伊豆諸島へ本州からの土器が運ばれ，その背景に黒曜石を求めた人の移動が含まれていることなどと，いくつかの共通した面をもっている．さらには，移動した地域でそれぞれに作られた土器として，アラビア半島では赤色粗製土器が，伊豆諸島の新島では田原式土器があり，きわめて類似した現象を認めることができる．

先史時代の人の活動について，その動態と移動範囲から区分すると，第1には個々の集落を中心としたきわめて固定した範囲内での活動，第2には集落の周辺のやや

広い地域を対象とした，食糧や物資の獲得のための一時的あるいは季節的な移動，第3には常態的ではないが，さらに広域にわたって地域的に偏在する物資を対象にした，交易を含めた人の移動，などが想定できる。第1の活動は時期や地域をとわず先史時代の人々の一般的な生活にともなうものであり，また先に示した伊豆諸島への人の移動は第3の活動の状態にあたるものである。そして，第2にあげた一時的あるいは季節的な移動の活動を，次項で検討してみることにする。

(3) 縄文時代の集団領域

　縄文時代の遺跡には住居，墓地，貝塚などをともなって長期間の居住を示す集落がある一方，少量の遺物が出土するにすぎないきわめて小規模なものもある。後者のような一時的な活動の痕跡をとどめたにすぎないような遺跡については，狩猟や採集の場あるいは季節的な移動によるものであろうという，一般的な理解がある。また規模の大きな集落を取り巻く環境の中には，こうした小規模な遺跡のほかに，さらに広範囲な地域に広がる，海浜部や山間部の食糧採取の場などが含まれていたはずである。しかし，それがどのように利用されていたのかなど，当時の人々の活動は，遺構や遺物の中に痕跡をとどめにくいため，具体的な内容は明らかでない。その手がかりを得る手段として，土器が移動する現象に注目すると，間接的にではあるが人の活動を把握できることがある。その一端を中国地方の日本海および瀬戸内海の沿岸部の事例から復元してみることにする。

　中国地方の平野部には比較的規模の大きな貝塚があり，半島部や山間部には小規模な遺跡が散在し，両者の間には顕著な違いが見られる。こうした遺跡の状態に注目して，集団の活動や領域の問題がしばしば取り上げられてきたが，漠然ととらえられることが多く，具体的な検討は深められていない[52]。そのおもな理由としては，第1に，先史時代の人々が活動した領域やそれと集落との関係などについては，遺跡や遺物の特徴から明らかにしにくいこと，第2に，採集社会においては狩猟，漁撈，採集という生業によって活動の範囲には大きな違いがあり，これらが混在する縄文社会では，複雑な要素が含まれているであろうと考えられていたこと，などがあげられよう。そのような中で，集落の構造やそれら相互の関係を明らかにしうるような規模の発掘調査も増加し，こうした問題にも視点が向けられるようになった。

　縄文時代の集落の構成について水野正好氏は，遺跡のまとまりを地縁集団と呼び，領域との関係を次のように示した。縄文前期以降には竪穴住居2棟からなる1家族を基本として，その3単位で構成される地縁集団が定型化してくることを遺構の状態から復元し，また，それらの背後の森や前面の河川や海などの狩猟や漁撈の場などを含めた，村と呼ぶべき環境を想定して，その全体が集団の活動の場としての領域であったと考えた。具体的には，八ヶ岳南麓の谷をはさんで丘陵上に立地する遺跡の事例から，2棟3単位の地縁集団がそれぞれ谷や川を境界とした3～4km²の範囲を共有

し，生活にかかわる活動もこの領域内で自立的におこなったと結論づけた[53]。しかし，そこでは集落のまとまりと地形上の単位とがきわめて明瞭であったために，狩猟や採集の場となったであろう河川や山地との関係が，「その地縁集団のあらゆる活動が，領域内で自立的になしえた。」という表現で強調されたことによって問題を残した。

集団とその領域の間にあらわれる現象については，狩猟の対象とされた動物の棲息圏との関係から共同体の生活圏を検討した，市原寿文氏による山間部の人の活動に対する指摘[54]があるほか，土器型式の分布圏に見られるような，多数の集団によって維持された形の交流などもある。その背景を個々に把握することは容易でないが，ここでは土器の移動という現象から導かれる，具体的な証拠を手がかりにして，島根県と鳥取県および岡山県と広島県のそれぞれの沿岸部の遺跡から，先史時代の人の活動の側面を検討してみることにする。

■**日本海沿岸部の遺跡**　遺跡の多くは海岸の平野部にあり，また中海を囲む島根半島の東端部の平野の少ない地形には，海に面した洞穴を利用した縄文時代の遺跡が点在する。ここで考察の対象としたのは，そのような地理的な条件をもった海岸部の遺跡で，鳥取県の西灘(にしなだ)遺跡と目久美遺跡は島根半島に突き出した夜見ヶ浜に，また島根県の崎ヶ鼻(さきがはな)洞窟と小浜洞穴は島根半島の東端にあり，両者は中海をはさんで相対するという地理的な関係にある（図51）。

まず，この4遺跡の土器の材料に関係する地質学的な特徴を探るには，①島根半島の東半部，②沿岸の沖積平野部，③これらの堆積物に影響を与える内陸部，の3つの地域に分けて検討することが有効である。①の島根半島は，海底火山の活動にともなう火山岩の堆積によって生まれた地域である。また③の内陸部は，深成岩に属する岩石が広い範囲を占め，それと同時に大山や三瓶山のような火山にともなう堆積物も分布する。そのため，②の沿岸の沖積平野部では，深成岩と火山岩の性質をもつ堆

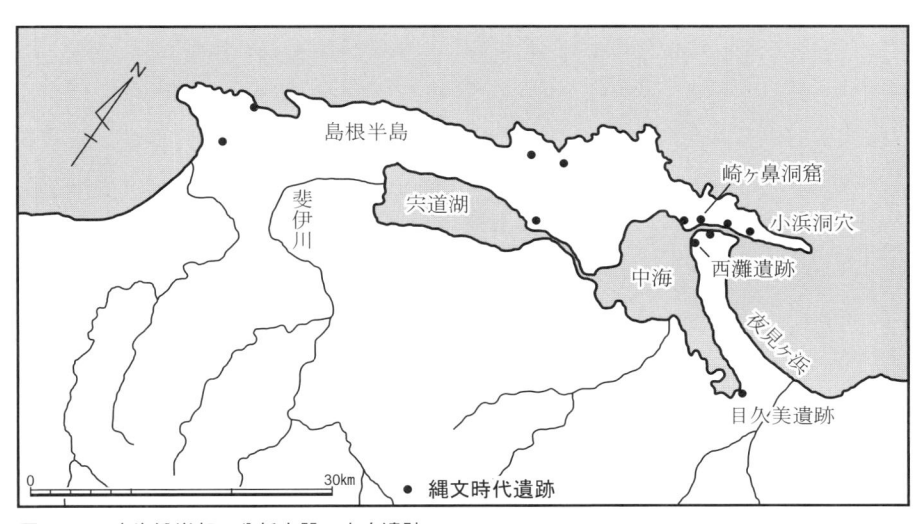

図51　日本海沿岸部の分析土器の出土遺跡

表 49 胎土中の岩石鉱物　日本海沿岸部の遺跡（注 65，表 1）

岩石鉱物		遺跡	西灘遺跡							目久美遺跡		崎ヶ鼻洞窟								小浜洞穴				
		資料番号	1	2	3	4	5	6	7	1	2	1	2	3	4	5	6	7	8	1	2	3	4	5
鉱物	石　　　英		◎	◎	◎	◎	◎	◎	◎	◎	◎	◎	◎	◎	◎	◎	◎	◎	◎	◎	◎	◎	◎	◎
	波動消光		○			○								●			●			●	●			●
	融食形		○				○		○												○			○
	カリ長石				○		◎	○	○			○	○					○						○	
	パーサイト構造		○	○					○											●				●	●
	微斜長石																			●		○			
	斜長石																								
	角閃石		○	○			○		○			○	○			○	○	○	◎						
	黒雲母					○							○	○				○				◎			
	白雲母												○												
	輝石					○																			
	ジルコン																○								
	褐簾石						○	○																	
	クリノゾイサイト																				○				
	方解石							○																	
	ガラス			○	○	○		○			○					○					○				
	不透明鉱物					○																			
岩石	花崗岩			○	○							●	●	●	●		●	●			●				
	花崗閃緑岩																				●				
	石英閃緑岩							○	○					○							○				○
	グラノファイアー												●												
	安山岩			○																	○				
	石英安山岩																								
	チャート			○			○					○													
	砂岩			○	○	○		○			○														
	泥岩				○																				
	結晶片岩																					○	○		
			前期磯ノ森式	前期磯ノ森式	前期磯ノ森式	前期磯ノ森式	前期磯ノ森式	前期磯ノ森式	前期磯ノ森式	中期初頭	前期磯ノ森式	後期崎ヶ鼻式	後期崎ヶ鼻式	後期崎ヶ鼻式	後期崎ヶ鼻式	後期崎ヶ鼻式	後期崎ヶ鼻式	後期崎ヶ鼻式	後期崎ヶ鼻式	晩期	晩期	晩期	晩期	晩期

（○：少量含む，◎：多量に含む，●：遺跡付近の堆積物と異なる要素）

積物が複雑に交錯し混在していると考えられる[55]。

　したがって，島根半島の基部にあたる斐伊川下流域は，これら両者の特徴が顕著にあらわれる条件をもち，半島の東半部は内陸部からの影響は少なく，火山岩の堆積物が中心であるといえる。こうした地質上の特徴にもとづいて，表 49 に示した土器に含まれる砂の特徴を比較してみると，土器を製作した地域についての情報を得ることができる。

　西灘遺跡と目久美遺跡が立地する夜見ヶ浜の砂州は，上述の②の特徴に該当し，沖積作用によって南の内陸部からもたらされた，深成岩と火山岩の性質をもつ堆積物の両者が混在していると考えてよい。土器に加わる砂にも，同様に火山岩の岩片，融食

形の石英，火山ガラスなど，火山岩に属する岩石鉱物と，花崗岩の岩片やパーサイト構造のカリ長石などの深成岩に属するものとの両者が含まれており，土器の材料の特徴と遺跡周辺の堆積物のそれとが一致していることが明らかになった。

これに対して，夜見ヶ浜の対岸にあたる島根半島の東半部は，①の特徴つまり火山性の堆積物で形成されている。ところが，半島の東端に位置する崎ヶ鼻洞窟と小浜洞穴の土器には，この地質の特徴を示す火山岩に属する融食形の石英（図46-6）のほかに，それとは異なる種類の深成岩に起源をもつ花崗岩の岩片（図46-2），パーサイト構造のカリ長石，微斜長石などが含まれている。このうち深成岩を起源とする砂が示す特徴は，これらの遺跡付近の堆積物のそれとは異なっており，製作地が対岸の平野部にあることを示唆している。具体的には，上述の西灘遺跡や目久美遺跡の土器や堆積物の性質と一致しており，土器がこの対岸の地域で作られ，崎ヶ鼻洞窟と小浜洞穴に遺跡を残した，縄文人によって運ばれたことをものがたっている。

崎ヶ鼻洞窟は，縄文後期を中心として前期末から後期後半の時期の遺跡であるが，分析した土器は，出土量がもっとも多い後期の崎ヶ鼻式土器である。遺跡を調査した佐々木謙・小林行雄両氏は，出土した土器と遺跡の性格について，「崎ヶ鼻式土器に関する限りは，その土質より見て恐らく此の遺蹟で製作し焼成せられたものであろうと思はれる。或は當代人の崎ヶ鼻洞窟に住居する時期に季節があって，その季節から季節への時の経過が，此の遺蹟に見る包含層と間層との関係となって表はれてゐると解釋することでも出来れば，更に興味は深まるであらう。此の地が沖積作用を受くることなき狭小な岩壁下であり，堆積の性質が岩壁面の剥落した落盤によるものであることは，この想像に一つの可能性を與へるものである。」と記している[56]。

崎ヶ鼻式土器の少なくとも7点については，夜見ヶ浜あるいは中海の南岸の地域で作られ，この地域を生活の場としていた縄文人によって運ばれて，使用されたことが明らかになっている。したがって，この洞窟は長期間の居住地ではなく，漁撈や採集のさいに一時的な居住に使われたもので，佐々木・小林両氏が指摘した，居住の季節と遺跡の包含層と間層との関係は，このような人の移動によって生じたと考えることができる。また，ここに居住した縄文人の帰属する集落は，地理的な関係や胎土の特徴から，西灘遺跡や目久美遺跡などが立地する対岸の地域にあったことを容易に推察することができる。さらに洞窟の堆積に包含層と間層があることは，活動の拠点を対岸の平野部にもつ集団が，漁撈や海鳥の採取などを目的として，一時的に渡来した場所であったことを示している。

崎ヶ鼻洞窟から北東へ約2kmの距離にある小浜洞穴の晩期の土器の胎土も，同じ要素を備えており，立地条件の類似から，崎ヶ鼻洞窟の場合と同様の背景をもっていたといえる。このように土器が移動した現象を確かめることによって，縄文人の活動の具体的な範囲を，つまりここでは，小規模な海岸の洞窟を季節的な活動の中で一時的に利用した過程を，読み取ることができる。

■瀬戸内沿岸部の遺跡　　同様に人の活動によって土器が移動した現象は，中国地方の瀬戸内海の沿岸部の縄文時代の遺跡でも見られる。この地域には多くの貝塚があるが，規模の大きなものが拠点を占めるかのように東西に連なる平野部に点在し，それらの周辺に多数の小規模な遺跡が取り巻くように分布しており，両者の間には密接な関係があったことを推測することができる。

　高橋護氏らは，岡山県南部の遺跡について土器型式の継続期間を検討し，近接するいくつかの遺跡を単位として，時期の断絶を相互に補充し合う関係があることを見出した。そして，これは人が移動したことによって生じた現象であると解釈し，この近接した複数の遺跡群を取り巻く人の活動範囲が，縄文人によって保有された領域であることを指摘した[57]。しかし，土器型式の継続と居住の期間とは，必ずしも同じものさしで比較することができないために若干の問題を残した。

　こうした集団の活動については，前面に広がる海洋部や島がどのような対象であったのかなど，出土資料から導きにくい現象も関係しているため，具体的な理解はさらに遠ざかる結果となる。そのような課題についても，日本海沿岸部でおこなったような，土器の製作地と人の移動を確認する調査によって，間接的にではあるが説明できる証拠も得られつつある。このことを広島県東部の松永湾と岡山県児島半島周辺の遺跡の土器にあらわれる現象から紹介してみよう。

　この地域は瀬戸内沿岸部の中でも遺跡が集中し，縄文後期に遺跡数が増加して，中期から連続するもののほか，この時期に島や内陸に入った地域に新たに出現する遺跡があることが注目されている[58]。

　松永湾の沿岸の広島県大田貝塚は，縄文前期前半から後期初頭までの遺跡で，もっとも規模が拡大するのは中期である[59]。遺跡付近の堆積物は黒雲母を含む花崗岩などの深成岩に属するもので[60]，分析した中期の船元式と里木Ⅱ式の土器に加わる砂にも，同じ性質の岩片や微斜長石などが含まれ，堆積物と胎土の特徴は一致している。ところがそのほかに，堆積物の性質とは異なる領家変成岩と呼ばれる黒雲母片岩を含む土器が少数ある。

　この変成岩は，長野県の天竜川沿いから九州中央部にわたって東西に分布する，最大幅約30kmの変成帯を作る岩石の1つである[61]。中国・四国地方では，瀬戸内海の中央部に点在する島や香川県北部の沿岸部の，比較的限られた範囲に見られる岩帯であるが[62]，これに由来する砂が大田貝塚だけでなく広島県馬取貝塚の縄文後期の馬取式土器2点にも含まれている。

　この領家変成岩を含む土器は，このほかに岡山県南部の貝塚においても出土している。岡山県里木貝塚は現在の高梁川下流域の沖積地にあり，縄文前期後葉から後期初頭の時期の遺跡であるが，この岩片（図46-5）が含まれているのは，中期の船元式土器と里木Ⅱ式土器の4点である。さらに同様の特徴は，高梁川の現河口から約30km上流の自然堤防上に立地する，ケンギョウ田遺跡の後期の中津式土器1点にも加わっ

表50 胎土中の岩石鉱物　瀬戸内沿岸部の遺跡（注65，表2）

（○：少量含む，◎：多量に含む，●：遺跡付近の堆積物と異なる要素）

ている（表50）。

　以上のような土器の特徴について，4つの遺跡の地理的な位置と変成岩の分布との関係から検討すると，遺跡周辺で作られた土器であれば，この種の岩片が加わることはなく[63]，このような現象が生じる理由としては，次の2つの可能性が考えられる。第1は意図的にこの岩石を添加した結果であり，第2はこの岩石が分布する地域で作られた土器が運ばれた場合である。問題の変成岩は混和材として加えられたさいに，器面を飾ったり耐火性を高める効果，あるいは除粘というような製作上の利点はなく，一般の砂とまったく変わらず，第1の理由で加えられたと考えることは難しい。特定の時期や土器型式に限って混和したような傾向がないことも，その理由としてあげられる。したがって，第2の理由，すなわち土器が運ばれたことによって生じた現象で，具体的には前面に広がる瀬戸内海の島嶼部のうち，この岩石が分布する島のいずれかで土器が製作され，人の移動にともなって運ばれたと考えることができる。

　■**集団領域の復元**　　上述のような土器の移動は，瀬戸内沿岸部の集落の人のどのような活動のもとで生じたのであろうか。そのおもな要因としては，第1に，土器が作られた瀬戸内海の島々との間で物資の交換がおこなわれ，これにともなって運ばれた場合，第2には，瀬戸内海の島が一時的な活動の場として利用され，沿岸部の集落との間を移動する過程で，土器を運んだ場合があげられる。

　第1の理由であるならば，土器が作られた島に交流を促すような定着的な集落が

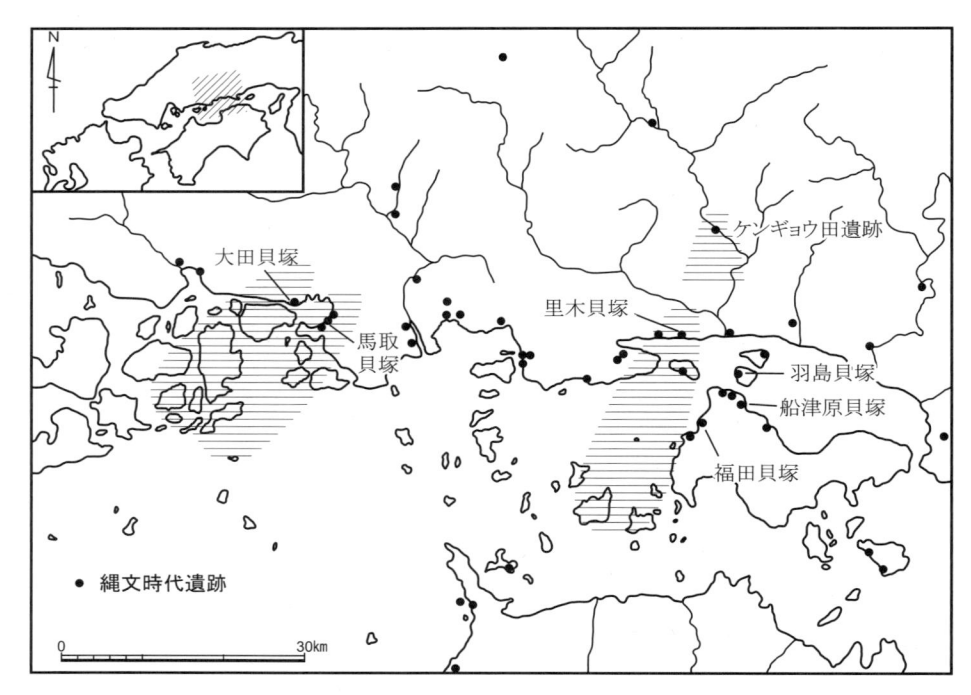

図52　瀬戸内沿岸部の遺跡と集団領域の推定

存在しなければならないが，縄文中期・後期にそのような規模の遺跡があったという事実は知られていない。したがって土器が移動した現象は，瀬戸内沿岸部の集団が前面の島々を含めた広い地域で活動した痕跡と理解するべきであろう。具体的には，貝塚を形成するような集落を拠点としながら，漁撈などの活動が広く瀬戸内海の島嶼部にもおよび，島での居住をくり返す中で土器も作り，その一部が運ばれたと理解するのがもっとも自然であろう。

　これらの4遺跡のうち，大田，馬取，里木の3つの貝塚は規模が大きく，それぞれの地域で中心的な遺跡である。とくに松永湾周辺では縄文中期までの遺跡は西岸では大田貝塚，東岸では馬取貝塚のみで，中期以後にあらわれる遺跡がいくつか発見されているが[64]，それらは規模の大きな大田貝塚などを中心にして，集落が拡散した過程を示している。搬入された土器は，こうした活動の一部として，瀬戸内海への広い範囲にわたる移動があったことを示唆しており，里木貝塚の船元式土器と里木Ⅱ式土器の4点の場合も同様の現象と考えられる。

　このほかに，山間部の小規模なケンギョウ田遺跡へ運ばれた土器は，瀬戸内海の島々を舞台とした沿岸部の集団の活動の一部が，背後の山間部へもおよんでいたことを示すものであろう。このように，縄文時代の集団の活動は，沿岸部の一定の範囲を領域としながら，さらに海洋部や山間部の広い範囲をも対象としていたものと思われる（図52）。

　ここに示した瀬戸内海の海洋部や島の地域は，領域の境界や範囲という面ではきわ

めて流動的で，対岸の四国地方の集団とも共有され，また，季節や時期によって大きく伸縮するような性格であったろうと考えられる。このような広い地域にわたってくり広げられた人の接触が，当時の集落間の情報の伝播や物資の交流を支える原動力となったのであろう。土器型式の要素が広域にわたって類似していることなども，そのあらわれと理解することができる[65]。

（4）滋賀里遺跡の3種の土器

東北地方の亀ヶ岡文化に見られる漆製品や骨角器あるいは土器は，精巧な工芸技術によって多彩な装飾を生み出したことで，とくにきわだった存在である。またこの時期の土器は，少量ずつであるが西日本の遺跡でも出土することが古くから知られ，東日本の縄文時代の終焉と西日本の弥生時代の開始との，年代差を検討する重要な資料ともされてきた。近畿地方では，奈良県橿原遺跡，大阪府日下遺跡，滋賀県滋賀里遺跡，兵庫県篠原中町遺跡などで出土しており[66]，また近年の調査では，高知県居徳遺跡[67]や福岡県雀居遺跡などでも発見され，雀居遺跡の土器は胎土，色調，文様の表出技法などの特徴から，東北地方で作られた製品が運ばれたものと判断されている[68]。

このような亀ヶ岡式の特徴をもつ土器が西日本で出土することは，亀ヶ岡文化が西方へ浸透したことを示すと同時に，両地域の間で人の移動あるいは交流があったことを示す確かな証拠でもある。また，遠く離れた地域の土器が出土することについては，本来の分布地域から運ばれたこと，あるいは土器の要素が伝達され模倣されたこと，などいくつかの場合が考えられるが，模倣された場合においても，それが伝えられるのに十分な人の動きや交流があったことを示している。

1948年に滋賀里遺跡の発掘調査が京都大学によっておこなわれ，多数の縄文晩期の滋賀里式土器とともに亀ヶ岡式土器が出土した[69]。坪井清足氏は，このうち後者の土器は個体数59で全体の3.1％と出土量が少なく，移入品であろうと解釈した[70]。同じ滋賀里遺跡は，1971～72年に京都と福井を結ぶ湖西線の敷設工事にともなってさらに広い範囲にわたって調査され，滋賀里式土器とともに，亀ヶ岡式の特徴をもつ土器と，北陸地方の縄文晩期の特徴を備えた土器が少量ずつ出土した[71]。後二者は報告書にしたがって東北系土器，北陸系土器と記述するが，近畿地方で出土例の少ないこれらの土器が，搬入品であるか模倣品であるかが再び問題となった。それを解決するために胎土の特徴を調査した結果，滋賀里式土器が遺跡付近の材料を用いて作られていることのほか，北陸系土器が搬入品で東北系土器は模倣品であることが明らかになった。

胎土の分析は，土器の材料に加わる砂の性質を，遺跡周辺の地質上の特徴と比較する方法でおこなった。滋賀里遺跡は比叡山の東側の山麓にできた扇状地の末端部に立地しているが，この琵琶湖の周辺一帯から北陸地方にかけての範囲の地質の状態を概観すると，次のような特徴がある。

琵琶湖の西岸から京都北部の一帯には，粘板岩や砂岩を中心とする堆積岩類と，それを貫いて上昇して比叡山のような硬質の岩石を作った花崗岩が，広い範囲にわたって分布している。また，琵琶湖の北端から約50km以北の地域には，安山岩や火山噴出物が堆積してできた凝灰岩など，火山岩に属する堆積物が広く分布する。この北陸地方の地質は，内陸部と海岸部の2つに大きく区分され，内陸部は深成岩を中心にして部分的に変成岩が見られるのに対して，海岸部の地域は火山にともなう砕屑物によって形成されている。したがって，その中間の地域では両者の性質をもつ地質が複雑に交錯し，北陸地方の沖積平野部の多くの堆積物は，こうした特徴をもつと考えられる[72]。

　分析した滋賀里式土器12点（図53），北陸系土器12点，東北系土器25点（図54）の計49点について，胎土に含まれる砂の種類と遺跡周辺の堆積物の特徴とを比較すると，以下のような点が明らかになった（表51）。

　■**滋賀里式土器**　　すべての土器に，パーサイト構造のカリ長石，微斜長石，角閃石や黒雲母の大型結晶，花崗岩などの深成岩の特徴をもつ岩石や鉱物のいずれかが含まれ，同時に砂岩や泥岩（図46-4）などの堆積岩が加わるものが多い。このような砂の特徴は，比叡山の周辺を含めた琵琶湖の西部に分布する深成岩と堆積岩の特徴と一

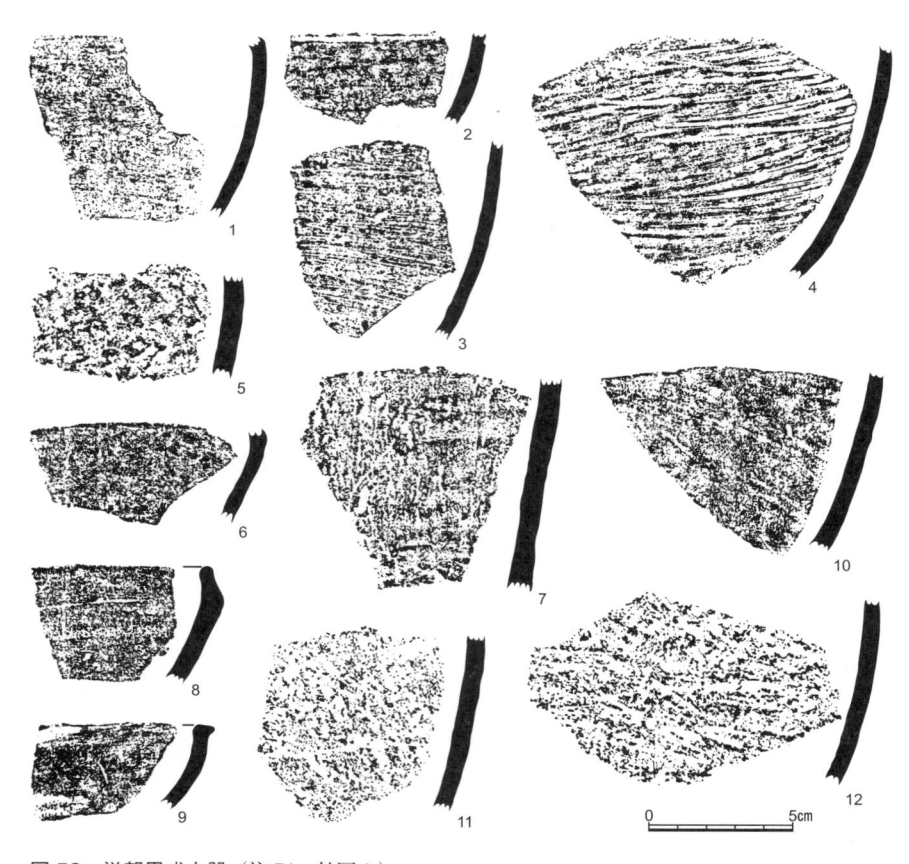

図53　滋賀里式土器（注74，付図1）

致しており，したがって，土器はこの琵琶湖周辺の地域で作られたと考えることができる。この地質の特徴は比較的広い範囲にわたって同質であることから，製作地をさらに限定する根拠は得られないが，北陸系および東北系の土器と比較する上では，明瞭な指標となりうる要素である。

■**北陸系土器** 　13〜15，19〜21，23，24の8点の土器には，成因が火山岩

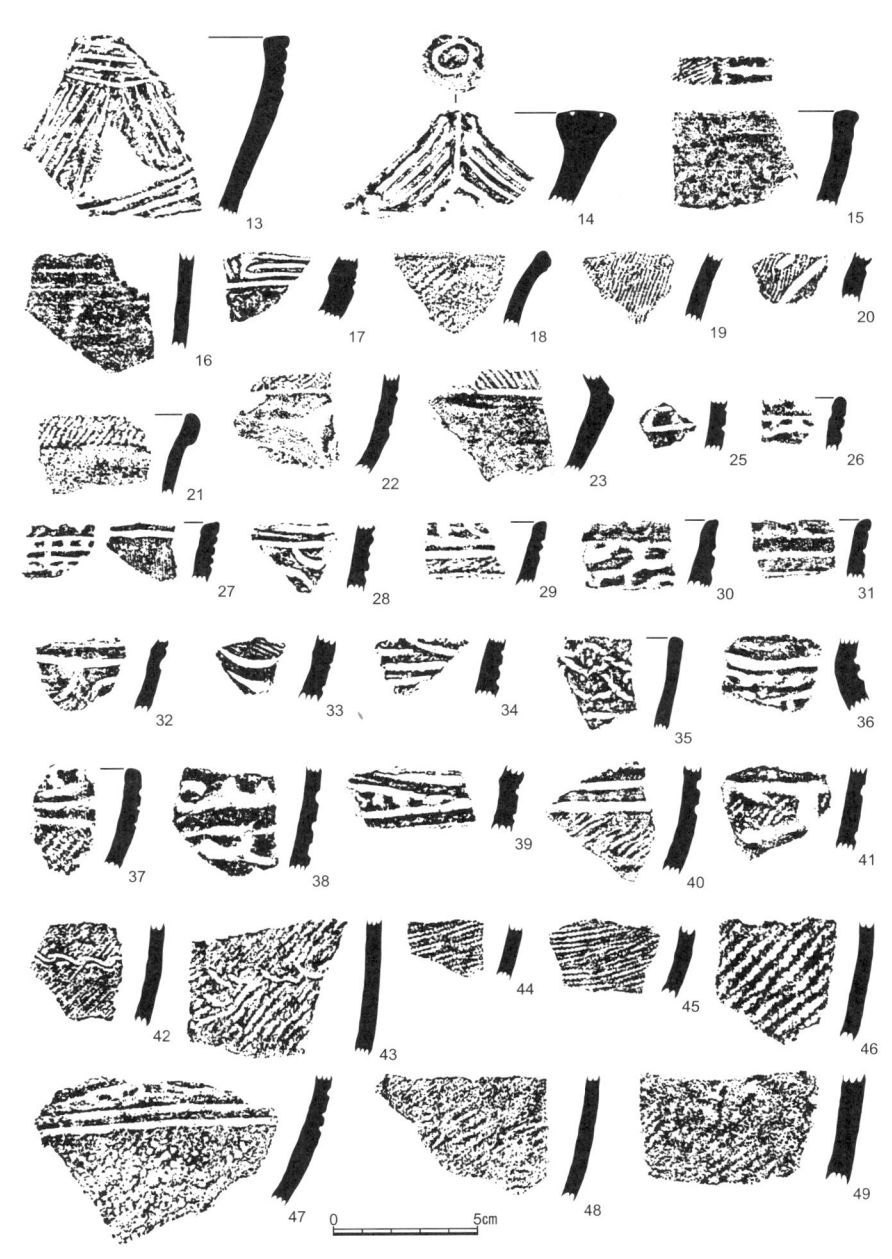

図54　北陸系土器（13〜23）と東北系土器（25〜49）（注74，付図2）
　　　24の図は省略

第7章　土器の移動　201

表51 胎土中の岩石鉱物（注74，付表1）

		鉱物													岩石						
		石英			カリ長石		斜長石	微斜長石	角閃石	輝石	黒雲母	白雲母	ジルコン	スフェン	緑簾石	不透明鉱物	火成岩			堆積岩		変成岩	
		一般形	波動消光	融食形	構造パーサイト												花崗岩	花崗閃緑岩	石英閃緑岩	安山岩	砂岩	泥岩	結晶片岩	接触変成岩
滋賀里式土器	1	◎	○		○	○	○		○		○		○		○		○				◎	○		○
	2	◎	○		○	○	○		○		○										○			
	3	◎			○	○	○		◎	○	○											◎		
	4	◎			○	○	○		◎	○	○						○							
	5	◎	○		○	○	○		○		○										○	○		
	6	◎	○		○	○	○		○		○					○						○	○	
	7	◎	○		◎	◎	○		○		○										○	○		
	8	◎	○		○	○	○		○		○											○		
	9	◎	○		○	○	○		○		○					○		○					◎	
	10	◎	○		○	○	○		○	○	○							○				○		
	11	◎	○		○	○	○		○		○							○						
	12	◎	○		○	○	○		○		○							○						
北陸系土器	13	◎				○	○		○		○											○		
	14	◎	○	○	○	○	○		○		○											◎		
	15	◎	○		○	○	○		○	○	○		○				○					◎		
	16	◎	○			○	○		○	○	○											○		
	17	◎			○	◎	○		○		○					○		○		○		○		
	18	◎	○		○	○	○		○		○			○								○	○	
	19	◎	○			○	○		○		○						○			○	○		○		
	20	◎	○	○	○	○	○		○		○			○				○				○		
	21	◎	○		○	○	○		○		○							○						
	22	◎	○		○	○	○		○		○							○				○		
	23	◎	○		○	○	○		○		○							○				○		
	24	◎			○	○	○		○		○											○		
東北系土器	25	◎	○		○	○	○		○									○				○	○		
	26	◎	○		○	○	○		○													○	○		
	27	◎	○		○	○	○		○	○	○							○				○		
	28	◎	○		◎	◎	○		○			○										○		
	29	◎	○		○	○	○		○	○	○							○				○	◎		
	30	◎			○	◎	○		○	○								○				○	◎		
	31	◎			○	◎	○		○			○		○				○				○		
	32	◎			◎	◎	○		○									○				○		
	33	◎			◎	◎	○		○									○				○		
	34	◎	○		○	○	○		○								○					○		
	35	◎	○		○	○	○		○													○		
	36	◎	○		○	○	○		○						○							○	◎		
	37	◎	○		○	○	○		○									○				○		○	
	38	◎	○		◎	◎	○		○							○						○		
	39	◎	○		○	○	○		○									○				◎	○		
	40	◎	○		○	○	○		○													○	○		
	41	◎	○		○	○	○		○													○	◎		
	42	◎	○		○	○	○		○									○				○	○		
	43	◎	○		◎	◎	○		○													○	◎		
	44	◎	○		○	○	○		○	○						○						○	○		
	45	◎	○		○	○	○		○													○	○		
	46	◎	○		○	○	○		○									○				○	○		
	47	◎	○		○	○	○		○													○	○		
	48	◎	○		○	○	○		○									○				○	○		
	49	◎	○		◎	○	○		○									○				○	○		

（○：少量含む，◎：多量に含む）

であることを示す融食形の石英か安山岩（図46-1）のいずれかが含まれており，その点で滋賀里式土器の特徴とは明らかに異なっている。胎土に火山性の砂が加わるような条件をもつ堆積物は，琵琶湖の周辺部の地質にはなく，福井県の北半部から石川県にいたる海岸部や，大阪府と奈良県の境に位置する二上山一帯などがあげられるが，この土器群の型式を考慮に入れれば製作地を北陸地方に求めるのが妥当である。またこの北陸系の土器には，同時にパーサイト構造のカリ長石，微斜長石，大型の角閃石や黒雲母片，花崗岩など深成岩に属する岩石鉱物のいずれかが含まれている。したがって，北陸地方においても火山岩と深成岩の両者の要素が混在する，沖積平野部とやや内陸部にいたる地域の堆積物の内容と一致し，その地域で作られた土器が，滋賀里遺跡へ運ばれたことを示唆している。

　このような地質の特徴をもつ地域に立地する，石川県八日市新保遺跡と下野遺跡から出土した土器を分析して比較した結果，胎土の組成がよく一致することも明らかになっている[73]。このように，滋賀里遺跡へ搬入された北陸系土器の製作地は，福井県北半部から石川県に連なる沖積平野部とその周辺一帯と考えることができる。このほかの16〜18，22の4点の土器では，融食形石英，安山岩その他の火山性の岩石鉱物が含まれておられず，このことを積極的に取り上げれば，上記の8点の土器とは異なる地域，つまり火山岩の影響の少ない北陸地方の内陸部で製作された土器である可能性も考慮しておく必要がある。

　■**東北系土器**　25点のすべての土器に，花崗岩の岩片やパーサイト構造のカリ長石（図46-7），角閃石や黒雲母の大型結晶などの深成岩に属する岩石や鉱物，および砂岩（図46-3）や泥岩などの堆積岩類のいずれかが含まれ，北陸系土器に見られたような火山性の特徴をもつ砂は皆無である。この胎土の組成は，滋賀里式土器と共通した特徴であり，遺跡を含む琵琶湖周辺の地域で製作されたものと考えることができる。

　■**搬入土器と模倣土器**　このように滋賀里遺跡では，異なる地域の2種類の土器群のうち，東北系土器は模倣され，北陸系土器はその分布圏の北陸地方から運ばれたものという結果が得られた[74]。このことは，琵琶湖南部と北陸地方との間に，直接的な人の交流があったことを示しており，それを契機として，富山県の東部以東の地域にまで分布していた東北系土器の技術や意匠の伝播が促され，土器の模倣がおこなわれたと推測することができる。ここでは滋賀里遺跡から出土したすべての東北系土器を分析しているわけではないため，模倣品のほかに搬入された土器が存在しているかもしれないという点は，留意しておく必要がある[75]。

　また，西日本の遺跡で発見されている東北系土器が搬入品であれ模倣品であれ，これらを含む東日本からの主要な交流が，北陸地方を経由していた可能性が高いことも明らかになった。さらに，縄文晩期の東西の文化の接触地域に存在した，このような人の移動や交流は，弥生文化が東日本へ波及していく大きな基盤ともなり，この時期の地域関係を考察する上での重要な現象である。

(5) イランのテペ・ヤヒアの土器

　上述の滋賀里遺跡においては，東北系土器が模倣されているが，その土器の特徴は，滋賀里式土器にまったく影響をおよぼしておらず，搬入された北陸系土器の影響についても同様である。このような現象は縄文土器においては決してめずらしいものではないが，土器の搬入や模倣という過程において，土器型式の変化や内容に強い影響があったことを考えさせる結果が，イランのテペ・ヤヒア（Tepe Yahya）遺跡の土器の分析から導かれている。

　■**メソポタミア地域の土器**　　イラン東部のテペ・ヤヒアでは，メソポタミアを含む周辺の広い地域の特徴をもつ土器が出土し，これに注目した，ハーヴァード大学ピーボディー博物館のカルロフスキー（C.C.Lamberg-Karlovsky）らは，新石器時代後半から初期王朝時代の間の，主要な型式の土器について胎土分析をおこなった。その結果から，搬入された土器の影響が次の時期の土器型式を生み出す，大きな要因になったことなどを考察して，この地方における西方地域の文化との関係，土器型式に変化を促した背景，などを解く重要な手がかりを導いた。

　テペ・ヤヒアは，イラン東南部のケルマン（Kerman）地方の海抜約1200mのソグン（Soghun）盆地の中央部にあり，直径約190m，高さ約20mの規模をもち，北東に位置するシャル・イ・ソフタ（Shahr-i Sokhta）と並んで，メソポタミアとインダス川流域とを結ぶイラン高原の中心的な遺跡である（p.188，図50）。また紀元前4千年紀後半には，アフガニスタン東北部のバダクシャン（Badakshan）地方を原産地とするラピス・ラズリを，メソポタミア地域へ運ぶ大規模な交易ネットワークができ上がっているが，その西方への中継地としても重要な位置を占めていたことが明らかになっている。

　1967年以後，カルロフスキーを中心にして，1975年までに7回の発掘調査がおこなわれ，1973年の *East and West* 誌において，遺跡や出土資料の調査成果が詳細に報告されている[76]。それによると，テペ・ヤヒアはⅦ期の新石器時代からⅠ期のパルティアの時代まで継続し，分析の対象とした土器は，その中のⅥA期からⅣC期，つまり紀元前4000～3000年頃にあたるものであった。

　　　ⅥA期　　　（紀元前4000年頃）
　　　ⅤC～A期　（紀元前3800～3400年）
　　　ⅣC期　　　（紀元前3400～3000年）
　　　ⅣB期　　　（紀元前3000～2500年）
　　　ⅣA期　　　（紀元前2200年頃）

　■**土器型式と胎土の特徴**　　これらの時期の土器の変化に関する概要は以下の通りである。Ⅵ期の特徴的な土器としては，手づくねの籾殻入り赤色粗製土器のほかに明黄色地に黒色と赤色の二彩土器がある。Ⅴ期になるとⅥ期の籾殻入り赤色粗製土器が減少し，赤色地黒色文土器と黄色地黒色文土器が増加するという大きな変化があり，

とくにⅤA期の赤色地黒色文土器の増加が著しい。Ⅳ期には，光沢をもった灰色土器やジェムデト・ナスル期の多彩色土器など，メソポタミア，ペルシャ湾岸地域の土器と対比できるものがあらわれる。

カルロフスキーたちは，テペ・ヤヒアで出土する土器の特徴に，メソポタミア地方の影響があることに注目し，次

表52　テペ・ヤヒアの分析土器（注77, Table 1）

ⅥA期	籾殻入り赤色粗製土器	red on coarse chaff
	明黄色地二彩土器	bichrome on fine buff
	ウバイド式土器	Ubaid style
ⅤC期	黄色地黒色文土器	black on buff
ⅤB期	黄色地黒色文土器	black on buff
ⅤA期	赤色地黒色文土器	black on red
	赤色無文土器	red unpainted
	灰色土器	gray ware
	黄色地黒色文土器	black on smooth buff
ⅣC期	黄色地黒色文土器	black on buff
	灰色土器	gray ware

のような点を明らかにする目的で，岩石鉱物および含有元素の分析をおこなった。第1に，テペ・ヤヒアで出土するそれぞれの土器には，製作技術の差や原料の違いが反映しているか，第2は，Ⅴ期に多量に出土する黄色地および赤色地の土器は，この地方で作られたものか搬入品であるか，第3に，土器の特徴に大きな変化が認められるⅤA期からⅣC期へ移行する過程で，テペ・ヤヒア以外の地域の土器の技術がどのように関係し，またこの2つの時期の土器には連続性があるのか，ということなどであった。

分析した土器には，表52に示すような特徴と編年上の関係があり，分析結果とそれに対する解釈を要約すると，以下の4点にまとめることができる。

(1)　ⅥA期の籾殻入り赤色粗製土器には，すべてのものに多量の雲母，緑泥石，石英，チャート，曹長石，非双晶の長石とともに，少量の輝石と火成岩が含まれている。これらの要素はテペ・ヤヒア付近の土壌の組成とよく一致しており，この地域の材料を用いて作られたことを示している。

(2)　同じⅥA期の明黄色地二彩土器は，ハラフ式土器に類似してこの時期だけに出現することから搬入品と判断された。
　　またウバイド式土器は，テペ・ヤヒアの一般的な土器の胎土や製作技術と異なり，胎土と顔料の化学組成が，ウバイドやウルから出土する土器のものと類似していることから，西方地域からの搬入品であることが明らかである。

(3)　ⅤC期とⅤA期の2つの黄色地黒色文土器は型式の上では異なり，それぞれの時期にはじめて出現する土器であるが，これらについては次のように解釈された。
　　ⅤC期にはじめてあらわれた黄色地黒色文土器は，雲母を含まないことと顔料の中にマンガンが存在しないことなどから，明らかに搬入品である。しかしのちに模倣品が作られるようになり，この型式は次のⅤB期に受け継がれて，ⅤB期のテペ・ヤヒアでもっとも一般的に製作される土器型式となった。

続くⅤA期にあらわれる黄色地黒色文土器は，ⅤB期の黄色地黒色文土器と類似しているが，型式の上からこの時期にはじめて出現したもので，出土量はきわめて少なく，他の地域から搬入された土器と考えられている。そしてⅣC期にこの遺跡の一般的な土器型式へと継続していった。

(4)　ⅤA期の灰色土器4点は，テペ・ヤヒアの特徴である雲母を含んでいないこと，顔料についてもマンガンがまったく検出されないこと，もっとも多く出土するⅣC期やⅣB期でも，全体の約2％ときわめて少ないこと，などから搬入品と判定された。

以上の結果から，搬入された土器と，搬入された土器を契機として模倣されて在地の型式へ変化した土器の，両者の関係を整理すると表53のようになり，以下のような背景が考察されている。

表53　テペ・ヤヒアへの搬入土器と模倣との関係

搬入土器	模倣され在地の型式へ変化
ⅥA期の明黄色地二彩土器	
ⅥA期のウバイド式土器	
ⅤC期の黄色地黒色文土器	→ ⅤB期の黄色地黒色文土器
ⅤA期の黄色地黒色文土器	→ ⅣC期の黄色地黒色文土器
ⅤA期の灰色土器	

ⅤC期とⅤA期の黄色地黒色文土器は，それぞれの時期にテペ・ヤヒアへ外部から搬入され，それが次の時期にこの遺跡で一般的な型式となることの，大きな要因となったものであることが明らかにされた。文様の構成が西方地域の土器に類似しているⅤB期の黄色地黒色文土器は，ⅤC期の搬入品を契機に西方地域のものが模倣され，この地で一般的な型式へ変化したもので，このことは，明らかにテペ・ヤヒアの地域が，文化的に西方と深い関係をもっていたということを意味している。同様にⅣC期の黄色地黒色文土器も，ⅤA期に搬入された土器を契機として生まれたテペ・ヤヒアでの模倣品であり，その時期には原エラム文字をもつタブレットが出土することなど，西方文化との関係を具体的に裏づけるものと理解されている。

この研究で搬入と模倣の関係が明らかにされた土器は17点と少なく，細部にわたる内容については検討の余地があるが，大きな文化の交流の中で，土器の要素の中に「搬入→模倣→型式変化」という変遷があることを示唆したものとして注目された[77]。

■**土器の搬入と模倣**　　以上のように，滋賀里遺跡とテペ・ヤヒアの土器の搬入と模倣の状況は，地域間の交流を土器型式との関連から把握するさいに，その背後にある2つの側面を示しているといえる。滋賀里遺跡では，北陸系土器の搬入と東北系土器の模倣という現象が認められるが，この地域の主たる滋賀里式土器には，それらの土器がもつ特徴の影響は観察されていない。つまり，滋賀里遺跡で出土した2つの異なる型式の土器の移動や模倣の現象は，限られた範囲内にとどまり，在地の滋賀里式土器の型式の内容にまでその影響はおよんでいない。

それに対して，テペ・ヤヒアでは，西方地域から搬入された土器の要素が，次の土器型式に影響を与えて変化した現象が見られる。5つの型式の土器が搬入品であることが明らかになったが（ただしⅥA期の明黄色地二彩土器は分析の結果ではない），その中には，ウバイド式土器のように既存の土器型式に何ら影響をおよぼすことなく姿を消していくものと，搬入された土器をもとにしてその要素が模倣され，そして次の主要な土器型式になっていくものとがある。

　このような型式変化の背景には，西方の文化圏の東端に位置して，つねにその文化の影響を受けてきたという，テペ・ヤヒアの特殊な事情があるが，これらの土器から導かれた結果は，土器型式が変化するさいの具体的な過程の1つを示しており，土器型式の分布圏が伸縮する現象などを考察する上で，重要な内容を含んでいる。

(6) 東北地方の遠賀川系土器

　西日本における弥生時代の農耕技術の伝播を跡づける上で，大きな指標とされてきたのは，弥生前期の遠賀川式土器の強い斉一性をもった分布の状態で，それは九州に成立した農耕文化が短期間に伊勢湾沿岸部および丹後半島付近まで波及したことを示してきた。また，これらの地域の中では土器以外の遺物の要素も均質な内容をもっていることから，集落の間の密接な人の交流を背景にして，広く西日本全域へ伝播したことなどが論じられている。

　この農耕文化は伊勢湾周辺へ達して間もなく，東北地方の北部にまで波及したことが最近の調査によって明らかにされている。それは青森県是川中居遺跡や松石橋遺跡などを北限として，秋田，山形，新潟，福島県など東日本の各地の遺跡で，稲作技術を携えた弥生人の土器の代名詞のように用いられた，遠賀川式の要素を備えた土器が，相次いで発見されたことによっている。それらの土器の中には，西日本からの搬入品であるか模倣品であるか不明なものも多く，ここでは搬入品であることが明らかでない資料については，遠賀川系土器と呼び分けておく。

　佐原眞氏は，東北地方で発見されるこの種の土器は，砂沢式の構成要素に含めて考えるべきであり，時期は弥生前期中段階にさかのぼること，西日本の製作技法ときわめてよく共通し，遠賀川式土器の製作に熟知した人々が移り住み，その技法を土器に発揮したことを予想させること，さらにはこの土器が出土している遺跡の分布の状態から，日本海沿いにもたらされたことなどを論じている[78]。

　東北地方におけるこの種の土器の発見は，以前から伊東信雄氏が述べてきたように，東北地方での稲作農耕の開始が，従来から語られてきたよりも古かったことを裏づけるものとなった。同時に，これらの土器を出土する遺跡が日本海地域に多いこと，関東地方での発見例がきわめて少ないことなどは，農耕文化が日本海沿いに東北地方へ伝播したとする見方に具体的な根拠を与えている。また稲の生育期にあたる夏の平均気温は，東北地方では日本海地域の方が太平洋沿岸部よりも高く，初期の農耕技術に

おいてはこの地域の方が成功率が高かったであろうとする農学研究者の意見も，日本海沿いに農耕文化が伝播したことを矛盾なく考えさせる理由となっている。

　東日本で遠賀川系土器が出土する遺跡の発見例は，伊勢湾沿岸部以西の地域と比較すると少数であり，農耕文化の伝播の過程については，西日本で想定されているような，近接する集落間の交流といったような状況をあてはめて考えることはできない。むしろ遺跡の散漫な分布が示しているように，試行錯誤を重ねながら農耕に適した地域を選択した結果であり，広い地域間での人の移動や交流によったことを考えさせる。東日本地域での遠賀川系土器の出土は，そのような痕跡を示していると理解すべきであろう。

　また土器の搬入と模倣については，いずれも人の移動や接触の結果として生じた現象であるが，両者の間には大きな違いがある。模倣の場合には「そうした模倣が起源地的な分布圏から離れたところで模倣された後に，その模倣品が運び込まれる場合も考えられる。」と，山中一郎氏が指摘するような点も考慮に入れなければならない[79]。これに対して搬入された土器は，地域間の人の移動や交流の実態を，より具体的な姿でとらえることができる資料となる。

　■**是川中居遺跡の土器**　現在，遠賀川式の特徴をもつ土器を出土する北端の地域にあたる，青森県是川中居遺跡では，形態，調整，焼成のあらゆる面で遠賀川式の要素を十分に備えた壺，鉢，深鉢，甕などが出土している。大洞A'式あるいは砂沢式土器と共伴し，約7cm以上の大きさをもつ口縁部破片から求めた個体数は，縄文晩期終末から弥生前期の土器全体の19％近くに上っている[80]。これらの土器の搬入と模倣とを判別するため，共伴した大洞A'式と砂沢式とともに計54点の土器について，胎土に含まれる砂の特徴を分析して，堆積物のそれとを比較したところ，壺形土器の1点が搬入品で，そのほかは，大洞A'式および砂沢式土器の胎土の特徴と一致し，模倣されたと考えられるものであった。

　搬入された壺形土器は，黒雲母を含む結晶片岩の量がきわめて多い点で，他の土器とは異なっている。しかしその特徴は，西日本の主たる分布地域から運ばれたのか，さらに東方の地域から二次的に搬入されたのかなどを，具体的に示すには十分な証拠がなく不明であるが，模倣された土器と搬入されたものの2種があることは重要である。模倣されたと判断される土器も，器面の調整や淡黄色に発色させる材料や焼成の技術にいたるまで，遠賀川式の特徴を備えており，西日本との交流が密接に存在したことを，十分に読み取ることができる。このほか福島県荒屋敷遺跡と群馬県押出遺跡でも，製作地は特定できないがそれぞれ1点が搬入されている。

　■**弥生文化と土器の移動**　前述した伊豆諸島の土器の例のように，一見農耕とは無縁のように見える新島の田原遺跡からもこの遠賀川系土器が出土しており，それは大部分の縄文土器と同様にこの島への搬入品であり，伊勢湾付近から直接に運ばれた可能性が高いものである[81]。神奈川県平沢同明遺跡出土の壺なども含めて，東海から関

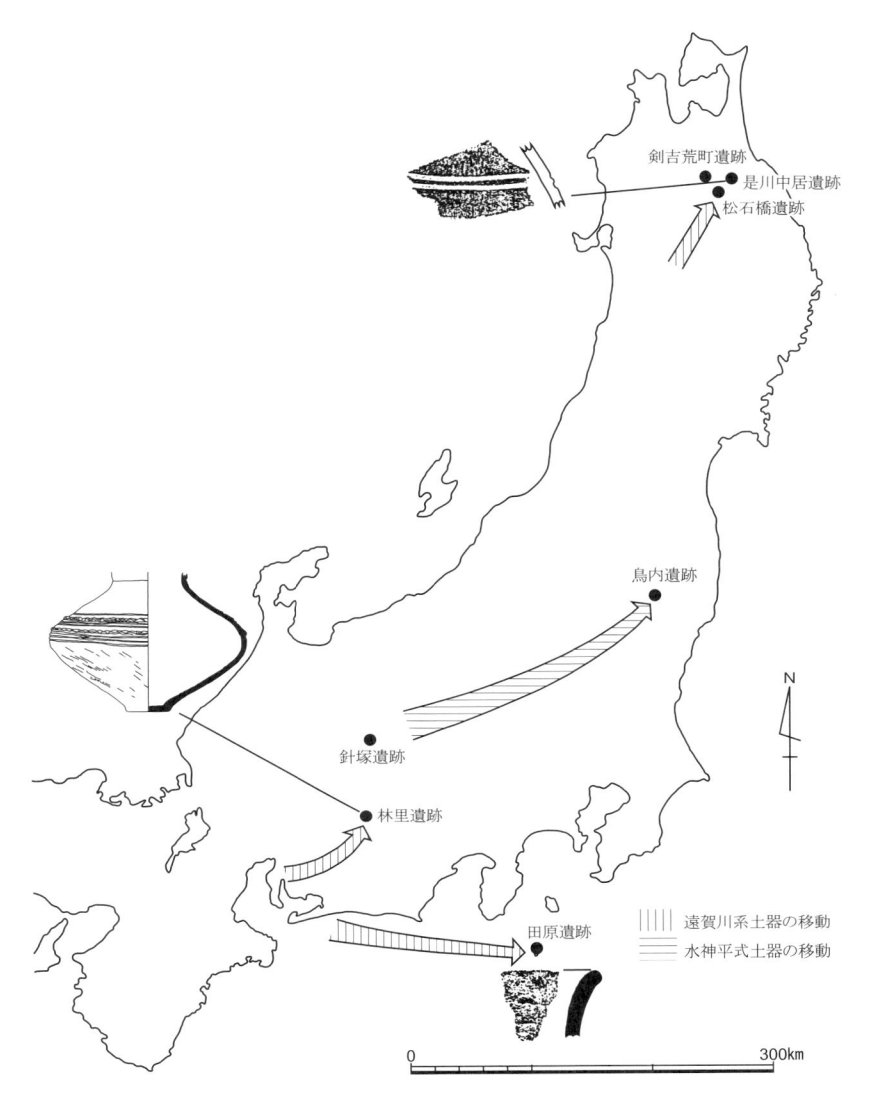

図55 遠賀川系土器と水神平式土器の移動（注83, 図1）

東地方南部で少例発見されている土器も，このような一連の人の移動の流れの中で運ばれたものかもしれない。また長野県林里（はやしざと）遺跡出土の壺が，鉱物と元素の分析から搬入品であることが明らかになっており，伊勢湾周辺で作られて運ばれた可能性が高い[82]。

このように林里遺跡，押出遺跡，荒屋敷遺跡，是川中居遺跡の遠賀川式の要素を備えた土器の中に，搬入されたことが明らかになっているものがあるが（図55），伊勢湾沿岸以西の遠賀川式土器との関係を示す証拠はなく，あるものはその中間地域の遺跡を介したものであったり，そこで模倣されたものが移動したことなど可能性はさまざまであろう。したがって，東北地方まで土器が運ばれたルートを詳しく知ることは

難しいが，重要な点は，東日本へのこうした土器をともなう人の流れがあり，それと軌を一にして東海地方に分布する水神平(すいじんぴら)式土器にも同様の動きが見られることである。福島県鳥内遺跡で，胎土分析によって搬入された土器が1点確認されていることなどは，このような背景があったことを示唆している。

　関東地方で遠賀川式に属する土器が希薄であることなどもあわせて考えると，伊勢湾沿岸から東の地域への稲作農耕の伝播の中には，長野県から群馬県および福島県の一帯を経由して，東北地方へ広がっていったルートも存在したと思われる。それは水神平式土器が関東北部や東北南部の遺跡に運ばれていることとも一致する流れである。さらには，逆に縄文時代晩期の浮線網状文系の土器のうち氷Ⅰ・Ⅱ式が，東北南部から中部山岳地域へ広く分布している点もあげることができる。したがって，このような弥生前期の東西日本の交流は，中部地方でのこうした縄文晩期からの土器や土器型式に見られるような地域間の流れが継続し，それが中部山岳地帯を経て北関東および南東北地域へといたる，人の移動を支える文化的基盤の1つとなっていたと考えることもできる[83]。

〈第7章の注〉

1) J.G.D.Clark, *Prehistoric Europe, The Economic Basis*, London, Methuen,1952, pp.241～281.
2) ヨーロッパにおいては，先史時代の物資の移動に関して，単なる交換という状態をも含めたやや広い意味で trade の語を用いている。チャイルドはヨーロッパにおける琥珀などの移動を交易の結果であるとし，またレンフリューは，交易が先史時代の活動の重要な部分として存在したことを論じて，文化との関係を精力的に追究している。
V.G.Childe, *The Dawn of European Civilization*, London, Routledge & Kegan Paul Ltd.,1925.
C.Renfrew, "Trade and Culture Process in European Prehistory," *Current Anthropology*, Vol.10, 1969, Chicago, University of Chicago, pp.151～160.
3) E.R.Caley, "The Early History of Chemistry in the Service of Archaeology," *Journal of Chemical Education*, Vol.44, No.3, 1967, Easton, American Chemical Society, pp.120～123.
4) E.R.Caley, "Klaproth as a Pioneer in the Chemical Investigation of Antiquities," *Journal of Chemical Education*, Vol.26, No.5, 1949, Easton, American Chemical Society, pp.242～247, 268.
5) 質量保存の法則の発見者である，フランスのラボアージェ（A.Lavoisier）と同年の生まれで，1810年にはベルリン大学開設にあたって初代化学教授となった。なお，江戸後期にアリューシャン列島に漂流した大黒屋光太夫一行は，帰国の許可を求めてラクスマン（K.G.Laksman）に導かれ，ロシア皇帝エカチェリーナⅡ世への謁見のためペテルブルグへ向かったが，その途上においてイルクーツクに居残った漂流民の1人である新蔵から日本語を習得し，1832年に林子平の『三国通覧図説』を仏訳した東洋学研究者のクラプロート（Heinrich Julius Klaproth, 1783～1835）は，彼の長男である。
6) A.H.Layard, *Discoveries in the Ruins of Nineveh and Babylon*, London, John Murray,1853, pp.670～676（Appendix Ⅲ　Notes of the Specimens from Nineveh, kindly favoured to the Author by Dr. Percy, of the School of Mines）.
7) H.Schliemann, *Troy and Its Remains*, London, John Murray, 1875, pp.361～362（Note C: Analysis

of Trojan Bronze).
 8) H.Schliemann, *Mycenae*, London, John Murray, 1878, pp.367〜376（Analysis of Mycenean Metals）．
 9) 注 8，p.367．
10) R.H.Brill, J.M.Wampler, "Isotope Studies of Ancient Lead," *American Journal of Archaeology*, Vol.71, 1967, New York, Archaeological Institute of America, pp.63〜77.
11) I.L.Barnes, W.R.Shields, T.J.Murphy, R.H.Brill, "Isotopic Analysis of Laurion Lead Ores," *Archaeological Chemistry*（Advances in Chemistry Series 138），Washington,D.C., American Chemical Society, 1974, pp.1〜10.
12) Noël H.Gale, Zofia A. Stos-Gale, "Bronze Age Archaeometallurgy of the Mediterranean," *Archaeological Chemistry* Ⅳ（Advances in Chemistry Series 220），Washington,D.C., American Chemical Society, 1989, pp.159〜198．
13) 馬淵久夫「古鏡の原料をさぐる─鉛同位体比法」『考古学のための化学10章』（東京大学出版会）1981年，pp.157〜178。
14) 平尾良光「鉛同位体比法の可能性」『考古学ジャーナル』第470号，2001年，pp.9〜13。
15) 平尾良光「鉛同位体比を用いた産地推定」『考古学と年代測定学・地球科学』（同成社）1999年，pp.314〜349。
16) M.Suzuki, "Chronology of Prehistoric Human Activity in Kanto, Japan : Time Space Analysis of Obsidian Transportation," *Journal of the Faculty of Science, The University of Tokyo*, Sec. V, Vol. Ⅳ, 1974, pp.395〜469．
17) 東村武信『石器産地推定法』（ニュー・サイエンス社）1986年。
　　藁科哲男「石器および玉類原材料の産地分析」『考古学と年代測定学・地球科学』（同成社）1999年，pp.259〜293。
18) J.R.Cann, J.E.Dixon, C.Renfrew, "Obsidian Analysis and the Obsidian Trade," *Science in Archaeology*, London, Thames and Hadson, 1969, pp.578〜591．
19) C.Renfrew, J.E.Dixon, J.R.Cann, "Obsidian and Early Cultural Contact in the Near East," *Proceedings of the Prehistoric Society*, Vol.ⅩⅩⅩⅡ, 1966, Cambridge, Prehistoric Society, pp.30〜72．
20) C.Renfrew, J.E.Dixon, J.R.Cann, "Further Analysis of Near Eastern Obsidians," *Proceedings of the Prehistoric Society*, Vol.ⅩⅩⅩⅣ, 1968, Cambridge, Prehistoric Society, pp.319〜331．
21) C.Renfrew, P.Bahn, *Archaeology*, London, Thames and Hudson, 1991, p.326 など。
22) C.Renfrew, "Trade as Action at a Distance," *Ancient Civilization and Trade*, Albuquerque, University of New Mexico Press,1975, pp.3〜59．
23) 佐原眞「土器の話（3）」『考古学研究』第17巻第2号，1970年，pp.86〜96。
24) 宮城県警察本部刑事部鑑識課犯罪科学研究室の鑑定書　第4鑑定経過の第5項。
25) 盛岡地方検察庁保管の事件調書の一部。閲覧を許可していただいた同検察庁，および調書の記録収集に協力をいただいた同検察庁の検察事務官・後藤吉也氏に感謝する。
26) 清水芳裕「胎土分析Ⅱ」『縄文文化の研究』第5巻（雄山閣）1983年，pp.68〜86。
　　岩石の種類によって風化の程度が異なり，河川での流下の状態に差があることを考慮して，中流域の砂に限定した。また，1地点で採取した約1kgの砂の中から3点を分析試料として選び，固着剤で固めて約2×3cmの面積の薄片を作成して岩石学的分析をおこない，その平均したものをそれぞれの地点の結果とした。
27) D.P.S.Peacock, "Neolithic Pottery Production in Cornwall," *Antiquity*, Vol.43, 1969, Gloucester, Antiquity Publications, pp.143〜149．

28) このほか119点の資料について，分光法による釉の元素組成の分析もおこなっている。
A.O.Shepard, "Rio Grande Graze Paint Ware: A Study Illustrating the Place of Ceramic Technological Analysis in Archaeological Research," *Contributions to American Anthropology and History,* No.39, 1942, Washington,D.C., Carnegie Institution of Washington, pp.133～262.
上記の論文の骨子は下記に再録されている。
A.O.Shepard, "Rio Grande Glaze-Paint Pottery: A Test of Petrographic Analysis," *Ceramics and Man,* 1966, Chicago, Aldine Publishing Company, pp.62～87.

29) カリウムとルビジウム，カルシウムとストロンチウムは，それぞれ周期表で同族に属して化学的に同じ性質をもち，イオン半径も類似しているために化合物を作るさいに同じ挙動をする。したがってこれらは，粘土の地域差を示す特徴においても同様の関係を示す。

30) a 三辻利一『古代土器の産地推定法』（ニュー・サイエンス社）1983年。
b 三辻利一「分析化学的手法による古代土器の産地推定とその問題点」『考古学研究』第28巻第2号，1981年，pp.96～109。

31) H.W.Catling, "Spectrographic Analysis of Mychaenean and Minoan Pottery Ⅰ: Introductory Note," *Archaeometry,* Vol.4, 1961, Oxford University, pp.31～33.
A.E.Blin-Stoyle and E.E.Richard, "Spectrographic Analysis of Mychaenean and Minoan Pottery Ⅱ: Method Interim Results," *Archaeometry,* Vol.4, 1961, Oxford University, pp.33～38.
H.W.Catling and R.E.Jones, "A Reinvestigation of the Provenance of the Inscribed Stirrup Jars found at Thebes," *Archaeometry,* Vol.19, Part 2, 1977, Oxford University, pp.137～146.

32) 注16。

33) 小林達雄「縄文世界の中の伊豆諸島と八丈島」『東京都八丈町倉輪遺跡』（八丈町教育委員会）1987年，pp.122～126。

34) 後藤守一・芹沢長介・大塚初重・金子浩昌・麻生優・梅沢重昭「三宅・御蔵両島に於ける考古学的研究」『伊豆諸島文化財総合調査報告書』第1分冊（東京都文化財調査報告書6）1958年，pp.40～92，Ⅲ図版1～24。
後藤守一・大塚初重・麻生優・戸沢充則・金子浩昌「北伊豆五島における考古学的調査」『伊豆諸島文化財総合調査報告書』第2分冊（東京都文化財調査報告書7）1959年，pp.543～617，Ⅶ図版1～28。
東京都島嶼地域遺跡分布調査団『東京都島嶼地域遺跡分布調査報告書』1981年。
東京都教育委員会「伊豆諸島における埋蔵文化財の調査」『文化財の保護』第16号，1984年。

35) 大島町教育委員会『東京都大島町下高洞遺跡』（大島町教育委員会）1985年。

36) 東京都八丈町教育委員会『東京都八丈町倉輪遺跡』（八丈町教育委員会）1987年。

37) 杉原荘介・大塚初重・小林三郎「東京都（新島）田原における縄文・弥生時代の遺跡」『考古学集刊』第3巻第3号，1967年，pp.46・47・67。

38) 藤本治義・黒田吉益・安部文雄「北伊豆諸島の地質」『伊豆諸島文化財総合調査報告書』第2分冊（東京都文化財調査報告書7）1959年，pp.329～340，Ⅰ図版1～7。
なお，新島の白ママ層の中で花崗岩の礫が発見されているが，これは溶岩の噴出のさいに，それ以前に基盤の地層を作っていた深成岩が破壊され，その一部が溶岩に取り込まれて地上にでた礫，つまり捕獲岩と考えられている。
黒田吉益・安部文雄「伊豆七島新島の白ママ層より花崗岩礫の発見」『地質学雑誌』第64巻第1号，1958年，pp.53・54。

39) 新島の捕獲岩である花崗岩礫は，島全体の堆積物量の中ではごく微量で，その破砕岩片だけが土器の材料に取り込まれる状況は考えられない。

40) 注37, p.58。
41) 清水芳裕「岩石学的方法による土器の産地同定」『考古学と自然科学』第10号, 1977年, pp.45〜51。
42) 今村啓爾「考察」『伊豆七島の縄文文化』（武蔵野美術大学考古学研究会）1980年, pp.33〜46。
43) 小田静夫「黒曜石」『縄文文化の研究』第8巻（雄山閣）1982年, pp.168〜179。
44) 永峯光一「島における先史時代の居住」『東京都大島町下高洞遺跡』（大島町教育委員会）1985年, pp.103・104。
45) 注42。
46) 注36。
47) J.Oates, "Prehistory in Northeastern Arabia," *Antiquity*, Vol.L, No.197, 1976, Gloucester, Antiquity Publications, pp.20〜31.
48) Grace Burkholder, "Ubaid Sites and Pottery in Saudi Arabia," *Archaeology*, Vol.25, No.4, 1972, Cincinnati, Archaeological Institute of America, pp.264〜269.
49) 後藤健「アラビア湾岸における古代文明の成立」『東京国立博物館紀要』第32号, 1997年, pp.5〜144。
50) 後藤健「アラビア半島の新石器文化」『江上波夫先生喜寿記念古代オリエント論集』1984年, pp.175〜200。
51) J.Oates, T.E.Davidson, D.Kamilli and H.McKerrell, "Seafaring Merchant of Ur?," *Antiquity*, Vol.LI, No.203, 1977, Gloucester, Antiquity Publications, pp.221〜234.
52) 近藤義郎　『蒜山原』（岡山大学医学部第2解剖学教室人類学考古学研究業績第2冊）1954年, p.14。
　　岡本明郎「日本における農業共同体の成立と国家機構への発展に関する試論」『日本考古学の諸問題』（考古学研究会十周年記念論文集刊行委員会）1964年, pp.99〜105。
　　間壁忠彦・潮見浩「山陰・中国山地」『日本の考古学』Ⅱ（河出書房）1965年, pp.211〜229。
　　春成秀爾「中・四国地方縄文時代晩期の歴史的位置」『考古学研究』第15巻第3号, 1969年, pp.19〜34。
53) 水野正好「縄文時代集落研究への基礎的操作」『古代文化』第21巻第3・4号, 1969年, pp.1〜21。
54) 市原壽文「縄文時代の共同体をめぐって」『考古学研究』第6巻第1号, 1959年, pp.8〜12。
55) 島根県水産商工部商工振興課『島根県地質図・説明書』1969年。
56) 佐々木謙・小林行雄「出雲國森山村崎ヶ鼻洞窟及び権現山洞窟遺蹟—中海沿岸縄文文化の研究—」『考古学』第8巻第10号, 1937年, pp.458〜475。
57) 鎌木義昌・高橋護「瀬戸内」『日本の考古学』Ⅱ（河出書房）1965年, pp.230〜249。
58) 松崎寿和・間壁忠彦「縄文後期文化・西日本」『新版考古学講座』第3巻（雄山閣）1969年, pp.249〜268。
59) 潮見浩・川越哲志・河瀬正利『広島県尾道市大田貝塚発掘調査報告』『広島県文化財調査報告』第9集, 1971年。
60) 梅垣嘉治ほか『広島県地質図・説明書』1964年。
61) 端山好和「領家変成帯」『日本列島地質構造発達史』（築地書館）1970年, pp.56・57。
62) 『香川県地質図・説明書』『愛媛県地質図・説明書』によると領家変成岩は次の地域に分布する。

香川県では，手島・広島・牛島・本島・瀬小居島・砂弥島・志々島・粟島・小豆島・亀笠島・三崎半島先端部・龍王山，愛媛県では弓削島・岩城島・高井神島・魚島・江ノ島・明神島・大三島・岡村島・大下島・比岐島・安居島に存在する。

63) 岡山大学理学部の光野千春氏より岡山県と広島県の沿海部地域には存在しないというご教示を受けた。
64) 注59。
65) 清水芳裕「縄文時代の集団領域について」『考古学研究』第19巻4号，1973年，pp.90～102。
66) 末永雅雄・藤井祐介「縄文晩期文化・近畿」『新版考古学講座』第3巻（雄山閣）1969年，pp.352～367。
67) 高知県文化財団埋蔵文化財センター『居徳遺跡群Ⅲ』（高知県埋蔵文化財センター発掘調査報告書第69集）2002年。
68) 福岡市教育委員会『雀居遺跡3』（福岡市埋蔵文化財調査報告書第407集）1995年，p.132。
69) 坪井清足「滋賀県大津市滋賀里遺跡」『日本考古学年報』1，1951年，pp.65・66。
70) 坪井清足「縄文文化論」『岩波講座　日本歴史』第1巻（岩波書店）1967年，pp.109～139。
71) 田辺昭三編『湖西線関係遺跡調査報告書』1973年。
72) 地質図「金沢」「京都」（50万分の1）（工業技術院地質調査所）1958年。
各県地質図「石川」「福井」「京都」「滋賀」「岐阜」「大阪」「奈良」（20万分の1）1955～1979年。
73) 清水芳裕「縄文土器の自然科学的分析法」『縄文土器大成』第1巻（講談社）1981年，pp.152～158。
74) 清水芳裕「縄文式土器の岩石学的分析」『湖西線関係遺跡調査報告書』1973年，pp.225～232。結果を導くにあたり，東北大学理学部・加藤祐三氏からご教示を賜った。
75) 山中一郎「石の動き，土器の動き」『新版古代の日本』第5巻（角川書店）1992年，pp.73～92。
76) C.C.Lamberg-Karlovsky and Maurizio Tosi, "Shahr-i Sokhta and Tepe Yahya: Tracks on the Earliest History of the Iranian Plateau," *East and West*, Vol.23, Nos.1・2, 1973, Roma, pp.21～58, Figs.1～151.
77) D.C.Kamilli and C.C.Lamberg-Karlovsky, "Petrographic and Electron Microprobe Analysis of Ceramics from Tepe Yahya, Iran," *Archaeometry*, Vol.21, part 1, 1979, Oxford University, pp.47～59, table 1.
78) 佐原眞「縄紋／弥生―東北地方における遠賀川系土器の分布の意味するもの―」『日本考古学協会昭和61年度大会研究発表要旨』1986年，pp.4～9。
79) 注75，p.80。
80) 工藤竹久・高島芳弘「是川中居遺跡出土の縄文時代晩期終末期から弥生時代の土器」『八戸市博物館研究紀要』第2号，1986年，pp.1～31。
81) 注41。
82) 清水芳裕「土器の移動」『古代史復元』第5巻（講談社）1989年，pp.84・85。
83) 清水芳裕「人が動き土器も動く」『季刊考古学』第19号，1987年，pp.30～33。

あとがき

　出版のお誘いをいただいたとき、過去に発表した論文の中から、古代の土器や陶器の材質の分析から窯業技術の復元を試みたものを選び、断片的に蓄積していた考察をこれに書き加えてまとめようと試みた。しかしそれらを見直してみると、粘土の選択や混和材の特徴、あるいは焼成温度に関係する限られた範囲の、脈絡のない浮薄な内容であることを知り、できれば古代の窯業に採用されたその他の一連の技術についても補足してみようと試みた。ちょうどその頃、京都大学文学研究科の特殊講義を担当し、古代の窯業技術の変遷をテーマとする機会を得ていたので、材料の性質や製品の分類、焼成技術、釉の性質や発色などの課題をあつかい、それらの問題点をわずかながら整理することができた。こうした経緯を経て、窯業の歴史と製品の分類の問題を第1章に、材料の特徴と装飾の技術ついて先学の諸研究による成果を紹介する形で第2章と第4章に、それぞれあらたに書き加えてみた。

　また、その他の章においてもいくつかの補筆を試み、再録した論文については、分析法の説明にみられるような重複や資料解説の細部などを削除したほか、その後のあらたな成果を加えるなどして、多くの部分を書きあらためた。こうした補筆、筆削によって小著の基礎となった旧稿との関係が判然としなくなった部分も少なくないが、関連する旧稿との対応を以下に示しておきたい。

第1章　（新稿）
第2章　（新稿）
第3章　1・2　（新稿）
　　　　3　「胎土分析(Ⅱ)」『縄文文化の研究』第5巻，1983年
　　　　4　「素焼きの土器が固結する作用」『考古学論叢』2005年
第4章　（新稿）
第5章　1　（新稿）
　　　　2　「縄文土器の混和材」『国立歴史民俗博物館研究報告』第120集，2004年
　　　　3-(1)「小阪遺跡縄文土器の胎土」『小阪遺跡本報告書』（本文編）1992年
　　　　3-(2)「楯築弥生墳丘墓出土の特殊壺・特殊器台等の胎土分析」『楯築弥生墳丘墓の研究』1992年
　　　　3-(3)「中間西井坪遺跡出土土器の胎土の特徴と材料の検討」『中間西井坪遺跡(Ⅱ)』1999年

　　　　　4「須恵器の焼結と海成粘土」『国立歴史民俗博物館研究報告』第76集, 1998年
第6章　1「土器の器種と胎土」『京都大学構内遺跡調査研究年報 1988年度』1992年
　　　　2-(1)（新稿）
　　　　2-(2)「梵鐘鋳造鋳型の材質と組成」『流川地区遺跡群』（福岡県文化財調査
　　　　　　　報告書, 第171集）2002年
　　　　3「日本の製陶技術における水簸の採用」『田辺昭三先生古稀記念論文集』
　　　　　　2002年
第7章　1・2（新稿）
　　　　3-(1)「岩石学的方法による土器の産地同定」『考古学と自然科学』第10号,
　　　　　　　1977年
　　　　3-(2)「先史時代の土器の移動」『考古学論叢』(Ⅱ), 1989年
　　　　3-(3)「縄文時代の集団領域について」『考古学研究』第19巻4号, 1973年
　　　　3-(4)「縄文土器の岩石学的分析」『湖西線関係遺跡調査報告書』1973年
　　　　3-(5)「先史時代の土器の移動」『考古学論叢』(Ⅱ), 1989年
　　　　3-(6)「人が動き土器も動く」『季刊考古学』第19号, 1987年

　ここに再録した過去の習作は、いずれも表題とはほど遠い拙い内容であるが、それぞれが恩師や諸先輩のお導きとともに、分析資料を快く提供していただいた多くの方々のご援助のたまものである。この機会を借りて感謝の意を表したい。また、小野山節先生には刊行への労をとっていただいた上に、小著の作成にあたっても多くの貴重なご助言を賜わった。厚くお礼申し上げる次第である。
　終わりに、柴垣理恵子さんには図や表の作成において多大なご援助をいただいたこと、柳原出版の木村京子さんには原稿の完成を長くお待ちいただいた上に編集において並々ならぬお力添えを賜ったことを、深甚の謝意をこめて付記する。

　　　2010年2月

　　　　　　　　　　　　　　　　　　　　　　　　　　　　　　　清水　芳裕

【口絵図版一覧】

口絵図版1　佐賀県泉山の陶石採掘跡
口絵図版2　陶器甕の粘土紐の単位
口絵図版3　佐賀県唐津市中里窯
口絵図版4　ファイアンス製のタイル
口絵図版5　還元による赤褐色のガラス小玉
口絵図版6　青色に発色する鉛ガラスの管玉
口絵図版7　水銀朱が塗布された注口土器
口絵図版8　胎土中の植物繊維
口絵図版9　黒雲母
口絵図版10　角閃石
口絵図版11　胎土中の滑石
口絵図版12　黒鉛の結晶
口絵図版13　胎土中の角閃石・黒雲母の含有量の違い
口絵図版14　梵鐘鋳型と溶解炉の材料および加熱変化
口絵図版15　鋳型の組織の粒度別含有率の分布

【図一覧】

図1　土器・陶磁器の性状　…　9
図2　粘土鉱物の化学構造　…　15
図3　粘土鉱物の層構造　…　16
図4　粘土の含水量と状態変化　…　17
図5　粘土紐成形の痕跡　イギリス鉄器時代の土器　…　22
図6　粘土紐の接合部　…　22
図7　テラ・シギラータの成形　…　24
図8　絵画に見える土器成形　…　25
図9　軸をもつ石製品　…　26
図10　「此主大衡良治」銘の磁器製軸受け　…　27
図11　陶器甕の粘土紐の単位　…　29
図12　素地の乾燥過程　…　30
図13　乾燥による素地の変化　…　30
図14　野焼きの民俗例　アフリカ・ナイジェリア　…　35
図15　ドルニ・ヴェストニッチェの住居跡　…　35
図16　エジプト・西アジアの昇焔式窯　…　40
図17　ギリシャの昇焔式窯　…　40
図18　中国の昇焔式窯　…　41
図19　黒陶の炭素吸着層　…　42
図20　分焔柱をもつ横焔式の窯　愛知県黒笹89号窯　…　43
図21　縄文土器と須恵器のX線回折分析　…　49
図22　クチンスキーの焼結実験の諸例　…　59
図23　鉄と珪素の酸化物における液相・固相の等温線の投影図　…　64
図24　凍石製ファイアンスのビーズ　…　79
図25　ペトリーによるガラス溶解の復元　…　81
図26　近年発見されたテル・エル・アマルナの炉　…　82
図27　タール・ウマールの粘土板　…　86
図28　バビロンの市街平面図　…　88
図29　発掘されたイシュタール門　…　88
図30　バビロンの彩釉煉瓦　…　88
図31　ドルニ・ヴェストニッチェ出土の土偶　…　113
図32　元素含有率にもとづく分類樹　…　124
図33　分析土器の出土遺跡　…　126
図34　仙台市大蓮寺4号窯の出土資料　…　136
図35　土器の器種による胎土の差　…　143
図36　調整による器面の差と胎土の状態　…　144
図37　砂含有率の測定模式図　…　146
図38　縄文土器の分析資料　…　147

図39	縄文晩期終末～弥生前期の土器の分析資料 … 148		図48	須恵器の元素含有率の地域差 … 181	
図40	土師器の分析資料 … 149		図49	伊豆諸島の分析土器と出土遺跡 … 184	
図41	器種別に見た砂の含有率の分布 … 151		図50	アラビア半島のウバイド式土器の主な出土遺跡 … 189	
図42	土師器の胎土の精粗 … 153		図51	日本海沿岸部の分析土器の出土遺跡 … 193	
図43	銅鐸中型の熱変化 … 157		図52	瀬戸内沿岸部の遺跡と集団領域の推定 … 198	
図44	黒曜石の出土量と原産地からの距離との関係 … 173		図53	滋賀里式土器 … 200	
図45	河川堆積物の地域差 … 176		図54	北陸系土器と東北系土器 … 201	
図46	砂の成因を示す岩石鉱物の特徴 … 178		図55	遠賀川系土器と水神平式土器の移動 … 209	
図47	リザード岬の粘土で作られた土器の分布 … 179				

【表一覧】

表 1	ブーリーによる窯業製品の分類 … 6		表15	バビロニア，アッシリアのガラス組成 … 84	
表 2	日本製品の呼称 … 7		表16	ヌジの代表的なガラスの成分 … 85	
表 3	土器・陶磁器の技術と細別 … 9		表17	バビロンの煉瓦釉の成分 … 89	
表 4	地殻の化学組成 … 13		表18	古墳時代のガラス玉の成分 … 92	
表 5	高嶺土，白不子，釉果の鉱物組成 … 20		表19	弥生時代のガラスの成分 … 93	
表 6	須恵器成形法の2つの見解 … 28		表20	古墳時代の鉛ガラスの成分 … 94	
表 7	化学成分による縄文土器の焼成温度の推定 … 51		表21	正倉院のガラス器の発色とガラス成分 … 97	
表 8	各分析法による縄文土器の焼成温度推定値 … 52		表22	ガラスの色と化学成分との関係 … 97	
表 9	緑釉陶器胎土の焼成温度の推定 … 53		表23	釉の発色と着色剤との関係 … 98	
表10	加熱による材質変化と焼結作用の関係 … 62		表24	吉野ヶ里遺跡のガラス管玉の成分 … 99	
表11	中国新石器時代の土器の化学組成 … 71		表25	「造佛所作物帳」からの釉の復元 … 102	
表12	塗料に対する顔料の発色 … 77		表26	木灰類の化学分析例 … 104	
表13	土製容器に付着したガラスの成分 … 82		表27	灰釉の成分 … 104	
表14	エジプト第18王朝期のガラスの組成 … 83		表28	釉の蛍光X線分析 … 106	
			表29	焼成土製品の成分 … 114	
			表30-1	胎土中の岩石鉱物 … 120	
			表30-2	胎土中の岩石鉱物 … 121	
			表31	土器型式と胎土の特徴 … 122	

表32	胎土の元素含有率	123
表33	A群・B群の土器の元素含有率	123
表34	胎土中の岩石鉱物	127
表35	胎土の特徴による分類	128
表36	土器の含有鉱物の特徴	129
表37	資料1の胎土の成分	130
表38	香川県石清尾山の溶岩の成分	130
表39	海成粘土・淡水成粘土の硫黄含有率とpH値	133
表40	土器の砂含有率	150
表41	塑像の材料の調合	154
表42	殷墟出土白色土器の化学成分	161
表43	泉山石の原石と水簸物の成分	162
表44	縄文土器, 弥生土器, 須恵器の化学成分	164
表45	須恵器, 灰釉陶器, 磁器の化学成分	165
表46	リザード岬の粘土で作られた土器の出土状況	179
表47	分析土器と出土遺跡	184
表48	胎土に含まれる岩石鉱物	185
表49	胎土中の岩石鉱物 日本海沿岸部の遺跡	194
表50	胎土中の岩石鉱物 瀬戸内沿岸部の遺跡	197
表51	胎土中の岩石鉱物	202
表52	テペ・ヤヒアの分析土器	205
表53	テペ・ヤヒアへの搬入土器と模倣との関係	206

【索引】

*印は図・表のあるページを示す。

【あ】

藍 ……………………… 77*, 78
アイン・カナス
（サウジアラビア）…… 189*, 190
赤塚幹也 ……………… 27
赤土 …………………… 77*, 101, 102, 159
アクロポリス
（ギリシャ）…………… 25
絁 ……………………… 101, 159
アシュール（イラク）… 80
飛鳥池遺跡（奈良）…… 95
アスファルト ………… 74〜76
窖窯 …………………… 37, 38, 43〜45
アナトリア …………… 171, 173, 174, 188
アブ・サラビク（イラク）… 26
アブソロン, K. ……… 3, 113, 114
アブ・ハミス
（サウジアラビア）…… 189〜191
阿武山古墳（大阪）…… 77
阿部義平 ……………… 29
天草陶石 ……………… 9, 53
新井司郎 ……………… 51
アラビア半島 ………… 187〜191
アララク（トルコ）…… 80
アルカリガラス ……… 72, 80, 82, 90, 91,
　　　　　　　　　　　93, 94, 97, 100
アルカリ釉 …………… 78, 96, 98, 103
鮎川洞穴（北海道）…… 76
アンフォラ …………… 22*, 23

【い】

家長敬三 ……………… 163
硫黄含有率 …………… 133*, 134, 137
鋳型 …………………… 9, 154〜158, 161
飯合作遺跡（千葉）…… 146, 150*
生駒西麓 ……………… 117, 119, 121, 122
石神貝塚（埼玉）……… 35
石山古墳（三重）……… 92*, 93
イシュタール門 ……… 88*, 89
伊豆諸島 ……………… 172, 182〜184*, 186,
　　　　　　　　　　　187, 191, 192, 208
泉山陶石、泉山石 …… 9, 162*, 163
市原寿文 ……………… 193
市原優子 ……………… 134
伊東信雄 ……………… 207
今村啓爾 ……………… 186
インゴット …………… 171, 172

【う】

ウインドミル・ヒル
（イギリス）…………… 115, 179*
ウーリー, L. ………… 80
植田豊橘 ……………… 2
宇木汲田遺跡（佐賀）… 93
ウシャブティ ………… 80
紗 ……………………… 101, 159
ウスチノフカⅢ
（ロシア）……………… 5
宇野泰章 ……………… 137
ウバイド（イラク）…… 189*, 190, 205
ウバイド式土器 ……… 182, 187〜188*,
　　　　　　　　　　　190, 191, 205*, 207
ウバイド文化 ………… 189, 190
姥山貝塚（千葉）……… 4
馬取貝塚（広島）……… 196, 197*, 198*
梅田甲子郎 …………… 49, 50
梅原末治 ……………… 161, 162
ウル（イラク）………… 170, 188, 189*,
　　　　　　　　　　　190, 205

漆	70, 72, 74〜78, 155

【え】

永仁の壺	105
液相焼結	59〜61
江湖貝塚（長崎）	117
X線回折分析	48, 49*, 52*, 54, 135, 136
江藤盛治	49
江本義理	74, 106
エリドゥ（イラク）	80, 188〜190
鉛丹	73, 77*, 78, 101, 102, 159
煙道部	38, 43, 44
鉛白	77*

【お】

横焔式	39, 43〜45, 47
黄土	72, 77*, 78, 114
大阪層群	122, 131, 133〜137, 181
大沢真澄	50
大平山元Ⅰ遺跡（青森）	4, 5
大田貝塚（広島）	196, 197*, 198*
大谷古墳（和歌山）	97
オーツ, J.	182, 188, 190, 191
大野政雄	117
大畑台遺跡（秋田）	75
『大森介墟古物編』	73
大森貝塚（東京）	73
大山柏	21
小笠原好彦	98
小田静夫	186
オッペンハイム, A.L.	87
小浜洞穴（島根）	178*, 193, 194*, 195
小治田安万侶	100
オリンピア（ギリシャ）	41
遠賀川系土器	184*, 185, 207〜209*
遠賀川式土器	207, 209
温座	45

【か】

海成粘土	13, 113, 130〜133*, 134〜138, 142, 158
回転台	21, 25, 26
灰釉	8, 20, 38, 55, 95, 103〜105
灰釉陶器、灰釉系陶器	8, 43, 54, 55, 78, 104, 105, 107, 133, 163, 165*, 166
蛙目粘土	159
カオリン・高嶺	15, 18〜20, 49, 50, 61, 112, 162
瓦器	8, 24
垣ノ島B遺跡（北海道）	72, 75
角閃石	117, 119, 121, 122, 124*, 125, 128〜130, 145, 146, 177, 184
隔壁	38, 39, 43〜45
火山岩	18, 52, 122, 125, 129, 176, 177, 184, 185, 193〜195, 200, 201, 203
加速器質量分析法	4
可塑性	3〜5, 9, 12, 14, 16〜18, 20, 30, 31, 34, 54, 112, 118
加曽利貝塚（千葉）	74
型作り	21, 23, 24
滑石	79, 117〜119
ガット, C.J.	86
加藤唐九郎	106
上黒岩岩陰（愛媛）	4
カミリー, D.	182, 188
亀ヶ岡遺跡（青森）	75, 76
加茂遺跡（千葉）	75, 76
唐古遺跡（奈良）	118
ガラス・硝子	2, 8, 9, 20, 38, 39, 59, 70, 78〜84, 86, 87, 90, 91, 93, 95〜97,

索引　221

	99, 100, 104, 132, 136, 157
ガラス化	18, 53〜56, 60〜62, 133, 135
ガラス製品	60, 61, 80, 81, 85, 87, 93, 95, 97, 99, 100, 161
ガラス溶解遺構	80
カリウム、K	18, 82, 90, 91, 93, 96, 103, 122, 123*, 125, 136, 180, 182
カリガラス	90, 91
カルシウム、Ca	18, 47, 63, 86, 96, 103, 113, 122, 123*, 125, 136, 180
カルロフスキー、C.C.L.	204, 205
瓦	8, 23, 136, 137
かわらけ	8, 42
川原寺（奈良）	100
還元焔、還元焔焼成	38, 42, 44, 46, 47, 63, 70, 160
元興寺塔跡（奈良）	94
ガンジ・ダレ（イラン）	5
乾漆	75
顔料	9, 70〜78, 90, 190, 205, 206

【き】

祇園原貝塚（千葉）	144
キダー、A.V.	180
北白川追分町遺跡（京都）	144
北白川小倉町遺跡（京都）	74
北白川上終町廃寺（京都）	103
北村大通	77
吉祥寺南町3丁目遺跡（東京）	116
木灰、木灰類	8, 96, 104*, 105
吸着水	30, 31
キュヴィエ、G	6

夾紵棺	77
行列大路	88, 89
切込西山工房跡（宮城）	27
銀朱	77*, 78
金密陀	77*, 78
銀密陀	77*, 78

【く】

草刈遺跡（千葉）	31
葛布	101, 159
クチンスキー、G.	58, 59
グライムズ・グレイヴス（イギリス）	169
クラプロート、M.H.	170
グラン・プレッシニー（フランス）	169
クリストバライト	48, 49, 53*, 54, 103
クリマ、B.	113
黒雲母	116, 119, 125, 126, 128, 129, 184, 196, 208
黒絵・赤絵、	
黒絵・赤絵土器	41, 42, 47, 62, 71, 159, 160
黒川真頼	77
黒笹89号窯（愛知）	43*, 44
黒谷貝塚（埼玉）	49
黒鉛	95, 101, 102, 159
くろめ	76

【け】

蛍光X線分析	106, 173, 180
景徳鎮（中国）	19, 44
ゲイル、N.H.	171
結晶水	56
ゲルゼー（エジプト）	170
見城敏子	76
建窯（中国）	54

【こ】

構造水	30, 56
神津島	183, 186, 187
興福寺一乗院	102
興福寺金堂	94
興福寺西金堂	101
肥塚隆保	91
コーネイ, J.D.	80
コーンウォール半島	179, 180
黒鉛	117, 118
黒漆	72
黒色土器	8
黒陶	26, 42, 47, 71
黒斑	36〜38
黒曜石	172〜174, 183, 184, 186, 187, 191
小阪遺跡（大阪）	117〜119, 121, 122
呉城遺跡（中国）	43
呉須	96
固相焼結	59〜63
琥珀	169
小林太市郎	19, 61
小林達雄	183
小林行雄	51, 52, 56, 77, 103, 160, 195
胡粉	71
コリンス, E.	72
コルデワイ, R.	88, 89
ゴルブ・メディネド（エジプト）	82, 83*
是川遺跡（青森）	74〜76
是川中居遺跡（青森）	146, 150*, 152, 207〜209*
混合水	56
紺青	78
近藤清治	50
混和材	3, 12, 31, 114〜119, 121, 122, 125, 129, 130, 142〜145, 158, 177, 179, 180, 182, 207

【さ】

サール, A.B.	6
最花貝塚（青森）	75
彩釉煉瓦	88*, 89
佐々木謙	195
差木孔	45
サッカーラ（エジプト）	24, 25*, 39
佐藤達夫	117
佐藤傳蔵	75
佐藤初太郎	75
佐藤雅彦	19, 61
里木貝塚（岡山）	196, 197*, 198*
猿投古窯跡群（愛知）	166
サヌカイト	172, 173
佐原眞	119, 143, 207
狭間	45
サモス土器	23
崎ヶ鼻洞窟（島根）	178*, 193*, 194*, 195
沢遺跡（岐阜）	117
沢田正昭	52, 132
酸化焔、酸化焔焼成	38, 44, 46, 47, 54, 70, 160
三彩	98, 100〜102, 167
三彩陶器	8, 98, 100, 102, 159

【し】

ジェセル王	80
シェパード, A.O.	174, 180
塩田力蔵	7
滋賀里遺跡（滋賀）	178*, 199, 203, 204, 206
滋賀里式土器	178*, 199, 200*, 202*, 203, 204, 206
磁山遺跡（中国）	5
自然釉	103, 133

瓷油坏	101	白川天狗谷窯（佐賀）	45
篠岡5号窯（愛知）	103	素木洋一	20
四平山遺跡（中国）	42	地粮貝塚（宮城）	23
清水天王山遺跡（静岡）	52, 131	辰砂	72, 73, 161
四面体	14～16*, 136	深成岩	116, 117, 122, 125, 128, 129, 175～177, 185, 193～196, 200, 201, 203
下尾井遺跡（和歌山）	74		
ジャクソン, C.M.	82		
シャル・イ・ソフタ（イラン）	204		

【す】

ジャルモ（イラク）	4, 173*, 174	水銀朱、硫化水銀	70, 72～74, 77, 78
ジュウェット, F.F.	73	水神平式土器	209*, 210
朱漆	77, 78	水簸	12, 18, 19, 104, 142, 158～163, 166
『宗話および異聞書簡集』	19		
寿能遺跡（埼玉）	75, 76	スーサ（イラン）	39, 41, 189*
シュメール人	187, 188, 191	崇福寺塔跡	94
シュメール文明	182, 187, 188, 191	須恵器	8～10, 21, 27～29, 37, 38, 43, 46, 48～50, 63, 71, 100, 103, 104, 112, 113, 130～133, 137, 138, 142, 158, 161, 163, 164*165*, 166, 178, 180～182
シュリーマン, H.	170		
昇焔式	39, 41, 42, 44, 45, 47		
焼結	16, 46～48, 59～65, 132, 136, 160		
焼結作用	47, 59～62*, 63, 65, 71, 133, 135, 136		
小路遺跡（福岡）	155, 156	陶邑古窯跡群（大阪）	28, 131, 133, 181
焼成温度	10, 38, 42, 47～56, 63, 65, 106, 131～133, 158, 162, 178	菅野耕三	131
		菅原正明	119
		杉原荘介	184
焼成室	34, 38, 39, 41～47	杉山寿栄男	51, 75
正倉院	38, 94, 97～100	須玖岡本遺跡（福岡）	91, 93*
正倉院陶器	98	スサ	154*, 155, 156
正倉院文書	95, 101, 102, 159	鈴木正男	172
縄文土器	4, 5, 8, 9*, 10, 23, 31, 36, 48～52, 55, 56, 60, 74, 112, 113, 116～119, 131, 142, 143, 146, 147*, 151, 152, 158, 163, 164*, 166, 182, 184～186, 208	ストロンチウム、Sr	106, 122, 180～182
		素焼きの土器	2, 5, 23, 29, 36, 46～48, 51, 54～57, 60～64, 112, 113, 115, 118, 142, 145, 156, 158, 177, 178
植物繊維	76, 115, 116, 156, 186		

【せ】

聖山遺跡（北海道）・・・・・22*, 23
青磁・・・・・98
精製土器・・・・・144, 145
青銅器・・・・・13, 170～172
ゼーゲルコーン・・・・・47
石黄・・・・・77*, 78
赤外線吸収分析・・・・・76
赤漆・・・・・72, 77
赤色粗製土器・・・・・190, 191, 204, 205
石灰・・・・・20, 77*, 82, 83, 86, 87, 95, 96
炻器・・・・・7*, 8
石膏・・・・・77*, 137
瀬谷子遺跡（岩手）・・・・・36
セリグマン, C.G.・・・・・91
芹沢長介・・・・・3, 5, 54
泉福寺洞穴（長崎）・・・・・4
塼仏・・・・・154
染料・・・・・71, 78

【そ】

宋應星・・・・・45
層間水・・・・・30, 56
「造佛所作物帳」・・・・・75, 95, 101, 102*, 159
ソーダ石灰ガラス・・・・・90, 91, 93
塑性体・・・・・16, 17*
粗製土器・・・・・144, 145, 186
塑像・・・・・3, 154, 155
塞杆・・・・・93

【た】

ターナー, W.E.S.・・・・・81, 82, 87
タール・ウマール（イラク）・・・・・86
耐火性・・・・・9, 13～15, 18, 112, 135, 136, 158, 197
耐火度・・・・・18, 19, 61, 103, 112, 113, 131～133, 135, 142, 158, 175
大師山遺跡（大阪）・・・・・36
堆積岩・・・・・122, 176, 177, 200, 202*
大日町廃寺（京都）・・・・・103
大蓮寺瓦窯（宮城）・・・・・136, 138
ダヴィドソン, T.E.・・・・・182, 188
高蔵1号墳（愛知）・・・・・94*
高橋照彦・・・・・103
高橋護・・・・・196
焚き口・・・・・41, 43, 44
竹山尚賢・・・・・50
橘瑞超・・・・・79
立岩28号甕棺（福岡）・・・・・93*
楯築遺跡（岡山）・・・・・118, 125, 126*, 128, 130
田原遺跡（東京）・・・・・184, 186, 208, 209*
田原式土器・・・・・185, 186, 191
田中琢・・・・・27～29, 102
田辺義一・・・・・74, 76
田辺昭三・・・・・27～29, 37, 130, 133, 138, 158
田能遺跡（兵庫）・・・・・119
多摩ニュータウン遺跡（東京）・・・・・112
淡水成粘土・・・・・131～133*, 134～138
ダントルコール, P.・・・・・19, 61
段間遺跡（静岡）・・・・・187
タンマン, G.・・・・・57, 58, 60

【ち】

智恩寺遺跡（大分）・・・・・155, 157
チャイルド, V.G.・・・・・55
『中国陶瓷見聞録』・・・・・19, 61
中性焔・・・・・44
チュク・ドゥドベール洞穴（フランス）・・・・・3

チョガ・ミシュ
（イラン）・・・・・・・・・・ 39, 40*

【つ】

通焔孔・・・・・・・・・・・・・・ 43, 45
塚廻古墳（大阪）・・・・・・ 94*, 100
辻本干也・・・・・・・・・・・・ 154
ツタンカーメン・・・・・・ 80, 81
都出比呂志・・・・・・・・・・ 119
坪井清足・・・・・・・・・・・・ 52, 199

【て】

テーベ（エジプト）・・・・・ 25, 39, 40*, 82, 83*
手づくね・・・・・・・・・・・・ 21, 22, 204
デッシュ, C.H.・・・・・・・ 57
テペ・ガウラ（イラク）・・・ 188
テペ・シアルク（イラン）・・ 39
テペ・ヤヒア（イラン）・・・ 189*, 204, 205*, 206*, 207
寺内章明・・・・・・・・・・・・ 73
テラ・シギラータ・・・・・・ 23, 24*, 160
テル・アスマル（イラク）・・ 40*, 41, 80
テル・アル・リマー
（イラク）・・・・・・・・・・ 80
テル・エル・アマルナ
（エジプト）・・・・・・・・ 26, 80, 81*〜83*, 87
『天工開物』・・・・・・・・・・ 45, 72
天目・・・・・・・・・・・・・・・・ 54, 98

【と】

倒焔式・・・・・・・・・・・・・・ 43, 45
藤黄・・・・・・・・・・・・・・・・ 77*, 78
唐三彩・・・・・・・・・・・・・・ 78, 79, 98, 102, 162
陶質土器・・・・・・・・・・・・ 8, 27, 43
凍石・・・・・・・・・・・・・・・・ 79
陶石・・・・・・・・・・・・・・・・ 9, 18, 19, 161〜163
東大寺法華堂・・・・・・・・ 155
東北系土器・・・・・・・・・・ 178*, 199〜201*, 202, 203, 204, 206
土偶・・・・・・・・・・・・・・・・ 3, 8, 22, 73〜76, 113*, 114
ドサリア
（サウジアラビア）・・・・ 189*, 190
トムソン, R.C.・・・・・・・ 86
鳥内遺跡（福島）・・・・・・ 210
鳥浜貝塚（福井）・・・・・・ 72, 76
ドルニ・ヴェストニッチェ
（チェコ）・・・・・・・・・・ 3, 5, 35*, 54, 113*
トロイ（トルコ）・・・・・・ 170, 171
登呂遺跡（静岡）・・・・・・ 91

【な】

中井出窯（滋賀）・・・・・・ 44
中尾万三・・・・・・・・・・・・ 79, 101
中里窯（佐賀）・・・・・・・・ 46
ナカダ（エジプト）・・・・ 79
中間西井坪遺跡（香川）・・ 118, 128
永峯光一・・・・・・・・・・・・ 186
中山遺跡（秋田）・・・・・・ 76, 77
夏島貝塚（神奈川）・・・・ 4
ナトリウム、Na・・・・・・ 18, 47, 63, 80, 82, 83, 86, 90, 93, 96, 99, 136, 182
鉛ガラス・・・・・・・・・・・・ 72, 87, 90, 91, 93〜95, 97*, 99, 100
鉛同位体比・・・・・・・・・・ 93, 95, 171, 172
鉛釉・・・・・・・・・・・・・・・・ 8, 38, 78, 86, 87, 91, 95, 96, 98, 100, 101, 103, 104
鉛釉陶器・・・・・・・・・・・・ 8, 90, 98, 99, 102
浪板遺跡（岩手）・・・・・・ 75
楢崎彰一・・・・・・・・・・・・ 27〜29, 44, 52, 53, 94, 104, 131, 133, 161, 166
奈良三彩・・・・・・・・・・・・ 78

【に】

新沢千塚（奈良）・・・・・・ 92*, 93
新島・・・・・・・・・・・・・・・・ 183, 184*, 185, 186, 191,

	208
膠	72, 74, 75, 77*, 78, 101, 102
二酸化珪素、珪酸	13, 47, 63, 79, 82〜85, 94〜96, 102, 105, 136, 137
西浦遺跡（大阪）	157
西田泰民	143, 144
西灘遺跡（鳥取）	193*, 194*, 195
西求女塚古墳（兵庫）	154
ニッセン，H.J.	25
ニップール（イラク）	83, 84*, 87, 188, 189*
ニネヴェ（イラク）	87
ニムルド（イラク）	83, 84*, 87, 170

【ぬ】

ヌジ（イラク）	84, 85*, 87

【ね】

燃焼室	38, 39, 41, 43〜46
粘性	16〜18, 58, 61, 114, 142, 155
粘土鉱物	9, 13〜15*, 16*, 18, 30, 48, 50, 56, 57, 112, 133〜138, 162
粘土板、粘土板文書	40*, 41, 42, 86, 87
粘土紐巻き上げ	27, 29

【の】

野々上1号窯（大阪）	37, 38, 47

【は】

バーコルダー，G.	188
裴李崗遺跡（中国）	5
白山1号墳（千葉）	92*, 94
白色土器	161*, 162
白土	77*, 155
土師器	8, 9*, 23, 24, 36, 37, 51, 56, 100, 112, 118, 131, 142〜144, 146, 149*〜151*, 152, 153*, 154, 158, 160, 167
幡枝（京都）	21
八面体	14, 15*, 16*, 136
埴輪	8, 37, 38, 47, 51, 63, 112, 125, 131
バビロン（イラク）	88*, 89*
ハマ（シリア）	26
浜田耕作（青陵）	20, 21, 161
ハラフ式土器	205
バリウム	83, 90, 91, 93, 94
番後台遺跡（千葉）	146, 150*, 152
搬入品	177, 185, 199, 203, 205, 207〜209

【ひ】

pH・水素イオン濃度指数	18, 133*, 134, 137
ピーコック，D.P.S.	179
東大橋・原遺跡（茨城）	35
東村武信	173
火格子	39, 42
姫方遺跡（佐賀）	50
紐作り	23
百間川原尾島遺跡（岡山）	36
廟底溝遺跡（中国）	41, 42
平尾良光	171
平賀章三	144
平沢同明遺跡（神奈川）	208

【ふ】

ファイアンス	39, 78, 79*, 80, 98
ブーリー，E.	6〜8, 47
古谷清	79
福井洞穴（長崎）	4, 5
福山敏男	101
藤井直正	119

二塚遺跡（福岡）	91, 94	マトソン, F.R.	89
プラマー, J.M.	54, 105	マロワン, M.E.L.	83
フランクフォート, H.	70		

【み】

ブリル, R.H.	171	ミケーネ（ギリシャ）	170
フリント	115, 169	水池遺跡（三重）	36
ブロニアール, A.	6	水野正好	192
分焔柱	43*, 44	美園遺跡（大阪）	52, 131
		三辻利一	180

【へ】

平城宮跡（奈良）	161	密陀絵	75
ペイトンツ, 白不子	19, 20, 61	南境貝塚（宮城）	75
ペコス	180	南メソポタミア	187, 188, 190, 191
ベック, H.C.	91	宮田遺跡（福岡）	155
ペトリー, W.M.F.	70, 81	宮地嶽古墳（福岡）	94*
ベニ・ハサン（エジプト）	24, 25*	三山喜三郎	78
ベンガラ	70, 72～74, 77, 161	妙土窯（愛知）	44
変成岩	122, 125, 129, 176, 177, 196, 197, 200, 202*		

【む】

		ムライト	48, 49*, 50, 53*, 54, 133

【ほ】

【め】

放射性炭素年代法	3, 4, 55, 113	目久美遺跡（鳥取）	193*, 194*, 195
宝満山遺跡（福岡）	155, 157		
法隆寺五重塔	95		

【も】

法隆寺金堂	94	モース, E.S.	73
法隆寺中門	154*, 155	模倣品	6, 114, 199, 203, 205～208
北陸系土器	178*, 199～201*, 202*, 203, 204, 206	門前貝塚（岩手）	75
鉾ノ浦遺跡（福岡）	155～157		
ホッジス, H.W.M.	115, 179		

【や】

【ま】

蒔田鎗次郎	73	薬師寺金堂	94, 155
マイニンスカヤ（ロシア）	3, 55	矢田部良吉	73
纏向遺跡（奈良）	144	ヤノフスキー, B.K.	54, 57
マスリー, A.	191	山崎一雄	54, 72, 90, 94, 97～99, 103, 105, 163
松石橋遺跡（青森）	207	山内清男	51, 116
松平順	76	弥生土器	8, 9*, 23, 35, 36, 49～52, 56, 60, 112, 117～

　　　　　　　　　　　119, 131, 143, 154, 158,
　　　　　　　　　　　160, 163, 164*, 166,
　　　　　　　　　　　182, 184
ヤリム・テペ（イラク）···· 39, 40*

【ゆ】

油煙 ·················· 72, 77
雪野寺跡（滋賀）······· 154

【よ】

窯業技術 ·············· 2, 6, 19, 27, 47, 59, 60,
　　　　　　　　　　　88, 90, 95, 103, 113, 130,
　　　　　　　　　　　132, 161, 162
窯業製品 ·············· 2, 5, 6, 8, 23, 34, 47, 59,
　　　　　　　　　　　71, 78, 158〜160
溶媒剤 ················ 20, 47, 63, 95, 96, 98,
　　　　　　　　　　　103
溶融温度 ·············· 55, 57, 58, 60, 62, 63, 86,
　　　　　　　　　　　90, 95〜98, 136
横山浩一 ·············· 27〜29
吉田貝塚（長崎）······· 117
吉田恵二 ·············· 161
吉田光邦 ·············· 21
吉野ヶ里遺跡（佐賀）···· 99*
米泉遺跡（石川）······· 76, 77

【ら】

ラピス・ラズリ ········ 79, 83, 204
籃胎漆器 ·············· 75, 76

【り】

李家山遺跡（中国）····· 43
リックス, W.P. ········ 6
緑釉 ·················· 53, 91, 95, 96, 98*, 99
　　　　　　　　　　　〜102, 167
緑釉陶器 ·············· 8, 38, 54, 55, 78, 100, 103

【る】

ルビジウム、Rb ········ 106, 122, 123*, 125,
　　　　　　　　　　　180, 181*, 182
瑠璃 ·················· 79

【れ】

レイヤード, A.H. ······ 170
煉瓦 ·················· 2, 82, 88〜90, 117
レンフリュー, C. ······ 173, 174
連房式登窯 ············ 43, 45, 46

【ろ】

蝋型 ·················· 155
緑青 ·················· 72, 78, 101, 102, 159
ろくろ ················ 21, 25〜29
ろくろ水挽き ·········· 27, 28

【わ】

和田正道 ·············· 100
藁科哲男 ·············· 173

古代窯業技術の研究

発行日	2010年5月21日　初版第一刷
著　者	清水芳裕
発行者	柳原浩也
発行所	柳原出版株式会社
	〒615-8107　京都市西京区川島北裏町74
	電話　075-381-1010
	FAX　075-393-0469
印刷／製本	大村印刷株式会社

http://www.yanagihara-pub.com
© 2010 Printed in Japan
ISBN978-4-8409-5022-0　C3021

落丁・乱丁本のお取り替えは、お手数ですが小社まで直接お送りください（送料は小社で負担いたします）。